软件开发 人才培养系列丛书

数据库原理与应用

SQL Server 2019

（慕课版）

叶潮流 吴伟◎主编

李正茂 屠菁 檀明◎副主编

人 民 邮 电 出 版 社

北 京

图书在版编目（CIP）数据

数据库原理与应用 ： SQL Server 2019 ： 慕课版 / 叶潮流，吴伟主编. -- 北京 ： 人民邮电出版社，2022.2（2024.1重印）
（软件开发人才培养系列丛书）
ISBN 978-7-115-58067-2

Ⅰ. ①数… Ⅱ. ①叶… ②吴… Ⅲ. ①关系数据库系统－教材 Ⅳ. ①TP311.132.3

中国版本图书馆CIP数据核字(2021)第243203号

内 容 提 要

本书以 SQL Server 2019 的功能为中心，融知识、能力和素质教育于工程项目“教学管理系统”这一设计案例中，深入浅出地讲述数据库技术的内在规律和操作规范。本书将整个数据库知识体系分为原理（第 1 章～第 3 章）、应用（第 4 章～第 12 章）两个模块，保证学生在掌握必要的数据库原理知识的基础上，具备熟练操作数据库的能力和开发数据库应用系统的素养。两个模块既能自成体系，又能自然衔接，从而满足不同专业的教学需求。本书每章附有习题，供读者课后练习和综合实践使用。

本书为慕课版教材，读者可登陆安徽省网络课程学习中心平台进行学习。本书既可作为高等院校计算机类、电子信息类和经济管理类等相关专业的“数据库原理与应用”课程的教材，又可作为研究生相关专业的数据库技术教材，对于从事软件开发、信息管理的人员也有一定的参考价值。

◆ 主　　编　叶潮流　吴　伟
副 主 编　李正茂　屠　菁　檀　明
责任编辑　李　召
责任印制　王　郁　马振武

◆ 人民邮电出版社出版发行　　北京市丰台区成寿寺路 11 号
邮编　100164　　电子邮件　315@ptpress.com.cn
网址　https://www.ptpress.com.cn
三河市中晟雅豪印务有限公司印刷

◆ 开本：787×1092　1/16
印张：16.5　　　　2022 年 2 月第 1 版
字数：444 千字　　2024 年 1 月河北第 5 次印刷

定价：59.80 元

读者服务热线：(010)81055256　印装质量热线：(010)81055316
反盗版热线：(010)81055315
广告经营许可证：京东市监广登字 20170147 号

前言

数据库技术是现代信息社会的基石，几乎所有的计算机应用系统都构建于数据库系统之上，数据库已经成为我们日常生活和工作的一部分，其使用频度及规模已成为衡量国家现代化程度的重要指标。基于此，教育部对高校计算机基础教育提出了新要求：当代大学生应具有使用数据库技术加工、处理和管理信息的意识与能力，辅之以解决本专业领域中的问题的能力。因此，讲述数据库技术内在机制和操作规范的“数据库原理与应用”课程得到高校的普遍重视，成为计算机基础教育的重要内容。“数据库原理与应用”列入专业基础课或通识教育课程是大势所趋，这既是广大师生的共识，又是社会发展的需要。

本书以工程项目“教学管理系统”的设计为主线，运用模块化教学理念将整个知识体系分为两个模块（共 12 章，其中带有*的内容为选读内容）：原理（第 1 章～第 3 章）、应用（第 4 章～第 12 章）。本书系统性地介绍数据库的原理和应用两方面内容，打破了一般教材原理与应用的偏离状况，既能保障学生掌握一定的数据库原理，又能培养学生在数据库系统方面的工程实践能力和创新思维能力。本书每章都配有练习题，而且题型多样，并附有参考答案和源代码，便于教师教学和学生自主学习，从而实现教与学的统一。

本书以 SQL Server 2019 的功能为中心，着眼于数据库技术的内在规律和操作规范，探寻数据共享问题的解决方法和计算思维。教学内容的呈现力求兼顾教学经验的积累和工程实践经验的积累，不仅给出问题的解决办法，还给出解题的心得体会和疑难问题的注解，力求做到在授人以鱼的同时授人以渔。本书还注重对学生工程思维方法的训练和工程规范意识的培养。

与其他教材相比，本书具有以下特色。

一是编排体例模块化，章节模块既能自成体系，又能自由衔接，有效解决了原理与应用的偏离状况，体现了认知的全面性和求知的目的性，满足不同专业的教学与岗位技能需求，使学生掌握必要的原理知识并具有熟练的实践技能。

二是教学传播立体化，引入互联网思维，构建“互联网+”背景下新形态课程教材，按照“碎片化”理念重组教学内容，注重知识点的划分和聚合，使之适合数字化时代的网络化和微视频传播，实现教学内容的跨时空传播和教学手段的立体化运营。

三是教学内容前沿化，着眼于未来的主流技术，升级软件版本并淘汰非标准 SQL 语句的命令，以适应知识体系的更新换代，确保教学内容具有先进性和时代性。

本书由叶潮流、吴伟担任主编，李正茂、屠菁、檀明担任副主编，张蓓蕾、王琳参编。其中，第 1 章由檀明编写，第 2 章由张蓓蕾编写，第 3 章～第 4 章由李正茂编写，第 5 章由吴伟编写，第 6 章由王琳编写，第 7 章～第 11 章由叶潮流编写，第 12 章由屠菁编写。

本书是合肥学院模块化教学改革系列教材之一，是安徽省高等学校省级质量工程项目（项目编号：2021yljc108）的终结性成果，并获国家一流专业建设点（合肥学院计算机科学与技术专业、软件工程专业）资助。

本书在编写过程中参考了国内外的相关资料，在此一并感谢相关作者。

由于编者水平有限，书中的疏漏和不足之处在所难免，敬请广大师生和专家、学者批评指正，以便在将来的修订过程中进一步完善。如有问题或需要课件及源代码，均可与编者联系，编者邮箱：yechaoliu@hfuu.edu.cn。

编者

2022 年 1 月

目 录

模块一 原理

第1章 数据库系统概述

第2章 关系数据库数学模型

第3章* 关系数据库的规范化理论

模块二　应用

第4章 数据库的创建与管理

第5章 表的创建与管理

第6章 数据操作与SQL语句

第7章* T-SQL程序设计

第8章 视图、索引和游标

第9章* 存储过程和触发器

第10章 备份和恢复

第11章 数据库安全性管理

第12章* 并发控制

参考文献

模块一　原理

第 1 章

数据库系统概述

本章导读

在当今这个信息时代，80%以上的计算机应用都集中在数据处理方面。数据处理的重要环节是数据管理，数据管理的重要技术是数据库技术。数据库已经成为日常生活和工作的一部分，几乎所有的管理信息系统都构建在数据库系统之上。数据库已成为现代信息社会的基石，是发展人工智能与大数据的底层技术，其使用频度和规模已成为衡量国家现代化的重要指标。

1.1 数据库技术概述

数据库主要研究如何科学地组织和存储数据，以及如何高效地使用和管理数据，它是科学研究和决策优化的前提条件和支撑技术。数据库不仅是一门技术，还是一种思维，其本质是用计算思维来解决数据共享问题。在介绍数据库内在机制和操作规范之前，先来了解以下几个概念。

1.1.1 数据与信息

1. 数据

数据是指描述和记录客观事物的物理符号（能被计算机存储和识别的数字化符号）。描述事物的物理符号有多种表现形式，如文本、图像、声音、视频等。数据既能描述客观事物，如一本书的名称、作者、定价等内容；也能描述抽象事物，如设计思想、设计蓝图。

数据是数据库中存储的基本对象，用型（Type，数据类型）和值（Value，数据值）来表征。型是指对数据结构及其属性的说明，值是型的一个具体值，举例如下。

记录型：学生(学号 char(8),姓名 char(6),性别 char(2),年龄 tinyint,系别 varchar(20))。

记录值：('210201','李欣','女',18,'财务会计系')。

数据与其语义是密不可分的，数据的语义是可以人为解释的，同一数据可能有不同的含义。如某一数据记录(航天,85,3)可以表示某人的姓名、成绩和名次等内容，也可以表示 2020 年中国航天领域的航天器、入轨总数和世界排名等内容。

2. 信息

信息是数据所包含的实际意义，是人们对客观世界的直观描述，用来传递一些有用的知识、消息，或者是对计划、决策、控制等具体行为产生影响的数据。具体地说，那些可能影响人类的行为，具有潜在或明显的实际应用价值的数据才是信息。信息的主要特征包括可传递性、可感知性和可管理性。

3. 数据与信息的比较

数据和信息既有区别又有联系。数据是信息的载体或符号表现形式，信息是数据的内涵与语义解释。数据是彼此独立、未经加工的原始素材，信息是关联数据的集合和数据处理的结果。同一数据可以有不同的信息解释含义，而同一信息也可以有不同的数据表现形式。

1.1.2 数据处理与数据管理

1. 数据处理

数据处理也称信息处理，是指将数据转换成信息的过程，是对数据的搜集、加工、分类、存储、统计、检索和传输等一系列活动的总称。数据处理的目的是从大量的、可能杂乱无章的或难以理解的数据出发，根据事物之间的固有联系及其运动规律，采用分析、推理、归纳等手段，推导出对人们有价值、有意义的信息。数据是原始事实，而信息是数据处理的结果。数据处理是为输出信息而进行的处理过程，如图 1-1 所示。

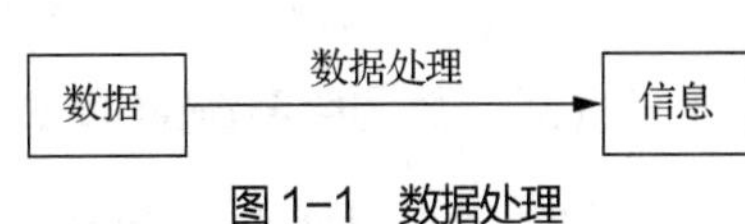

图 1-1　数据处理

简单地说，数据、信息和数据处理之间的关系可表示为：信息=数据+数据处理。

2. 数据管理

数据管理也称信息管理，是利用计算机硬件和软件技术对数据进行分类、组织、编码、存储、检索、维护的过程，其目的是有效地发挥数据的作用。数据管理是数据处理的核心环节和首要问题。

1.1.3 数据管理技术的发展

数据管理技术是应数据管理需求而产生的，并随着计算机硬件、软件的发展而发展。数据管理技术的发展经历了 4 个阶段：人工管理阶段、文件系统阶段、数据库系统阶段和高级数据库技术阶段。

1. 人工管理阶段

20 世纪 50 年代中期以前，一方面计算机硬件系统尚未出现可直接存储的外存储器，无法保存大量的数据；另一方面计算机软件系统尚未出现操作系统，也就没有管理数据的软件。一组数据对应一个应用程序，数据和应用程序直接绑定在一起，即使两个应用程序涉及某一组相同数据，仍然需要各自定义和组织数据。这个阶段的数据管理以人工管理的方式进行，其典型特征包括：数据不能被保存；数据依赖应用程序，应用程序管理数据；数据不能被共享，不同程序之间不能直接交换数据。

2. 文件系统阶段

20 世纪 50 年代中后期，计算机硬件方面出现了存储设备，如磁盘和磁鼓；软件方面出现了操作系统、高级程序设计语言、数据文件管理系统。数据和应用程序有了相对独立性，数据结构的改变也不一定要反映到应用程序上。相关数据以文件形式出现，可以被不同应用程序重复调用，但文件系统中的数据仍然没有结构，不同文件之间的数据缺少联系。这个阶段的数据管理以文件系统管理的方式进行，其典型特征包括：数据可长期保存在磁盘上；数据独立性差，通过文件管理数据；数据共享性差；数据冗余度大。

3. 数据库系统阶段

20 世纪 60 年代中后期开始，计算机硬件方面出现了大容量存储设备，计算机管理数据的规模不断扩大。为了解决多用户、多应用共享数据的需求，人们开发出一种新型的数据管理软件——数据库管理系统。

数据库管理系统的出现标志着数据管理技术进入了数据库系统阶段。数据库系统是在文件系统的基础上发展起来的，因此同样需要操作系统的支持才能工作。其典型特征包括：数据结构化，描述数据时不仅要描述数据本身，还要描述数据和数据之间的联系；数据共享性高（数据库技术的根本目标就是要解决数据的共享问题），通过数据库系统管理数据；数据独立性高，不会因为系统存储结构与逻辑结构的变化而影响应用程序，即能保持物理独立性和逻辑独立性。

4. 高级数据库技术阶段

20 世纪 70 年代中期以来，随着计算机技术和其他相关技术的发展，数据库技术已经与网络通信技术、面向对象技术、人工智能技术等融合在一起，出现了分布式数据库系统、面向对象数据库系统、智能型知识数据库系统、多媒体数据库系统等。

1.1.4 数据库系统的组成

数据库系统（Database System，DBS）是指引入了数据库的计算机系统，一般由数据库、数据库管理系统、数据库应用系统、数据库管理员构成。

1. 数据库

数据库（Database，DB）是指建立在计算机内的、可长期存储的、有组织的、可共享的相关数据集合。简单地说，数据库就是管理数据的仓库，其中包含的数据具有结构化、独立性高、共享度高、冗余度小、数据间联系密切的特点。

2. 数据库管理系统

数据库管理系统（Database Management System，DBMS）是一种操纵和管理数据库的大型系统软件，负责建立、使用、管理、控制和保护数据库。DBMS 是数据库系统的核心，提供了访问数据库的各种方式，如数据定义语言、数据操纵语言、数据控制语言和数据库的维护，以保证多用户共享环境下的数据的安全性、完整性、并发控制及数据库恢复能力。

3. 数据库应用系统

数据库应用系统是基于数据库管理系统的应用软件。在计算机应用领域，用户实际面对的数据库系统是一套基于数据库管理系统的应用软件。

4. 数据库管理员

数据库管理员（Database Administrator，DBA）是指负责设计、开发、维护和使用数据库的人员。

1.2　数据模型

模型是对现实世界特征的抽象和模拟，数据模型则是对数据特征的抽象和模拟。数据模型是数据库技术的核心和基础，信息管理就是依据数据模型来抽象和模拟现实世界的，并将其转换成计算机可存储和识别的数据。

1.2.1　数据模型的背景

任何科技手段都不可能对现实世界做到原样复制和管理，只能抽取事物的某些局部要素，构造模型来反映事物的本质特征及其内在联系，进而帮助人们理解和表述数据处理的静态特征、动态特征及其约束规则。

1. 3 个世界的划分

在数据库技术领域，客观事物经过抽象和模拟后，最终以二进制形式存储到数据库系统中。数据处理过程关联了 3 个世界，分别为现实世界、信息世界和数据世界。

（1）现实世界是指客观存在的事物及其联系。在现实世界中，客观存在并可以区分的事物称为个体，个体之间彼此区分的特征称为特性，个体的总和称为总体，事物内部和事物之间存在的相关性称为联系。

（2）信息世界又称概念世界，是指现实世界在人脑中的反映，是对客观事物及其联系的一种描述。现实世界的个体被抽象成信息世界的实体。现实世界的特性被抽象成信息世界的属性，每一属性的取值范围称为值域。能唯一标识一个实体的属性（组）称为码（关键字）。现实世界的总体被抽象成信息世界的实体集，与之对应，用实体名及其属性名的集合来描述同类实体的共同特征称为实体（型）。现实世界的联系反映到信息世界后，表现为实体（型）内部的联系和实体（型）之间的联系。实体内部的联系通常是实体内不同属性之间的联系，实体之间的联系通常是不同实体集之间的联系。

（3）数据世界又称为存储世界或者机器世界，它将信息世界的实体及其联系进一步抽象成计算机可以存储的二进制数据。信息世界的实体被抽象成数据世界的记录。信息世界的实体集被抽象成数据世界的数据或文件。信息世界的属性被抽象成数据世界的字段（数据项）。

看似是同一个事物，却由于角度的不同，有着各自不同的名称，如表 1-1 所示。

表 1-1　不同世界间的信息术语对照表

现实世界	信息世界	数据世界	现实世界	信息世界	数据世界
个体	实体	记录	个体间的联系	实体间的联系	数据间的联系
特性	属性	字段	客观事物及联系	概念数据模型	逻辑或物理数据模型
总体	实体集	数据或文件	-	-	-

2. 实体联系的类型

在抽象和模拟现实世界时，数据模型不仅要反映数据本身的原意，还要反映数据间的联系。在信息世界中，两个实体集之间的联系存在以下 3 种。

（1）一对一联系。如果对于实体集 A 中的每一个实体，实体集 B 中至多有一个（也可以没有）实体与之联系，并且对于实体集 B 中的每一个实体，实体集 A 中至多有一个（也可以没有）实体与之联系，则称 A 与 B 具有一对一联系，记为 1∶1，如图 1-2 所示。例如学生与学号，图书与国际标准书号。

（2）一对多联系。对于实体集 A 中的每一个实体，实体集 B 中有多个实体与之联系，并且对于实体集 B 中的每一个实体，实体集 A 中至多只有一个实体与之联系，则称 A 与 B 具有一对多的联系，记为 1:n，如图 1-3 所示。例如学校与学生，公司与职员，省与市。

（3）多对多联系。对于实体集 A 中的每一个实体，实体集 B 中有多个实体与之联系，并且对于实体集 B 中的每一个实体，实体集 A 中也有多个实体与之联系，则称 A 与 B 具有多对多的联系，记为 m:n，如图 1-4 所示。例如教师与课程，学生与课程，学生与教师。

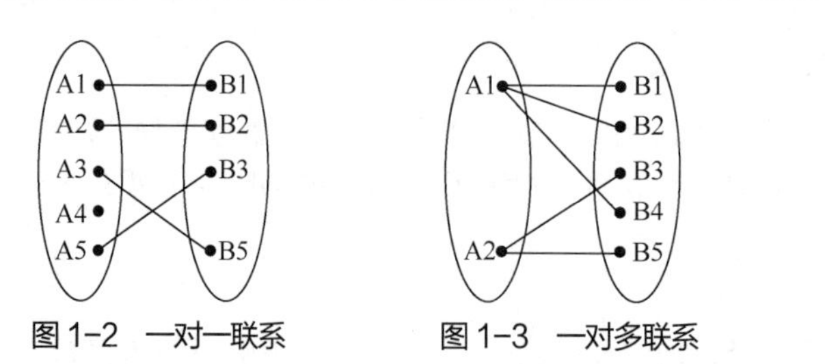

图 1-2　一对一联系　　图 1-3　一对多联系　　图 1-4　多对多联系

3. 数据模型的演化

为了将现实世界中的客观事物及其联系存储到计算机系统内，需要对客观事物实施特征抽取、印象概念化、组织结构化的抽象/转换过程，如图 1-5 所示。

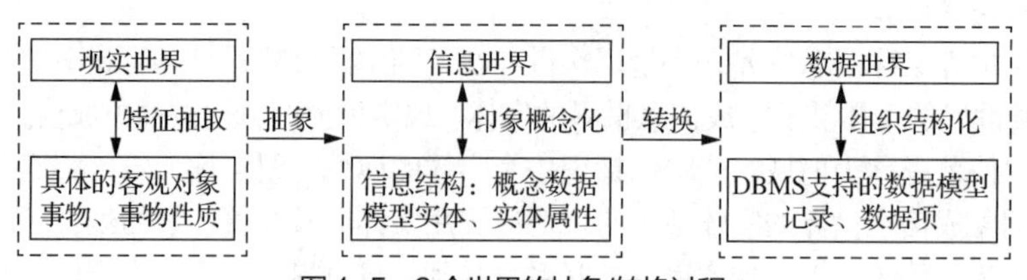

图 1-5　3 个世界的抽象/转换过程

首先把现实世界中客观事物的本质特征抽象为概念化的信息世界（概念数据模型），然后将信息世界转换为 DBMS 支持的数据世界（逻辑数据模型和物理数据模型），实现现实世界的数据化。

1.2.2　数据模型的要素

数据模型[①]是反映客观事物及其联系的组织结构，是数据库系统用于提供信息表示和操作手段的形式框架。数据模型是一组严格定义的概念集合，这些概念精确地描述了系统的数据结构（静态特征）、数据操纵（动态特征）和完整性约束。

1. 数据结构

数据结构是数据模型中实体对象的组织结构及其组织规则的集合。数据结构是对系统静态特征的描述，主要描述数据本身的类型、内容、性质（如关系模型中的域、属性、关系等），以及数据间的联系（即数据之间是如何关联的，如关系模型中的主码、外码等）。数据结构必须定义基本数据项在构造大单位数据时的组织结构及其规则。

数据结构是数据模型的基础，数据操纵和完整性约束都建立在数据结构上。数据结构包括逻辑结构（显示视图）和物理结构（存储方式），逻辑结构和物理结构是相互独立的。

数据的逻辑结构是指用户看到的和直接操作数据的形式框架。逻辑结构又分为局部逻辑结构（外模式）和全局逻辑结构（概念模式）。应用程序直接与数据局部逻辑结构关联。

数据的物理结构是指数据在数据库内的物理存取方式。物理结构独立于用户模式，用户或应用程序无须关心；物理结构也独立于具体的存储设备，大部分工作由 DBMS 来管理和实现，而设计者只设计索引、聚集等特殊结构。

在数据库中，逻辑结构是数据结构的核心。依据逻辑结构的不同，逻辑数据模型可以分为层次、网状和关系模型，与之对应的 DBMS 分别是层次型、网状型和关系型数据库管理系统。

2. 数据操纵

数据操纵是对数据模型中实体对象的操作类型及其操作规则的集合。数据操纵是对系统动态特征的描述，主要描述查询和修改（插入、删除、更新）两类操作。数据模型必须定义这些操作的确切含义、操作符号、操作规则（如优先级）和实现操作的语言。

3. 完整性约束

完整性约束是对数据模型中数据及其联系赋予的制约和依存规则的集合。完整性约束是数据模型的数据状态及其状态变化的限定条件，其目的是防止合法用户误操作而输入不符合语义的数据，以保证数据的正确性、有效性和一致性。

数据模型必须反映和规定基本、通用的完整性约束机制。在关系模型中，所有关系必须满足实体完整性和参照完整性这两类约束条件（关系的两个不变性）。此外，数据模型还应提供用户自定义完整性约束（含域完整性）机制，以反映具体应用场景所必须遵守的特定约束。

例如选课关系中成绩的取值范围是 0～100，学生关系中性别的取值为“男”或“女”。

1.2.3　数据模型的分层

在数据处理的不同阶段，需要使用不同层次的数据模型来描述和抽象数据特征，这些模型分别为概念数据模型、逻辑数据模型和物理数据模型。

1. 概念数据模型

概念数据模型（Conceptual Data Model）简称概念模型，也称信息模型，是直接面向最终用户、独立于系统的数据模型。它是现实世界到信息世界的第一层抽象，也是现实世界到机器世界的一个中间层次，着重描述数据的语义表达（实体的属性及实体集之间的联系），不考虑数据的组织结构（属性的组织和存储方式）。它是按照用户观点对信息世界的建模，是数据库设计人员和用户之间的交流工具。

---

① 数据模型选择的特定要求：一是能真实地模拟事物及其联系，二是能被人理解，三是便于计算机实现。

概念数据模型主要用于数据库设计的初始阶段，集中精力分析数据，以及数据之间的联系等，与具体 DBMS 无关，纯粹是用来反映信息需求的概念结构。

概念数据模型的表示方法有很多，其中最著名、最常用的方法是 E-R 模型（Entity-Relationship Model，实体-联系模型），也称 E-R 图。

2. 逻辑数据模型

逻辑数据模型（Logical Data Model）简称逻辑模型，是既面向用户，又面向计算机系统的数据模型。它是现实世界的第二层抽象，着重描述数据的视图结构（形式框架），很少考虑数据的语义表达和最终用户的理解。它是按照计算机系统观点对数据世界的建模，也是用户从数据库中看到的数据模型，是具体 DBMS 所支持的数据模型。

逻辑数据模型主要用于 DBMS 的实现。在关系数据库的设计过程中，用概念数据模型（E-R 图）表示的数据必须转换成用逻辑数据模型（关系模型）表示的数据，才能在 DBMS 中实现。

DBMS 常以逻辑数据模型（数据的逻辑结构）来分类，具体有层次模型（Hierarchical Model）、网状模型（Network Model）、关系模型（Relational Model）等。

3. 物理数据模型

物理数据模型（Physical Data Model）简称物理模型，不但与具体 DBMS 有关，还与操作系统和硬件有关。它是对数据的最低层次抽象，着重描述数据在系统内的存取结构，如数据记录及其数据项在系统中的内部表示，以及文件的存储位置、文件的存取策略。每一种逻辑数据模型在实现时都有与其相对应的物理数据模型。

从现实世界到信息世界的转换是由数据库设计人员完成的。从概念数据模型到逻辑数据模型的转换可以由数据库设计人员完成，也可以用数据库设计工具辅助完成。为了保证系统独立性与可移植性，从逻辑数据模型到物理数据模型的转换一般是由 DBMS 自动完成的，而设计者只设计索引、聚集等特殊结构。

1.2.4 逻辑数据模型的分类

现有的数据库管理系统都是基于某种逻辑数据模型的，不同的逻辑数据模型有不同的数据结构、数据操纵和完整性约束。

1. 层次模型

现实世界中，很多事物之间的联系本身就是一种很自然的层次关系，如组织机构、家族关系、物种分类等。层次模型的提出，是为了模拟这种按层次组织起来的事物。层次模型是最早用于商品数据库管理系统的数据模型，最著名、最典型的层次数据库管理系统是 IBM 公司于 1969 年开发的大型商品数据库管理系统 IMS（Information Management System），如今已经发展到 IMSV6，提供集群、N 路数据共享、消息队列共享等先进特性的支持。

（1）基本概念和数据结构。

层次模型是用有向（序）树形（层次）结构来描述实体及实体间联系的数据模型。层次模型由节点和连线组成，节点表示实体（记录，每个记录包含若干字段），连线表示父子节点（上下层实体）之间的一对多（$1{:}n$）联系。如果要描述多对多（$m{:}n$）联系，必须采用某种方法（引入冗余节点）将其分解为一对多联系。层次模型实例如图 1-6 所示。

从层次模型的定义和逻辑结构看，层次模型需要满足以下两个基本条件。

① 有且仅有一个节点，没有父节点，这个节点称为根节点。

② 根节点以外的其他节点有且仅有一个父节点。

层次模型的存储结构一般采用邻接存储法和链接存储法。

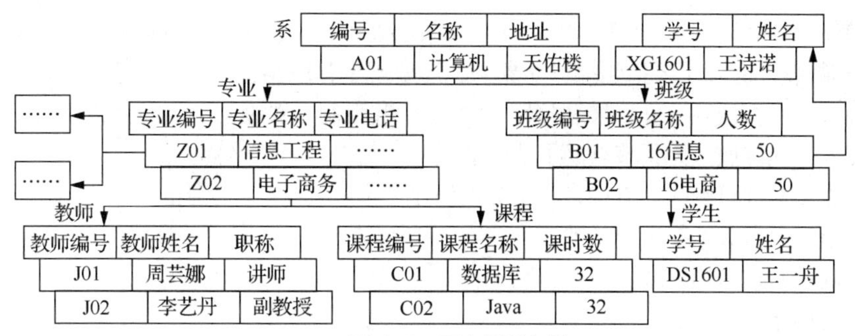

图 1-6　层次模型实例

（2）数据操纵和完整性约束。

层次模型规定了所有节点的先后顺序，树中父子节点只存在一种联系，任何一个节点只有一条自根节点到达它的存取路径。因此进行数据操纵时，任何一个子节点的值不能脱离其父节点而独立存在，其数据操纵和完整性约束如下。

① 插入：如果没有父节点就不能插入子节点的值，如新来的教师未分配专业教研室则无法将其插入数据库中。

② 删除：如果删除父节点，则其相应的子节点也会同时被删除。

③ 更新：如果要更新某个值，则应该更新所有需要修改的值，以保持数据的一致性。

④ 查询：只允许自上而下的单向查询，如可以直接查询某课程的基本信息、某教师的基本信息，但不能直接查询某教师的学生信息。

2. 网状模型

现实世界中，事物之间的联系大多数是网状的、非层次的联系，因此网状模型比层次模型更能直接描述现实世界事物之间复杂的联系。世界上第一个网状数据库管理系统，也是第一个数据库管理系统，是美国通用电气公司巴赫曼（Bachman）等人在 1964 年开发的 IDS（Integrated Data Store，集成数据存储）。IDS 奠定了网状数据库的基础，并在当时得到广泛的发行和应用。

（1）基本概念和数据结构。

网状模型是用有向网状结构来描述实体及实体间联系的数据模型。同层次模型一样，网状模型也是由节点和连线组成的，节点表示实体集，连线表示实体之间的联系。不过网状模型的节点间可以允许存在两条以上的连线，但是每一条连线只能表示一对多联系。层次模型实际上是网状模型的一个特例。

在网状模型中，数据以记录为存储单位，并且每个记录都有一个由 DBMS 自动赋予的内部标识符，用于描述记录的逻辑地址。记录包含若干数据项，数据项可以是多值和复合的数据。网状模型实例如图 1-7 所示。

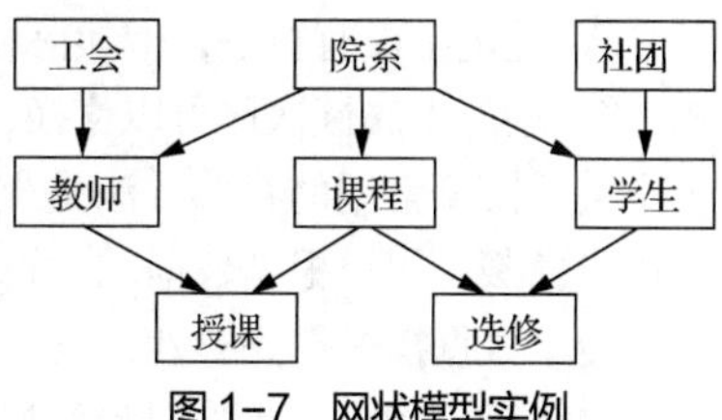

图 1-7　网状模型实例

网状模型是层次模型的拓展，它满足以下两个基本条件。

① 允许一个以上的节点没有父节点。

② 至少存在一个节点有多个父节点。

网状模型常用的存储方法是链接法，包括单向链接、双向链接、环状链接和向首链接等。

（2）数据操纵与完整性约束。

在网状模型中，每个记录单独存放，所有记录都有一个以其为始点和终点的循环链表。记录之间的联系用指针和链表实现，而每一个联系都处于两个链表中，从而构成导航式数据库。用户在操作数据库时除了要指明操作对象外，还要规定存取路径。网状模型没有层次模型中那样严格的完整性约束条件，只对数据操纵增加了一些限制，提供了一定的完整性约束。

① 插入：允许插入无父节点的子节点值。

② 删除：允许只删除父节点，其子节点仍在。

③ 更新：只需更新指定记录即可。

④ 查询：对称结构，查询格式相同。

3. 关系模型

层次模型和网状模型都缺少坚实的理论基础，因此有比较多的限制，实际使用时也不太方便。目前广泛使用的关系模型建立在严格的数学理论（集合论中的关系概念）基础上，将逐一记录的操作改进为支持记录集合的操作，数据检索操作不依赖于路径信息或过程信息，即非过程化的操作。关系数据库管理系统是基于关系模型的数据库系统。

（1）基本概念和数据结构。

关系模型是用关系结构（一组规范化了的二维表格）来描述实体及实体间联系的数据模型。从用户观点看，关系的逻辑结构就是一张没有重复行和重复列的二维表。表中每一行表示实体，每一列表示实体的属性。关系模型既能反映一对一联系，也能反映一对多和多对多联系。关系模型实例如表 1-2～表 1-4 所示。

表 1-2　学生

学号	姓名	性别
2213011001	徐同学	男
2213011002	卢同学	女
2213011003	江同学	男
2213011004	戴同学	女
2213011005	华同学	男
2213011006	王同学	男
2213011007	吴同学	女

表 1-3　课程

课程号	课程名称
01	计算机基础
02	C 语言程序设计
03	数据结构
04	计算机网络
05	数据挖掘
06	数据库技术
07	ERP 应用

表 1-4　选修

课程号	学号	成绩
01	2213011001	90
02	2213011002	93
02	2213011003	90
03	2213011004	89
03	2213011005	88
03	2213011006	90
04	2213011007	95

关系模型是一种结构单一、规范化的二维表格，必须满足以下条件。

① 属性值具有原子性，不可分解。

② 每一个属性必须各自有不同的名称，但可以有相同的值域。

③ 关系中任意两行不能完全相同。

④ 理论上没有行序，但实际使用时可以有行序。

⑤ 理论上属性次序可以交换，但实际使用时应考虑定义属性次序。

关系模型常用的存储方法是文件法，关系以文件形式存储在系统中。关系模型的存储路径对用户隐藏，用户根据数据的逻辑模式和子模式进行数据操作，而不必关心数据的物理模式。

（2）数据操纵与完整性约束。

在关系模型中，操作对象和操作结果都是关系，操作关系的行为定义为关系语言。关系语言是一种结构化查询语言，结构化查询语言是高度非过程化的语言，查询过程只需给出查询对象，而不必给出怎样查询。

关系型完整性约束包括实体完整性、参照完整性、用户自定义完整性，具体含义及其定义方式将在后面章节中介绍。

1.3　数据库系统结构

伴随时间的推移和需求的变化，数据库中的数据总是不断变化的，数据库中整体数据的逻辑结构、存储结构发生变化也是有可能的，而且也是正常的和必须的。但所有这些变化都不应该影响用户数据的局部逻辑结构，否则使用 C#、Java 和 Python 等语言开发的基于数据库的应用程序的代码就必须重新编写。

1.3.1　模式与体系结构

1. 模式的概念

模式是基于特定数据模型的一种结构性信息的描述和定义（数据的结构化抽象），也可以理解为模式用于描述同一类事物的数据结构（属性的名称、类型、值域和完整性约束等）及其联系，且仅描述数据模型的型（如关系模型的表头），不涉及具体的数据值（如关系模型的表身）。一组具体的数据（值）构成了数据模式的一个实例（模式的具体表现），一个模式可以有许多实例。模式是相对稳定的（数据结构相对不变），是数据结构信息的抽象；而实例是相对变动的（数据值不断变化），是模式特定时刻的数据状态反映。

假定一个学生数据：学号为 210201、姓名为李欣、性别为女、年龄为 23、系别为大数据与信息工程系。此时学生数据的结构可以抽象为模式：学生(学号,姓名,性别,年龄,系别)。在 DBMS 中，这个模式可以使用不同的数据模型来实现，如用关系模型来实现，则呈现为具有表头、表身两部分的二维表，其中表头结构为学号 char(8),姓名 char(6),性别 char(2),年龄 tinyint,系别 varchar(20)；表身数据为'210201','李欣','女',23,'大数据与信息工程系'，当然还可以有其他学生数据。实例、模式、数据模型三者的关联如图 1-8 所示。

图 1-8　实例、模式、数据模型三者的关联

2. 体系结构的概念

数据库系统的体系结构是数据库系统的一个总体框架。研究数据库系统的体系结构时可以从不同的层次或不同的角度出发。

从数据库管理系统角度来看，数据库系统通常采用三级模式结构，这是数据库系统的内部体系结构，通常称为数据库体系结构。

从数据库最终用户角度来看，数据库系统的结构可以分为单机结构、主从式结构、分布式结构、C/S 结构和 B/S 结构等，这些是数据库系统的外部体系结构，简称数据库系统体系结构。

1.3.2　三级模式结构和两层映像

虽然数据库管理系统软件种类繁多，应用环境不同，其依赖的逻辑数据模型不尽相同，其数据的存储结构也各不相同，但是为了确保用户数据的局部逻辑结构不受整体数据的全局逻辑结构和存储结构的影响，数据库管理系统普遍采用三级模式结构和两层映象。

1. 三级模式结构

数据结构有逻辑结构和物理结构之分，逻辑结构主要面向用户的可视操作部分，物理结构面向操作系统的存储部分。在从用户数据到系统数据的存储与转换过程中，数据库系统普遍采用三级模式结构：外（子）模式、概念模式和内（物理）模式，如图 1-9 所示。

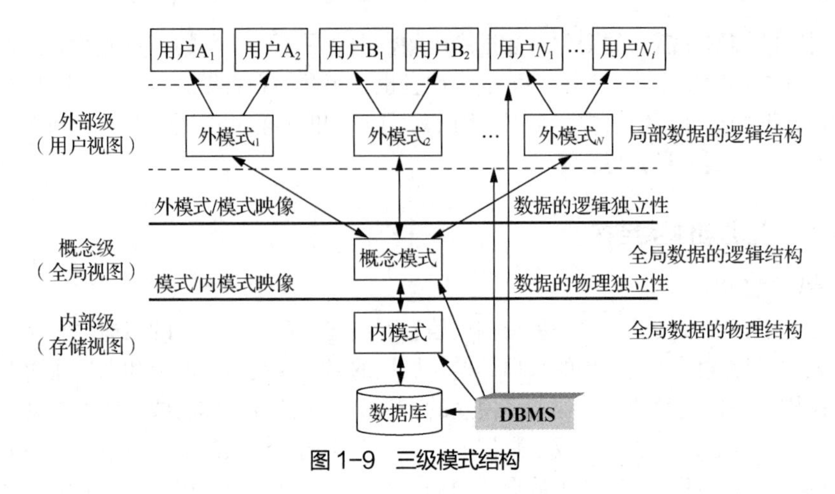

图 1-9 三级模式结构

（1）外模式。

外模式（External Schema）又称子模式或用户模式，是对特定用户数据（局部数据）的逻辑结构和特征的描述，是某个或某几个用户看到的和直接操作的用户数据视图①，是从模式导出的一个子集。外模式是用户与数据库系统之间的接口，用户对数据的操作实质是对外模式数据的操作。用户可以通过外模式数据描述语言（Data Description Language，DDL）来描述、定义对应于用户的数据记录（外模式），也可以利用数据操纵语言（Data Manipulation Language，DML）对这些数据记录进行操作。外模式对应于用户级，反映了数据库的用户观，因此一个数据库有多个外模式。

（2）概念模式。

概念模式（Conceptual Schema）简称模式，又称逻辑模式，是对所有用户数据（全局数据）的逻辑结构和特征的总体描述，是所有用户的公共数据视图，是所有外模式的集合。概念模式是由数据库设计者对所有用户数据的综合，按照规范化理论构造的全局逻辑结构。概念模式是外模式和内模式的中间环节和隔离层，是保证数据独立性的关键部分。用户不仅可以通过模式数据描述语言来描述、定义数据的逻辑结构（记录的数据项组成，以及数据项的名称、类型和值域），还可以利用模式描述语言定义实体之间的联系、数据完整性约束等。概念模式对应于概念级，反映了数据库的整体观，因此一个数据库只有一个概念模式。

（3）内模式。

内模式（Internal Schema）又称物理模式或存储模式，是对全体数据的存储结构与存储策略的描述，是全体数据的存储视图（全局逻辑结构变换为物理结构的文件形式），是数据在计算机系统中的内部表示和底层描述。内模式负责定义所有数据的存储结构和存储策略，包括数据项的存储结构、记录的存储方式、文件的组织方式、索引的组织方式、数据的压缩存储和加密与否等。DBMS 提供内模式数据描述语言来严格地定义数据在存储介质上的存储结构和存储策略，对应着存储介质上的物理数据库。内模式对应于物理级，反映了数据库的存储观，因此一个数据库只有一个内模式。

2. 两层映像

三级模式对应着三级抽象，将数据的具体组织方式留给 DBMS 管理，用户能有条理地、抽

---

① 所谓视图，就是指观察、认识和理解数据的范围、角度和方法，是数据库在用户“眼中”的反映。显然，不同层次（级别）用户所“看到”的数据库是不相同的。

象地处理数据，而不用关心数据在计算机中的内部表示和物理存储。为实现三级模式的联系和转换过程，数据库系统提供了两层映像，即外模式/模式映像、模式/内模式映像。

（1）外模式/模式映像。

外模式/模式映像通常保存在外模式描述中，它定义并保证了外模式与概念模式之间的对应关系。由于应用程序是根据外模式进行设计的，因此当概念模式（逻辑结构）发生变化时（如新增关系或修改属性的数据类型、取值范围、约束条件等），只要数据库管理员改变外模式/模式映像，就可以使外模式保持不变，对应的应用程序也可保持不变。也就是说，（全局）数据逻辑结构的改变不影响外模式的独立性，从而保证了应用程序间的独立性（数据的逻辑独立性）。

（2）模式/内模式映像。

模式/内模式映像通常保存在模式描述中，它定义并保证了概念模式与内模式之间的对应关系。当内模式（物理结构）改变时（如介质和位置的改变、数据库文件的增/删/改、数据库文件属性的变化等），只要数据库管理员修改模式/内模式映像，就可使模式保持不变，因此应用程序也可保持不变。也就是说，数据物理结构的改变不影响外模式的独立性，从而保证了应用程序间的独立性（数据的物理独立性）。

数据与应用程序之间的独立性，使数据的定义和描述可以从应用程序中分离出去。另外，由于数据的存取由 DBMS 管理，用户不必考虑存取路径等细节，从而简化了应用程序的编写，大大减少了应用程序的维护和修改的工作量。

1.4　数据库设计

数据库设计是一项基础性工作，不仅要考虑合理的数据库结构，还要考虑其他相关因素，如计算机软件环境、DBMS 性能、用户信息和处理要求、数据完整性和安全约束等。

1.4.1　数据库设计概述

数据库设计是指在给定的应用环境下和现有 DBMS 的基础上构造最优的数据库模式，建立数据库及其应用系统，从而有效地存储和管理数据，满足各种用户的应用需求。通俗地说，数据库设计就是在现有 DBMS 支持下，将现实世界的信息转化为数据世界的数据的过程。

从内容上看，数据库设计主要包括两方面：一是结构设计（概念设计、逻辑设计和物理设计），也就是设计数据库的框架，包括数据库、表及表之间的联系；二是行为设计（数据库实施），也就是设计访问数据库的应用程序、事务处理等，形成数据库应用系统。

从过程上看，数据库设计是一个“认知、设计、纠正和认识”的反复过程，具体可分为如下 6 个阶段。

（1）需求分析：全面、准确地了解用户的数据需求、处理需求、性能需求、安全性与完整性要求。需求分析的经典方法是结构化分析方法（自顶向下/自底向上，逐层分解），提供数据流图和数据字典等工具来进行需求分析。需求分析的主要成果是软件需求分析说明书。

（2）概念设计：将需求分析得到的用户需求进行综合、归纳与抽象，形成一个独立于具体 DBMS 的概念数据模型（E-R 模型）。

（3）逻辑设计：将概念数据模型（E-R 模型）转换为 DBMS 支持的逻辑数据模型（关系模型，主要是指基表和视图）。

（4）物理设计：确定数据库的存储结构和存取方法，包括数据的存放位置、存取路径和索引设计等系统配置。

（5）数据库实施：建立数据库，组织数据入库，编写和调试应用程序形成数据库应用系统，并进行数据库的试运行（功能测试和性能测试），最后整理文档，形成技术文档和使用说明书。

（6）数据库运行和维护：指在系统运行过程中的长期维护（修正性、适应性和改善性）工作，包括维护数据库的安全性与完整性、监测并改善数据库性能，以及重新组织与构造数据库。

注意：

（1）充分调动用户的积极性。用户最了解自己的业务需求，用户的配合能够缩短需求分析进程，帮助设计人员准确地抽象出业务逻辑，使系统设计更符合用户设想；

（2）充分考虑系统的扩充性。应用环境的改变和业务需求的扩展不会对现有的应用程序和数据造成大的影响，只需要在原设计基础上做一些扩充即可满足业务需求的扩展。

1.4.2 E-R 模型

E-R 模型是陈品山（P.P.Chen）于 1976 年提出的一种面向问题的概念数据模型，用图形的方式来描述实体及其联系。E-R 模型自问世后经历了多次修改和扩充，这里只介绍基本的 E-R 模型。

1. E-R 模型的三要素

E-R 模型的三要素为实体、属性和联系，其表示方法分别如下。

（1）实体：用矩形框表示，矩形框内写上实体名。

（2）属性：用椭圆框表示，椭圆框内写上属性名，并用无向边连线连接实体或联系。

（3）联系：用菱形框表示，菱形框内写上联系名，并用无向边连线将两个实体分别连接在菱形框两端，同时在连线上标明实体联系类型。

【例 1-1】 班级、学生、课程、教师和参考书等实体存在一定的联系，学生和课程之间的联系（选修）的附带属性为成绩，其 E-R 模型如图 1-10 所示。

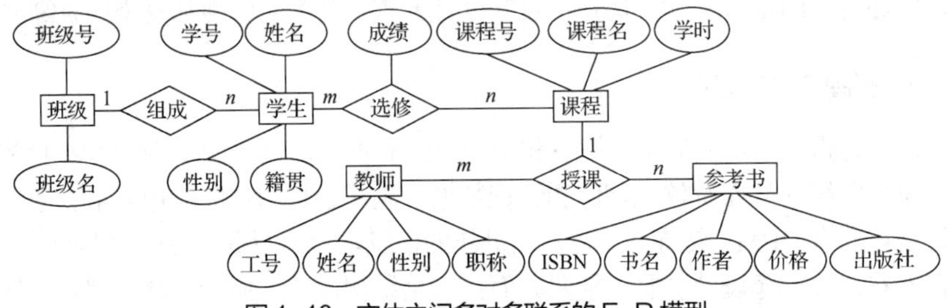

图 1-10 实体之间多对多联系的 E-R 模型

注意： 实际在设计 E-R 模型时，可使用建模工具软件 Power Designer 快速生成 E-R 模型。

2. E-R 模型的设计流程

（1）确定实体和实体属性。

应用环境通常对实体和属性做出了自然划分。实体是若干属性的有意义聚合（多值属性事务常作为一个实体或刻画出多个属性）。属性必须是不可分的数据项（不能包含其他属性），且不能和其他实体有联系。为了简化处理，能作为属性对待的事物尽可能划分为属性。

（2）确定实体之间的联系及联系类型。

当实体之间存在关联行为时，最好采用联系来描述。例如，读者和图书之间的借、还书行为，顾客和商品之间的购买行为，均应该作为联系。

（3）确定联系的属性。

联系属性的划分有两个原则：一是实体间联系的标识属性应作为联系的默认属性（不应显式列入联系属性之中），二是列出与联系中的所有实体都相关的属性，例如学生和课程的选课联系中的成绩属性，顾客、商品和雇员之间的销售联系中的商品数量等。

注意：

（1）实体内部的联系。同一实体集内部也存在联系，如图 1-11 所示；

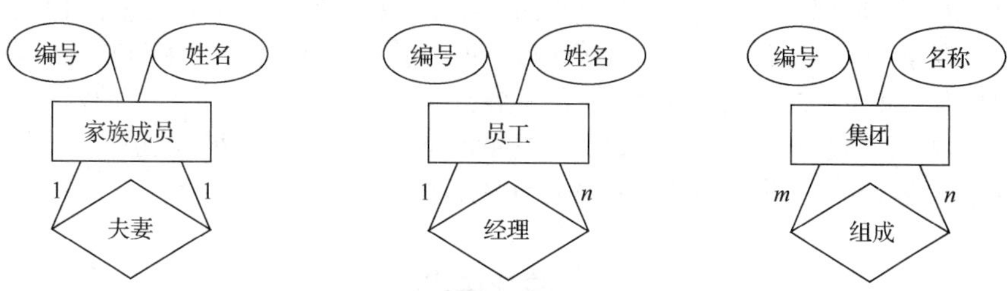

图 1-11　实体集内部联系 E-R 模型

（2）实体间的多重联系。实体间可能存在多重联系，如图 1-12 所示。教师和学生之间就有可能有多重联系：一重联系是一个教师可以指导多名学生的毕业论文，另一重联系是一个教师可以教授多名学生课程学习，一个学生也可以参与多名教师的教学。

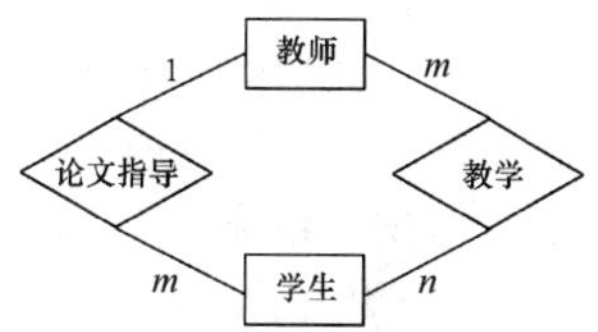

图 1-12　实体间多重联系 E-R 模型

E-R 模型表示的概念数据模型独立于具体的 DBMS 所支持的数据模型，是各种数据模型的基础，因此 E-R 模型比数据模型更一般、更抽象、更接近现实世界。

1.4.3　E-R 模型向关系模型转换

在数据库设计过程中，将 E-R 模型转换为关系模型的实质就是将实体、实体的属性和实体之间的联系转换为关系模式。

1. 实体及属性的转换

一个实体（型）转换为关系模型中的一个关系，实体的属性就是关系的属性，实体的码就是关系的键（一般用加下画线的方式来标识）。

2. 联系的转换

（1）一对一联系的转换。

转换一对一联系时，可以将该联系与任意一方的关系模式合并。具体做法是，在其中一个关系模式的属性中加入另一方实体的码和联系本身的属性（如果联系具有属性）。

（2）一对多联系的转换。

转换一对多联系时，需要将该联系与多方对应的关系模式合并。具体做法是将一方实体的码及联系本身的属性（如果联系具有属性）添加到多方对应的关系模式中。

【例 1-2】“班级”和“学生”之间的“组成”联系是一对多类型，则需将“班级”的“班级号”添加到“学生”的关系模式中，最终“学生”关系模式如下。

学生(学号,姓名,性别,入学分,班级号)

（3）多对多联系的转换。

转换多对多联系时，需要将联系转换为一个独立的关系模式，与该联系相连的各实体的关键字和联系本身的属性（如果联系具有属性）均转换为关系模式的属性，而该新关系模式的键为原各实体码的组合。

【例 1-3】“学生”和“课程”之间的“选修”联系是多对多类型，则其联系类型的关系模式如下。

选修(学号,课程号,成绩)

本章小结

数据库系统的出现使信息系统从加工数据的程序中心转向共享数据的数据库中心的新阶段。数据技术不仅应用于日常事务处理，提高了数据的利用率和相容性，还应用于情报检索、人工智能、专家系统、计算机辅助设计等领域，提高了决策的可靠性。本章首先讲述了数据库系统的组成及其相关概念、数据管理技术的发展历程，其次介绍了数据模型的背景、要素、分层和分类等内容，再从体系结构上介绍了数据库系统的三级模式与两层映像，最后介绍了数据库设计的基本流程和E-R模型转换为关系模型的方法。

习题一

一、选择题

1. 数据库（DB）、数据库管理系统（DBMS）、数据库系统（DBS）三者之间的关系为（　　）。
   A. DBMS包含DB和DBS　　B. DBS包含DB和DBMS
   C. DB包含DBS和DBMS　　D. DBS就是DB，也就是DBMS
2. 数据库系统的核心是（　　）。
   A. 数据库　　B. 操作系统　　C. 数据库管理系统　　D. 文件
3. 关系数据库中的视图属于数据库三级模式中的（　　）范畴。
   A. 外模式　　B. 概念模式　　C. 逻辑模式　　D. 内模式
4. 数据库技术是从20世纪（　　）年代中期开始发展的。
   A. 60　　B. 70　　C. 80　　D. 90
5. 相关数据按照一定的联系方式组织排列，并构成一定的结构，这种结构为（　　）。
   A. 数据模型　　B. 数据库　　C. 关系模型　　D. 数据库管理系统
6. E-R模型转换为关系模型时，如果实体间存在联系的是m:n，则下列说法正确是（　　）。
   A. 将m方关键字和联系的属性纳入n方的属性中
   B. 将n方关键字和联系的属性纳入m方的属性中
   C. 在m方和n方的属性中均增加一表示联系的属性
   D. 增加一个关系表示联系，其中纳入m方和n方的属性
7. 关系数据库系统中，表的结构信息存储在（　　）。
   A. 表中　　B. 数据字典中　　C. 关系中　　D. 指针中
8. 数据库系统实现了数据独立性是因为采用了（　　）。
   A. 层次模型　　B. 网状模型　　C. 关系模型　　D. 三级模式结构
9. 在DBS中，DBMS和OS的关系是（　　）。
   A. 相互协调　　B. DBMS调用OS　　C. OS调用DBMS　　D. 互不调用
10. 要保证数据库的逻辑数据独立性，需要修改的是（　　）。
    A. 模式与外模式之间的映像　　B. 模式与内模式之间的映像
    C. 模式　　D. 三级模式
11. 在数据管理技术发展的各个阶段中，相对人工管理而言，文件系统的主要优点是（　　）。
    A. 数据共享性强　　B. 数据可长期保存　　C. 采用数据结构　　D. 数据独立性好
12. 在数据库技术中，实体-联系模型是一种（　　）。
    A. 概念数据模型　　B. 结构数据模型　　C. 物理数据模型　　D. 逻辑数据模型
13. 在人工管理阶段，数据是（　　）。
    A. 有结构的　　B. 无结构的

C. 整体结构化　　D. 整体无结构，记录内有结构

14. 在数据库中存储的是（　　）。
A. 数据　　B. 数据模型　　C. 信息　　D. 数据及其联系

15. 在数据库三级模式结构中，描述数据库中全体数据的逻辑结构和特征的是（　　）。
A. 外模式　　B. 内模式　　C. 模式　　D. 存储模式

16. 数据库管理系统的（　　）功能用于实现数据的查询、插入、修改和删除等操作。
A. 数据定义功能　　B. 数据管理功能　　C. 数据操纵功能　　D. 数据控制功能

17. 数据库系统中，用（　　）描述全部数据的整体逻辑结构。
A. 外模式　　B. 存储模式　　C. 内模式　　D. 概念模式

18. 数据库系统中，用户使用的数据视图用（　　）描述，它是用户与数据库之间的接口。
A. 外模式　　B. 存储模式　　C. 内模式　　D. 概念模式

19. 在关系数据库系统中，当关系的型改变时，用户程序也可以不变，这是（　　）。
A. 数据的物理独立性　　B. 数据的逻辑独立性
C. 数据的位置独立性　　D. 数据的存储独立性

20. 关系模型的主要特征是用（　　）形式表示实体类型和实体间联系。
A. 关键字　　B. 指针　　C. 键表　　D. 表格

21. 在一个数据库中，模式与内模式的映像个数是（　　）。
A. 一个　　B. 与用户个数相同　　C. 由系统参数决定　　D. 任意多个

22. 数据库中，数据的物理独立性由（　　）映射所支持。
A. 外模式/模式　　B. 外模式/内模式　　C. 模式/内模式　　D. 子模式/逻辑模式

二、填空题

1. 数据库管理技术经历了人工管理、文件系统管理、（　　）和高级数据库技术 4 个阶段。
2. 数据管理系统是管理（　　）的软件，简称 DBMS，它总是基于某种模型。
3. 根据模型的应用目的，可将数据模型分为概念数据模型、（　　）、物理数据模型。
4. 在三层数据模型中，对现实世界进行第一层抽象的模型称为（　　）模型。
5. 在 DBS 的三级模式结构中，最接近于物理存储设备一级的结构称为（　　）模式。
6. 实体之间的联系可以有一对一、一对多和（　　）3 种形式。
7. 在关系模型中，二维表的列表示属性，二维表的行表示（　　）。
8. 数据库系统在三级模式之间提供了（　　）和模式/内模式映像两层映像。
9. 层次模型是一种（　　）结构，而关系模型是一个二维表结构。
10. 数据模型由数据结构、（　　）和完整性约束三要素组成。
11. 数据管理技术的发展是伴随计算机（　　）、软件发展和计算机应用发展起来的。
12. 一个节点可以有多个父节点，节点之间可以有多种联系的数据模型是（　　）模型。
13. 在信息世界中，将现实世界中客观存在并可相互识别的事物称为（　　）。
14. 能唯一标识实体集中各实体的一个属性或一组属性的称为该实体的（　　）。
15. 以一定的组织结构保存在辅助存储器中的数据集合称为（　　）。
16. 在（　　）中一个节点可以有多个父节点，节点之间可以有多种联系。
17. 概念数据模型是现实世界的第一层抽象，这一类模型中最著名的模型是（　　）。
18. 概念数据模型是按（　　）观点对数据建模，强调其语义表达能力。
19. 数据库在磁盘上的基本组织形式是（　　）。
20. 模式是描述同一类事物的数据结构及其联系，仅仅描述数据模型的（　　），不涉及具体的数据值。

第 2 章

关系数据库数学模型

本章导读

关系模型的结构单一、操纵简单，离不开离散数学理论的支撑。从集合论的角度观察，关系的逻辑结构可看作是一个若干元组的集合，关系运算也可以转换成集合运算。关系的数据操纵除了传统集合运算的并、交、差以外，还定义了一组专门关系运算的选择、投影、连接。

2.1　关系模型概述

关系数据库系统是支持关系模型的数据库系统。关系模型由关系的数据结构、数据操纵和完整性约束三要素组成。

2.1.1　关系模型的数据结构

关系模型的数据结构非常简单，实体及实体之间的联系均是单一的数据结构——关系。

在用户看来，关系模型的逻辑结构是一张没有重复行和列的二维表。表由行和列组成，表中每一行（记录）称为元组，每一列（字段）称为属性，关系也可以说是元组的集合。

在支持关系模型的物理结构中，二维表可以是任何有效的存储结构，如顺序文件、索引、哈希表、指针等。在 SQL Server 系统中，物理结构是以数据库文件的形式存在的，所有存取细节对用户来说都是抽象不可见的。

2.1.2　关系模型的数据操纵

在关系模型中，操作对象和操作结果都是关系，操作关系的行为定义为关系语言，关系语言根据其所反映的数学含义可分为两类：关系代数语言和关系演算语言。

关系代数语言和关系演算语言均是抽象的语言，这些语言与具体 DBMS 中实现的实际语言并不完全一致，但它们能用作评估实际数据库系统查询语言能力的基础和标准，而实际的查询语言除了提供关系代数或关系演算的功能外，还提供了许多附加功能。

关系操纵语言还提供了一种介于关系代数和关系演算之间的语言——SQL（Structure Query Language，结构化查询语言）。SQL 集数据定义语言（DDL）、数据查询语言（DQL）、数据操纵语言（DML）、数据控制语言（DCL）为一体，是关系数据库的标准语言。

关系语言是一种高度非过程化的语言，关系的 3 种语言在表达能力上是完全等价的。

2.1.3　关系模型的完整性约束

关系模型的完整性约束包括实体完整性、参照完整性和用户自定义完整性。其中实体完整性和参照完整性是关系模型必须满足的完整性约束条件，被称作关系的两个不变性，应该由关系数据库管理系统自动支持。

1. 实体完整性

【规则 2.1】实体完整性规则：若属性（组）K 是基本关系 R 的主码（主键），则所有元组中 K 取值唯一，并且 K 中所有属性不能全部或部分取空值。

说明：

① 实体完整性规则是针对基本关系而言的。一个基表通常对应现实世界的一个实体集，例如学生关系对应于所有学生实体的集合；

② 现实世界中实体是可区分的，即它们具有某种唯一性标识。相应地，关系模型中以主码作为其唯一性标识；

③ 主属性（主码中的属性）不能取空值（不知道或无意义的值）。如果主属性取空值，就说明存在不可标识的实体，即存在不可区分的实体，这与客观世界中实体唯一标识相矛盾，因此这个规则不是人们强加的，而是现实世界客观的要求。

2. 参照完整性

【规则 2.2】参照完整性规则：若属性（组）F是基本关系R的外码（外键），它与基本关系S的主码Ks相对应（基本关系R和S可能是相同的关系），则R中每个元组在F上的值必须等于S中某个元组的主码值或者取空值（F的每个属性值均为空值）。

说明：

① 如果一个属性（组）是其所在关系之外的另外一关系的主码，则该属性（组）就是它所在当前关系的外码，外码就是外部关系的主码；

② 现实世界中的客观事物往往存在某种联系，在关系模型中，这种联系都是用关系来描述的，这自然会导致关系与关系间的参照，参照完整性就是通过外码与主码之间的引用规则来描述实体及实体之间的某种联系；

③ 外码并不一定与相应主码同名，但在实际应用中，为了便于识别，当外码与相应主码属于不同关系时，往往取相同名字，当关系R和S是同一关系时，则称之为自身参照。

3. 用户自定义完整性

用户自定义完整性是根据应用实际的需要，对数据定义的一种约束条件，它反映具体应用环境下数据必须满足的语义要求。关系模型自身并不去定义这类完整性规则，只是提供定义并检验这类完整性约束的机制，以便于提供统一方法来满足用户的需求。

用户定义完整性约束包括列级约束（定义在单列上的值域约束）和表级约束（定义在多列上）两类，SQL Server 系统对值域约束提供了统一规则，包括主码和外码之外的其他属性取值范围的约束定义，如数据类型、精度、取值范围、是否空值等。

2.2 关系的数学模型

从关系的逻辑结构特征来看，直观上可以将关系看作一个若干元组的集合，关系运算也可以转换成集合的运算。事实上，关系模型的数学理论基础是集合代数，下面就从集合论角度给出关系数据结构的形式化定义。

2.2.1 关系的数学定义

1. 域与基数

域（Domain）是一组具有相同数据类型的数据值集合，又称为值域（用D表示）。例如{整数}、{男,女}、{10,100,1000}等都可以是域。基数（Cardinal number）是指域中数据值的计数总数（用m表示）。关系常用值域来表示属性（Attribute）的取值范围。例如：

D_1={赵敏,钱锐,孙阳,李丽}，表示姓名的集合，其基数为 4；

D_2={男,女}，表示性别的集合，其基数为 2；

D_3={专科,本科,硕研,博研}，表示学历的集合，其基数为 4。

2. 笛卡儿积

笛卡儿积（Descartes）是域上的一种集合运算，运算对象和运算结果都是集合。

假定一组域 $D_1,D_2,\cdots,D_n$，这些域上的元素可以完全不同，也可以部分或全部相同，则$D_1,D_2,\cdots,D_n$的笛卡儿积定义为：

$$D_1\times D_2\times\cdots\times D_n=\{(d_1,d_2,\cdots,d_n)|d_i\in D_i,\ i=1,2,\cdots,n\}$$

说明：

（1）每一个元素（$d_1,d_2,\cdots,d_n$）叫作一个n元组（n-tuple），简记为元组（t），但元组不是

d_i的集合（集合中元素之间是无序的），而是由 d_i按序排列而成。

（2）元素中的每一个值 d_i叫作一个分量（Component），分量 d_i必须是对应域 D_i中的一个值；

（3）笛卡儿积可以表示为一个二维表，表中每行对应一个元组，表中每列对应一个域；

（4）若 D_i（i=1,2,…,n）为有限集，其基数为 m_i（i=1,2,…,n），则 $D_1 \times D_2 \times \ldots \times D_n$ 的基数为 n 个域的基数累乘之积，笛卡儿积基数计算表达式为：

$$M = \prod_{i=1}^{n} m_i$$

【例 2-1】设有域 D_1={赵敏,钱锐,孙阳,李丽}，D_2={男,女}，D_3={专科,本科,硕研,博研}，则 $D_1 \times D_2 \times \ldots \times D_n$ 的笛卡儿积共有 32 个元组，如表 2-1 所示。

表 2-1　$D_1 \times D_2 \times \ldots \times D_n$的笛卡儿积

D_1	D_2	D_3	D_1	D_2	D_3	D_1	D_2	D_3	D_1	D_2	D_3
赵敏	男	专科	钱锐	男	专科	孙阳	男	专科	李丽	男	专科
赵敏	男	本科	钱锐	男	本科	孙阳	男	本科	李丽	男	本科
赵敏	男	硕研	钱锐	男	硕研	孙阳	男	硕研	李丽	男	硕研
赵敏	男	博研	钱锐	男	博研	孙阳	男	博研	李丽	男	博研
赵敏	女	专科	钱锐	女	专科	孙阳	女	专科	李丽	女	专科
赵敏	女	本科	钱锐	女	本科	孙阳	女	本科	李丽	女	本科
赵敏	女	硕研	钱锐	女	硕研	孙阳	女	硕研	李丽	女	硕研
赵敏	女	博研	钱锐	女	博研	孙阳	女	博研	李丽	女	博研

3. 关系

一般而言，笛卡儿积中许多元组无实际意义，实际应用中会取消这些无实际意义的元组，而从笛卡儿积中取出有实际意义的元组构成关系（Relation）。

$D_1 \times D_2 \times \ldots \times D_n$ 的任一有意义的子集称为域 $D_1, D_2, \ldots, D_n$ 上的关系，记作：

$$R(D_1, D_2, \ldots, D_n)$$

其中，R 表示关系名，D_i是域组中的第 i 个域名（属性），n 表示关系的元（度）或目。当 n=1 时，表示单目（一元）关系；当 n=2 时，称为二目（二元）关系。以此类推，当关系中有 n 个域，则称为 n 目（n 元）关系。n 目（n 元）关系必有 n 个属性。

从值域角度来定义关系，关系就是值域笛卡儿积的一个子集，也是一个二维表，表的每行对应一个元组，表的每列对应一个域。关系中每个元素都是关系的一个元组。

在例 2-1 所示的笛卡儿积（$D_1 \times D_2 \times D_3$）中，对于每个人来说，性别只有一种，最高学历也只有一个，因而只存在 4 个元组，其他元组没有实际意义，一个实用的关系如表 2-2 所示。

表 2-2　$D_1 \times D_2 \times \ldots \times D_n$的关系

D_1	D_2	D_3	D_1	D_2	D_3	D_1	D_2	D_3	D_1	D_2	D_3
赵敏	女	专科	钱锐	男	本科	孙阳	男	硕研	李丽	女	博研

2.2.2 关系模式

关系模式基本上遵循数据库的三级模式结构，概念模式是关系模式的集合，外模式是关系子模式的集合，内模式是存储模式的集合。

关系模式是关系模型的内涵，它是对关系模型逻辑结构（元组的结构共性，也就是表框架或表头结构）的描述。关系模式通常要描述一个关系的关系名，组成该关系的各属性名、这些属性的值域、属性和值域之间的映像、属性间的数据依赖，以及关系的主码等。关系模式完整地描述为：

$$R(U,D,DOM,F)$$

其中，R 表示关系模式名，U 表示属性集合，D 表示值域集合，DOM 表示属性向值域的映像集合，F 表示属性间的数据依赖。关系模式简记为：

$$R(U)\text{或 } R(A_1,A_2,A_3,\ldots,A_n)$$

其中，R 表示关系模式名；$A_1,A_2,A_3,\ldots,A_n$ 表示属性名。值域及属性向值域的映像常常直接描述为属性的数据类型和存储空间。

关系是关系模型的外延，它是关系模式在某一时刻的状态或内容（表体元组）。也就是说，关系模式是型，关系是（实例）值。关系模式是相对静止的、稳定的；关系是动态的，受用户操作影响而随时发生变化。关系是元组的集合，一个关系的所有元组值构成所属关系模式的一个（实例）值，而一个关系模式可取任意多个（实例）值，关系每一次变化的结果，都是关系模式的一个新的具体实例。

2.2.3 关系数据库

在关系模型中，实体及实体间的联系都是用关系来表示的。在一个给定的应用领域中，所有实体及实体间联系的集合便构成了关系数据库。

关系数据库也有型和值之分。关系数据库的型也称为关系数据库模式，是对关系数据库的逻辑结构描述，是所有关系模式的集合。关系数据库的值也称为关系数据库实例，是这些关系模式在某一时刻对应的关系的集合。数据库的型称为数据库的内涵，数据库的值称为数据库的外延。关系数据库模式与关系数据库实例通常统称为关系数据库。

2.3 关系代数

关系代数是一种抽象的查询语言，是关系数据库操作语言的一种传统表达方式，它通过关系的集合运算来表达查询要求，其运算对象和运算结果都是关系。

2.3.1 关系代数概述

1. 关系运算符

关系代数用到的运算符包括 4 类：传统的集合运算符、专门的关系运算符、比较运算符和逻辑运算符，如表 2-3 所示。

表 2-3 关系代数运算符

运算符		含义	运算符		含义
传统的集合运算	$\cup$	并	比较运算	$>$	大于
	$\cap$	交		$\geqslant$	不小于
	$-$	差		$<$	小于
	$\times$	广义笛卡儿积		$\leqslant$	不大于
专门的关系运算	σ	选择		$\neq$	不等于
	π	投影	逻辑运算	$\neg$	非
	∞	连接		$\wedge$	与
	$\div$	除		$\vee$	或

比较运算符和逻辑运算符是用来辅助专门的关系运算符进行操作的，所以关系运算按运算符的不同可分为传统的集合运算和专门的关系运算。

2. 辅助记号

专门的关系运算会用到一些特殊符号和相关术语。为了方便后续内容叙述，我们引入辅助记号来描述这些特殊符号和相关术语。

（1）元组和分量。假定关系模式为 $R(A_1,A_2,\ldots,A_n)$，它的一个关系设为 R，$t\in R$ 表示 t 是 R 的一个元组，$t[A_i]$则表示元组 t 中相应属性 A_i 的一个分量（属性值）。

（2）域列和域列非。若 $A=\{A_{i1},A_{i2},\ldots,A_{ik}\}$，其中 $A_{i1},A_{i2},\ldots,A_{ik}$ 是 $A_1,A_2,\ldots,A_n$ 中的一部分，则 A 称为域列（属性列）。$t[A]=(t[A_{i1}],t[A_{i2}],\ldots,t[A_{ik}])$表示元组 t 在属性列 A 上诸分量的集合。$\bar{A}$ 则表示$\{A_1,A_2,\ldots,A_n\}$中去掉$\{A_{i1},A_{i2},\ldots,A_{ik}\}$后剩余的属性组，它称为 A 的域列非。

（3）元组的连接。R 为 n 目关系，S 为 m 目关系，且 $t_r\in R$，$t_s\in S$，则 $\widehat{t_rt_s}$ 称为元组的连接。它是一个（n+m）列的元组，前 n 个分量为 R 中的一个 n 元组 t_r，后 m 个分量为 S 中的一个 m 元组 t_s。

（4）像集（Images Set）。在关系 $R(X，Z)$中，X 和 Z 为属性组，给出定义：当 $t[X]=x$ 时，（与之连接的）属性组 Z 的诸分量的集合称为（属性组 X 取值 x）的像集 Z_x。

记作：

$$Z_x=\{t[Z]|t\in R，t[X]=x\}$$

注意：像集 Z_x 可以理解为分量值为 x 在属性组 Z 上的诸多映像的集合，即像集是 x 的不同摆拍映像的集合。

【例 2-2】假设现有关系 $R(X,Z)$，如表 2-4 所示，求属性组 X 各分量的像集。

表 2-4　关系 $R(X,Z)$

X	Z	X	Z	X	Z
x_1	z_1	x_1	z_3	x_2	z_2
x_1	z_2	x_2	z_1	x_3	z_1

属性组 X 各分量的像集如下：

当 $t[X]=x_1$ 时，x_1 在属性组 Z 上的像集：$Z_{x1}=\{z_1,z_2,z_3\}$；

当 $t[X]=x_2$ 时，x_2 在属性组 Z 上的像集：$Z_{x2}=\{z_1,z_2\}$；

当 $t[X]=x_3$ 时，x_3 在属性组 Z 上的像集：$Z_{x3}=\{z_1\}$。

2.3.2　传统集合运算

传统集合运算是二目运算，包括并（Union）、交（Difference）、差（Intersection）、广义笛卡儿积（Extended Cartesian Product）4 种运算。除广义笛卡儿积运算外，参加运算的两个关系必须相容，即关系 R 和关系 S 具有相同的目（属性）n，且相应属性取自同一个域。

1. 并

假定关系 R 和关系 S 具有相同的目 n（n 个属性），且相应属性取自同一个域，则关系 R 与关系 S 的并由属于 R 或属于 S 的所有元组组成，其运算结果仍为 n 目关系。记作：

$$R\cup S=\{t|t\in R\vee t\in S\}$$

关系的并操作对应于关系的插入或添加记录，俗称+操作，是关系代数的基本操作。

2. 差

假定关系 R 和关系 S 具有相同的目 n，且相应的属性取自同一个域，则关系 R 与关系 S 的差由属于 R 且不属于 S 的所有元组组成，其运算结果仍为 n 目关系。记作：

$$R-S=\{t|t\in R\wedge t\notin S\}$$

关系的差操作对应于关系的删除记录，是关系代数的基本操作。

3. 交

假定关系 R 和关系 S 具有相同的目 n，且相应的属性取自同一个域，则关系 R 与关系 S 的交由既属于 R 又属于 S 的所有元组组成，其运算结果仍为 n 目关系。记作：

$$R \cap S=\{t|t \in R \wedge t \in S\}$$

关系的交操作对应于寻找两关系的共有记录，是一种关系查询操作。关系的交操作能用差操作来代替，因此不是关系代数的基本操作，即 $R \cap S=R-(R-S)$或 $R \cap S=S-(S-R)$。可以利用文氏图来验证其正确性，如图 2-1 所示。

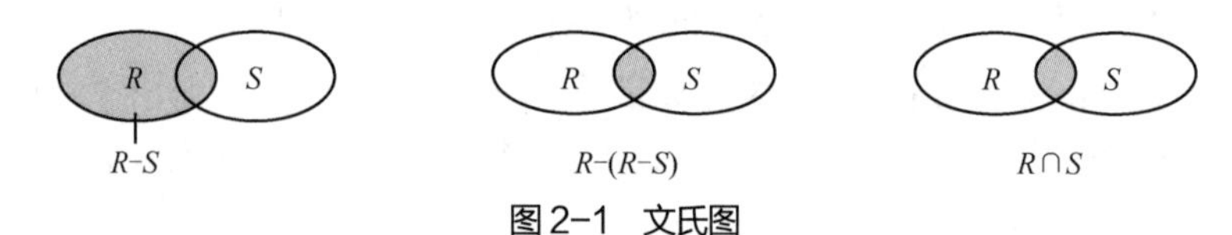

图 2-1 文氏图

【例 2-3】假定关系 R 和关系 S 分别如表 2-5、表 2-6 所示。则 $R \cup S$、$R-S$、$R \cap S$ 的运算结果分别如表 2-7、表 2-8、表 2-9 所示。

表 2-5 关系 R

编号	品名	产地	单位	单价	编号	品名	产地	单位	单价
09001	南山	湖南	袋	36	09004	伊利	内蒙古	袋	44
09002	蒙牛	安徽	袋	45	09005	白帝	四川	袋	42
09003	光明	上海	袋	45					

表 2-6 关系 S

编号	品名	产地	单位	单价	编号	品名	产地	单位	单价
09001	南山	湖南	袋	36	09006	君乐宝	河北	袋	36
09003	光明	上海	袋	45	09007	圣元	河北	袋	40
09004	伊利	内蒙古	袋	44					

表 2-7 $R \cup S$

编号	品名	产地	单位	单价	编号	品名	产地	单位	单价
09001	南山	湖南	袋	36	09005	白帝	四川	袋	42
09002	蒙牛	安徽	袋	45	09006	君乐宝	河北	袋	36
09003	光明	上海	袋	45	09007	圣元	河北	袋	40
09004	伊利	内蒙古	袋	44					

表 2-8 $R-S$

编号	品名	产地	单位	单价	编号	品名	产地	单位	单价
09002	蒙牛	安徽	袋	45	09005	白帝	四川	袋	42

表 2-9 $R \cap S$

编号	品名	产地	单位	单价	编号	品名	产地	单位	单价
09001	南山	湖南	袋	36	09004	伊利	内蒙古	袋	44
09003	光明	上海	袋	45					

4. 广义笛卡儿积

假定关系 R 和关系 S 分别为 n 目和 m 目，则关系 R 和 S 的广义笛卡儿积是一个（$n+m$）列的元组的集合，其中前 n 列是关系 R 的一个元组，后 m 列是关系 S 的一个元组。记作：

$$R \times S = \{ \overset{\frown}{t_r t_s} \mid t_r \in R \wedge t_s \in S \}$$

若 R 有 k_1 个元组，S 有 k_2 个元组，则关系 R 和关系 S 的广义笛卡儿积有 $k_1 \times k_2$ 个元组。

关系的广义笛卡儿积操作对应于两个关系的连接操作（元组横向组合），俗称×操作，是关系代数的基本操作。

2.3.3 专门关系运算

专门关系运算包括选择（Selection）、投影（Projection）、连接（Join）、除（Division）等。表 2-10 和表 2-11 所示为有关教师信息的两个关系，分别为 R 与 S，如果没有特殊说明，后面的专门的关系运算均以这两个关系作为运算对象。

表 2-10　关系 R

教师编号	姓名	性别	学历	职称	基本工资
05001	宋玉	女	本科	教授	2800
05002	刘强	男	本科	副教授	2300
05003	万琳	女	硕士	副教授	2300
05004	方菲	女	研士	助教	1300
05006	杨军	男	本科	讲师	1800
05007	王欣	男	本科	讲师	1800

表 2-11　关系 S

教师编号	姓名	额定课酬
05002	刘强	1100
05004	方菲	1400
05007	王欣	1900
16001	刘香	1300
16004	朱燕	1500
16006	丁雷	1200

1. 选择

选择是对关系 R 进行水平分解，是从关系 R 中选择满足给定条件的诸元组，构成一个新的关系，记作：

$$\sigma_F(R) = \{t \mid t \in R \wedge F(t) = \text{"真"}\}$$

其中，σ 表示选择符号，F 是条件（由常数、变量、属性名、比较运算符及逻辑运算符组成的逻辑表达式），$F(t)$ ="真"表示选取使逻辑表达式 F 为真的元组。

选择是从行的角度进行的关系运算，关系的选择操作对应于关系元组的选取操作（横向选择），是关系查询操作的重要成员之一，是关系代数的基本操作。

【例 2-4】从表 2-10 所示的关系 R 中找出所有的女教师，请写出相应的关系表达式。

本题是从关系 R 中选出符合条件的元组，因此适用选择运算，运算表达式如下：

$$\sigma_{\text{性别="女"}}(R)$$

运算结果如表 2-12 所示。

表 2-12　$\sigma_{\text{性别="女"}}(R)$

教师编号	姓名	性别	职称	学历	基本工资
05001	宋玉	女	教授	本科	2800
05003	万琳	女	副教授	硕士	2300
05004	方菲	女	助教	研士	1300

2. 投影

投影是对关系进行垂直分解，是从关系 R 中选取一个或多个属性列，构成一个新的关系，记作：

$$\pi_A(R) = \{t[A] \mid t \in R\}$$

其中，π 表示投影符号，A 是关系 R 的一个属性或多个属性列，$t[A]$表示元组 t 中属性（组）A 的一个分量。

投影是从列的角度进行的关系运算，关系的投影操作对应于关系属性的选取操作（纵向选择），也是关系查询操作的重要操作之一，是关系代数的基本操作。

注意：投影之后不仅取消了原关系中的某些列，还有可能取消某些元组，因为取消了某些属性列后，就可能出现重复行，所以应取消这些完全相同的行。

【例 2-5】 列出表 2-10 所示的关系 R 的所有性别、职称和基本工资列信息。

要查询某些列的信息，适用投影运算，投影表达式如下：

$$\pi_{\text{性别，职称，基本工资}}(R)$$

运算结果如表 2-13 所示。

表2-13　$\pi_{\text{性别，职称，基本工资}}(R)$

性别	职称	基本工资
女	教授	2800
男	副教授	2300
女	副教授	2300
女	助教	1300
男	讲师	1800

3. 连接

连接是对两个关系进行元组横向组合，是从两个关系中选取属性间满足比较运算符 θ 条件的元组。记作：

$$R \underset{A\theta B}{\infty} S = \{ \overset{\frown}{t_r t_s} \mid t_r \in R \wedge t_s \in S \wedge t_r[A]\ \theta\ t_s[B] \}$$

其中，∞是连接运算符号，A 和 B 分别是来自 R 和 S 上的属性组（具有相同的目，且相应的属性取自同一个域），$t_r[A]$表示元组 t_r 中的相应于属性组 A 的一个分量，$t_s[B]$表示元组 t_s 中的相应于属性组 B 的一个分量，θ 是比较运算符。

从运算结果集来看，连接运算是从 R 和 S 的笛卡儿积（$R\times S$）中选取（R 关系）在 A 属性组上的值与（S 关系）在 B 属性组上的值满足比较运算符 θ 的元组。因此，连接运算可以看成是关系的笛卡儿积和选择运算的合成运算。记作：

$$R \underset{A\theta B}{\infty} S = \sigma_{A\ \theta\ B}(R\times S)$$

连接是关系运算中最主要的运算，根据比较运算符及其比较方式的不同，连接运算又分为等值连接（θ 是=运算符号）、不等值连接（θ 是>、>=、<=、<、!>、!<和<>运算符号）两种运算形式。根据参与连接运算的两个关系在连接运算中的地位，连接运算又分为内连接、外连接和交叉连接 3 种运算形式。

（1）内连接。

参与内连接的两个关系在地位上是平等的，没有主次之分。根据查询结果列输出效果的不同，内连接又分为 3 种：等值连接、自然连接和自连接。这里只介绍等值连接和自然连接，有关自连接的内容，请参照 6.2.2 小节连接查询。

① 等值连接：连接运算符使用等号进行比较连接列值的连接，查询结果集中包括连接列值相等的所有元组，其中可能保留重复列。等值连接表示从关系 R 与 S 的笛卡儿积中选取参与比较运算的属性值相等的所有元组。记作：

$$R \underset{A=B}{\infty} S = \{ \overset{\frown}{t_r t_s} \mid t_r \in R \wedge t_s \in S \wedge t_r[A]=t_s[B] \}$$

【例 2-6】 写出表 2-10 和表 2-11 的两个关系中满足“R.基本工资=S.额定课酬”的等值连接关系。

依据两个关系的比较列值查询等值关联信息，适用连接运算中等值连接，等值运算表达式如下：

$$\underset{R.\text{基本工资}=S.\text{额定课酬}}{R\infty S}=\{\widehat{t_r t_s}\mid t_r\in R\wedge t_s\in S\wedge t_r[\text{基本工资}]=t_s[\text{额定课酬}]\}$$

运算结果如表 2-14 所示。

表 2-14 等值连接

R.教师编号	R.姓名	性别	学历	职称	基本工资	S.教师编号	S.姓名	额定课酬
05004	方菲	女	研士	助教	1300	16001	刘香	1300

② 自然连接：自然连接是一种特殊的等值连接，它要求两个关系中进行比较的分量必须是相同（同名）的属性组，并在查询结果集中去除重复的属性列，记作：

$$R\infty S=\{\widehat{t_r t_s}\mid t_r\in R\wedge t_s\in S\wedge t_r[B]=t_s[B]\}$$

注意：自然连接也可看作先在广义笛卡儿积 R×S 中选出同名属性上符合相等条件元组，再进行投影，去掉重复的同名属性，组成新的关系。

【例 2-7】 写出表 2-10 和表 2-11 的两个关系中满足“R.教师编号=S.教师编号”的自然连接关系。

自然连接是在等值连接的基础上去掉重复属性，本题的运算结果如表 2-15 所示。

表 2-15 自然连接

教师编号	R.姓名	性别	学历	职称	S.姓名	基本工资	额定课酬
05002	刘强	男	本科	副教授	刘强	2300	1100
05004	方菲	女	研士	助教	方菲	1300	1400
05007	王欣	男	本科	讲师	王欣	1800	1900

（2）外连接。

参与外连接的两表在地位上有主从之分，查询结果集中包含主表所有行和从表匹配的行。根据参与连接的基准关系（主从之分），外连接又分为 3 种：左外连接、右外连接和全外连接。

① 左外连接（left outer join）。

以左表为主表，右表为从表，查询结果集中包括左表中所有行，如果左表的某行连接列值在右表中没有找到匹配的行，则结果集中的右表对应位置以 NULL 值显示，记作：

$$R^*\infty S$$

【例 2-8】 写出表 2-10 和表 2-11 的两个关系中关于教师编号的左外连接。

左外连接是在内连接的基础上加上左边与连接条件不匹配的元组，不匹配的元组右边的属性补空值。本题的运算结果如表 2-16 所示。

表 2-16 左外连接

R.教师编号	R.姓名	性别	学历	职称	基本工资	S.教师编号	S.姓名	额定课酬
05001	宋玉	女	本科	教授	2800	Null	Null	Null
05002	刘强	男	本科	副教授	2300	05002	刘强	1100
05003	万琳	女	硕士	副教授	2300	Null	Null	Null
05004	方菲	女	研士	助教	1300	05004	方菲	1400
05006	杨军	男	本科	讲师	1800	Null	Null	Null
05007	王欣	男	本科	讲师	1800	05007	王欣	1900

② 右外连接（Right outer join）。

以右表为主表，左表为从表，查询结果集中包括右表中所有行，如果右表的某行连接列值在左表中没有找到相匹配的行，则结果集中的左表对应位置以 NULL 值显示，记作：

$$R\infty{*}S$$

【例 2-9】写出表 2-10 和表 2-11 的两个关系中关于教师编号的右连接。

右外连接是在内连接基础上加上右边与连接条件不匹配的元组，不匹配的元组左边的属性补空值。运算结果如表 2-17 所示。

表 2-17 右外连接

R.教师编号	R.姓名	性别	学历	职称	基本工资	S.教师编号	S.姓名	额定课酬
05002	刘强	男	本科	副教授	2300	05002	刘强	1100
05004	方菲	女	研士	助教	1300	05004	方菲	1400
05007	王欣	男	本科	讲师	1800	05007	王欣	1900
Null	Null	Null	Null	Null	Null	16001	刘香	1300
Null	Null	Null	Null	Null	Null	16004	朱燕	1500
Null	Null	Null	Null	Null	Null	16006	丁雷	1200

③ 全外连接（Full outer join）。

先以左表为主表，右表为从表，执行左外连接，再以右表为主表，左表为从表，执行右外连接。然后去掉重复的行，记作：

$$R{*}\infty{*}S$$

（3）交叉连接。

交叉连接即笛卡儿乘积，是指两个关系中所有元组的任意组合。一般情况下，交叉查询是没有实际意义的，这里不再赘述。

4. 除

在给定关系 $R(X,Y)$和 $S(Y,Z)$中，其中 X、Y、Z 为属性组，关系 R 中的属性组 Y 与关系 S 中的属性组 Y 可以有不同的属性名，但必须出自相同的域，则 $R\div S$ 得到新关系 $P(X)$，P 是关系 R 中满足条件的元组在属性组 X 上的投影：关系 R 中属性组 X 取值 x 时的像集 Y_x 包含关系 S 中属性组 Y 上投影的集合。记作：

$$R\div S=\{t_r[X]|t_r\in R\wedge Y_x\supseteq \pi_Y(S),t_r[X]=x\}$$

其中，$t_r[X]$表示元组 t_r 中属性组 X 的一个分量（$\pi_X(R)$的子集），$Y_x\supseteq \pi_Y(S)$表示像集 Y_x 元组（当 $t_r[X]=x$ 时，关系 R 中属性组 Y 的诸分量集合）包含投影 $\pi_Y(S)$元组（关系 S 中属性组 Y 上的投影）。

$R\div S$ 的具体计算过程如下。

（1）在关系 R 中，求出属性组 X 各分量值的像集 Y_x，等价于$\{t_r[Y]|t_r\in R,t_r[X]=x\}$。

（2）在关系 S 中，求出属性组 Y 上的投影 $\pi_Y(S)$。

（3）比较 Y_x 与 $\pi_Y(S)$，当 $Y_x\supseteq \pi_Y(S)$时，则选取 Y_x 对应分量值 x，记为 X'。

（4）聚集所有符合（3）的 X'，记作 $P(X)$，即 $R\div S=\{X'\}$。

【例 2-10】设关系 R 和 S 分别如表 2-18 和表 2-19 所示，则 $R\div S$ 的结果如表 2-20 所示。

表 2-18 关系 R

姓名	商品	价值
周安	南瓜	1.0
武红	牛奶	2.3
郑涛	酱油	3.5
周安	红酒	12
王瑞	葡萄	10
武红	牛肉	10
周安	牛肉	14

表 2-19 关系 S

商品	单价	产地
南瓜	1.0	安徽
红酒	12	新疆
牛肉	14	内蒙古

表 2-20 关系 R÷S

姓名
周安

求解过程如下。

（1）在关系 R 中投影姓名：$\pi_{姓名}(R)$={周安,武红,郑涛,王瑞}。

其中：

当 $t_r[X]$=周安，Y_x={(南瓜,1.0)，(红酒,12)，(牛肉,14)}；

当 $t_r[X]$=武红，Y_x={(牛奶,2.3)，(牛肉,10)}；

当 $t_r[X]$=郑涛，Y_x={(酱油,3.5)}；

当 $t_r[X]$=王瑞，Y_x={(葡萄,10)}。

（2）关系 S 在属性组（商品,单价）上的投影：$\pi_{(商品,单价)}(S)$={(南瓜,1.0),(红酒,12),(牛肉,14)}，记作 $\pi_Y(S)$。

（3）将各分量的 Y_x 与 $\pi_Y(S)$比较，发现只有当 $t_r[X]$=周安时，其像集 Y_x 包含了 $\pi_Y(S)$，所以 $R÷S$={周安}。

除是同时从行和列的角度进行的运算，关系的除操作是由关系代数的基本操作复合而成的关系操作。利用关系代数的基本操作（广义笛卡儿积、差、投影运算）可以导出关系除运算的直接计算方法。

（1）$T=\pi_X(R)$（计算 R 中 X 的投影）。

（2）$P=\pi_Y(S)$（计算 R 中 Y 的投影）。

（3）$Q=(T\times P)-R$（计算 $T\times P$ 中不在 R 中的元组）。

（4）$W=\pi_X(Q)$。

（5）$R÷S=T-W$。

即 $R÷S=\pi_X(R)-\pi_X(\pi_X(R)\times\pi_Y(S)-R)$。

说明：

（1）$R÷S$ 的运算结果关系中，属性是由属于 R 但不属于 S 的所有属性构成；

（2）$R÷S$ 的运算结果关系中，任一元组 t 都是 R 中某元组的一部分，且 t 与 S 的任一元组连接后，结果都为 R 中的一个元组；

（3）$R(X,Y)÷S(Y,Z)=R(X,Y)÷\pi_Y(S)$。

除操作适合包含“对于所有的，全部的”语句的查询操作。

【例 2-11】 现有关系学生(学号,姓名,性别,年龄)、课程(课程号,课程名,学分)和选修(学号,课程号,成绩)。

（1）至少选择了 C1 和 C3 两门课程的学生学号：

$$\pi_{学号}(选修÷\pi_{课程号}(\sigma_{课程号='C1'\vee课程号='C3'}(课程))$$

（2）求选择了全部课程的学生的学号和姓名：

$$\pi_{学号,姓名}((学生\infty选修)÷\pi_{课程号}(课程))$$

（3）求至少学习了学号为 S3 的学生所学课程的学生学号：

$$\pi_{学号}(选修÷\pi_{课程号}(\sigma_{学号='S3'}(选修))$$

（4）求选择了全部课程的学生的学号：

$$\pi_{学号}(选修÷\pi_{课程号}(课程))$$

（5）查询出至少选修了课程号 C1 和 C3 的学生学号和姓名：

$$\pi_{学号,姓名}((选修\infty学生)÷\pi_{课程号}(\sigma_{课程号='C1'\vee课程号='C3'}(课程)))$$

2.4*　关系演算

关系演算用数理逻辑中的谓词来表达查询要求。关系演算语言按其谓词变元的不同分为元组关系演算和域关系演算。元组关系演算以元组为变量，域关系演算以域为变量，它们分别被简称元组演算和域演算。

2.4.1 元组关系演算

在关系演算系统中，一个关系可以用一个元组演算表达式表示，元组演算表达式的一般形式为$\{t|P(t)\}$，其中t是元组变量（元组的集合），$P(t)$是元组演算公式（简称公式，在数理逻辑中也称为谓词，即计算机术语的条件表达式），$\{t|P(t)\}$表示所有使$P(t)$为真的元组集合。

1. 原子公式类型

关系演算由原子公式和运算符组成。原子公式的基本形式有以下3种。

（1）$R(t)$：表示元组t是关系R中的一个元组，即$t\in R$。

（2）$t[i]\ \theta\ u[j]$：表示元组t的第i个分量与元组u的第j个分量满足比较运算符θ条件。

（3）$t[j]\ \theta\ C$：表示元组t的第j个分量与常数C之间满足比较运算符θ条件。

在定义关系演算运算时，可同时定义“自由”元组变量和“约束”元组变量。在一个公式中，一个元组变量的前面如果没有存在量词（∃，any，存在）或全称量词（∀，every，任意、所有），则称这个元组变量为自由元组变量，否则称为约束元组变量。

2. 公式及公式中递归定义

（1）每一个原子公式是一个公式。

（2）如果P_1和P_2是公式，那么$\neg P_1$、$P_1\wedge P_2$、$P_1\vee P_2$、$P_1\Rightarrow P_2$都是公式，分别表示如下。

- 当P_1为真时，则$\neg P_1$为假，否则为真。
- 当P_1和P_2同时为真时，则$P_1\wedge P_2$为真，否则为假。
- 当P_1和P_2中有一个为真，或同时为真时，则$P_1\vee P_2$为真；仅当P_1和P_2同时为假时，$P_1\vee P_2$为假。
- 当P_1为真，则P_2为真。

（3）如果P_1是公式，s是元组变量，那么$(\exists s)(P_1)$也是公式，表示“存在一个元组s使得公式P_1为真”。

（4）如果P_1是公式，s是元组变量，那么$(\forall s)(P_1)$也是公式，表示“对于所有元组s使得公式P_1为真”。

（5）公式中的运算符优先级为：比较运算符θ最高，量词∃和∀次之，最后依次为逻辑运算符¬、∧、∨。如果有括号，则括号优先级最高。

（6）公式只能是上述5种形式，除此之外的形式都不是公式。

3. 关系演算等价规则

元组关系演算公式中，有下列3个等价规则。

（1）$P_1\wedge P_2$等价于$\neg(\neg P_1\vee\neg P_2)$，而$P_1\vee P_2$等价于$\neg(\neg P_1\wedge\neg P_2)$。

（2）$(\forall s)(P_1(s))$等价于$\neg(\exists s)(\neg P_1(s))$，而$(\exists s)(P_1(s))$等价于$\neg(\forall s)(\neg P_1(s))$。

（3）$P_1\Rightarrow P_2$等价于$\neg P_1\vee P_2$。

4. 关系代数式和元组演算公式之间的转换

关系的代数运算都可以用关系的元组演算表达式来表达，反之亦然。

（1）并：

$$R\cup S=\{t|R(t)\vee S(t)\}$$

（2）交：

$$R\cap S=\{t|R(t)\wedge S(t)\}$$

（3）差：

$$R-S=\{t|R(t)\wedge\neg S(t)\}$$

（4）笛卡儿积。

设 R 和 S 分别是 r 目和 s 目关系，则有：

$$R\times S=\{t^{(r+s)}|(\exists u^{(r)})(\exists v^{(s)})(R(u)\wedge S(v)\wedge t[1]=u[1]\wedge\ldots\wedge t[r]=u[r]\wedge t[r+1]=v[1]\wedge\ldots\wedge t[r+s]=v[s])\}$$

关系 $R\times S$ 是这样的一些元组的集合：存在一个 u 和 v，u 在 R 中，v 在 S 中，并且 t 的前 r 个分量构成 u，后 s 个分量构成 v。

（5）投影：

$$\pi_{i1,i2,i3\ldots ik}(R)=\{t^{(k)}|(\exists u)(R(u)\wedge t[1]=u[i_1]\wedge\ldots\wedge t[k]=u[i_k])\}$$

（6）选择：

$$\sigma_F(R)=\{t|R(t)\wedge F'\}$$

在公式中，F'是由 F 得到的等价公式。

（7）连接。

假设现有关系 $R(A_1A_2A_3)$和关系 $S(A_3A_4A_5)$，则连接表示如下：

$$R\infty S=\{t[A_1A_2A_3A_4A_5]|t[A_1A_2A_3]\in R\wedge t[A_3A_4A_5]\in S\}$$

【例 2-12】已知关系 R、S 分别如表 2-21 和表 2-22 所示，求出下列元组演算表达式的运算结果。

表 2-21　关系 R

A_1	A_2	A_3	A_1	A_2	A_3
1	b	1	4	c	4
3	a	5	2	b	0

表 2-22　关系 S

A_1	A_2	A_3	A_1	A_2	A_3
1	a	1	9	e	9
7	f	8	0	c	5

（1）$R_1=\{t|(\exists u)(R(t)\wedge S(u)\wedge t[1]<u[3]\wedge t[2]\neq b)\}$。

根据题意，表达式有两个元组变量 t 和 u，t 是关系 R 的元组变量，u 是关系 S 的元组变量，满足条件 $t[1]<u[3]$且 $t[2]\neq b$ 的 R 的元组构成 R_1。其运算结果如表 2-23 所示。

（2）$R_2=\{t|(\exists u)(R(u)\wedge t[1]=u[3]\wedge t[2]=u[1])\}$。

根据题意，表达式有两个元组变量 t 和 u，t 是关系 R_2 的元组变量，u 是关系 R 的元组变量。另外，t 有两个分量。第一个分量值等于 u 的第三个分量值，第二个分量值等于 u 的第一个分量值。其运算结果如表 2-24 所示。

（3）$R_3=\{t|(\forall u)(S(t)\wedge R(u)\wedge t[3]>u[3])\}$

根据题意，表达式有两个元组变量 t 和 u，t 是关系 S 的元组变量，u 是关系 R 的元组变量。如果 $t[3]$大于关系 R 所有元组的第 3 个分量的值，则 t 成为 R_3 的一个元组。其运算结果如表 2-25 所示。

表 2-23　关系 R_1

A_1	A_2	A_3
3	a	5
4	c	4

表 2-24　关系 R_2

A_3	A_1	A_3	A_1
1	1	4	4
5	3	0	2

表 2-25　关系 R_3

A_1	A_2	A_3
7	f	8
9	e	9

【例 2-13】设有如下 3 个关系模式：

教师关系 T(教师编号,姓名,性别,职称,基本工资)；

课程关系 C(课程编号,课程名称,学时数,学分)；

授课关系 TC(教师编号,课程编号,教室,班级)。

分别用关系代数（A）和关系演算（B）两种方式表示以下各种查询。

（1）查询基本工资大于或等于 1000 的教师编号和姓名。

① $\pi_{\text{教师编号,姓名}}(\sigma_{\text{基本工资}\geq 1000}(T))$。

② $\{t|(\exists u)(T(u) \wedge t[5]\geq 1000 \wedge t[1]=u[1] \wedge t[2]=u[2])\}$。

（2）查询教师姓名及职称。

① $\pi_{\text{姓名,职称}}(T)$。

② $\{t|(\exists u)(T(u) \wedge t[1]=u[2] \wedge t[2]=u[4])\}$。

（3）查询主讲课程编号为 1001 的教师编号和姓名。

① $\pi_{\text{教师编号,姓名}}(T) \infty \pi_{\text{教师编号}}(\sigma_{\text{课程编号='1001'}}(TC))$。

② $\{t|(\exists u)(\exists v)(T(u) \wedge TC(v) \wedge v[2]='1001' \wedge u[1]=v[1] \wedge t[1]=u[1] \wedge t[2]=u[2])\}$。

（4）查询主讲过全部课程的教师编号和姓名。

① $(\pi_{\text{教师编号,课程编号}}(TC) \div \pi_{\text{课程编号}}(C)) \infty \pi_{\text{教师编号,姓名}}(T)$。

② $\{(t|(\exists u)(\forall v)(\exists w)(T(u) \wedge C(v) \wedge TC(w) \wedge u[1]=w[1] \wedge w[2]=v[1] \wedge t[1]=u[1] \wedge t[2]=u[2])\}$。

注意：求解元组演算时，一定要分清已知关系的元组变量和所求关系的元组变量，并根据两者之间各个分量的 θ 条件，实现所求关系的元组（集合）。

2.4.2 域关系演算

域关系演算类似元组关系演算，不同之处是域关系演算用域变量代替元组变量的每一个分量，域变量的变化范围是某个值域而不是一个关系，可以像元组一样定义域演算的原子公式和公式。

1. 原子公式的形式

（1）$R(t_1,t_2,\ldots,t_k)$：R 是一个 k 目关系，t_i 是常量或域变量。如果 $(t_1,t_2,\ldots,t_k)$ 是 R 的一个元组，则 $R(t_1,t_2,\ldots,t_k)$ 为真。

（2）$x\theta y$：其中 x 和 y 是常量或域变量，至少有一个是域变量，θ 是比较运算符。如果 x 和 y 满足关系 θ，则 $x\theta y$ 为真。

域关系演算表达式的一般形式是：

$$\{t_1,t_2,t_3,\ldots,t_k|P(t_1,t_2,t_3,\ldots,t_k)\}$$

其中，$t_1,t_2,t_3,\ldots,t_k$ 是元组变量的 t 的各个分量，都称为域变量；P 是一个公式，由原子公式和各种运算符构成。

域关系演算的公式中可以使用¬、∧、∨运算符，也可以使用（$\exists x$）和（$\forall x$）形成新的公式，但变量 x 是域变量，不是元组变量。

自由变量、约束变量等概念和元组演算一样，这里不再赘述。

2. 域演算递归定义

（1）每个原子公式是公式。

（2）设 P_1 和 P_2 是公式，则 $\neg P_1$、$P_1 \wedge P_2$、$P_1 \vee P_2$ 也是公式。

（3）若 $P(t_1,t_2,\ldots,t_k)$ 是公式，则（$\exists t_i$）$(P)(i=1,2,\ldots,k)$ 和（$\forall t_i$）$(P)(i=1,2,\cdots,k)$ 也都是公式。

（4）域演算公式的优先级同元组演算的优先级。

【例 2-14】设有 3 个关系如表 2-26～表 2-28 所示，求下列域演算表达式的关系。

表 2-26　关系 R

姓名	年龄	工资
钱一	20	1300
李四	25	1600
陈七	38	3900

表 2-27　关系 S

姓名	年龄	工资
钱一	20	1300
张三	40	1600
王五	36	3900

表 2-28　关系 W

利息	房贷
75	1500
90	1800

（1）$R_1=\{xyz|R(xyz)\wedge y>20\wedge z>1600\}$。

根据题意，R_1 有 3 个域变量 x、y、z，它们也是关系 R 的域变量，在关系 R 的所有元组中取满足条件 $y>20$ 和 $z>1600$ 的元组构成 R_1。运算结果如表 2-29 所示。

（2）$R_2=\{xyz|(R(xyz)\ \wedge z>1600)\vee(S(xyz)\wedge y=40)\}$。

根据题意，R_2 有 3 个域变量 x、y、z，它们也是关系 R 和关系 S 的域变量，取关系 R 的所有元组和关系 S 中满足条件 $y=40$ 的元组构成 R_2。运算结果如表 2-30 所示。

（3）$R_3=\{xyz|(\exists u)(\exists v)(R(zxu)\wedge W(yv)\wedge u>v)\}$。

根据题意，R_3 有 5 个域变量 x、y、z、u 和 v，其中 x、y、z 也是关系 R_3 的域变量；z 是 R 的第 1 个域变量，x 是 R 的第 2 个域变量，u 是 R 的第 3 个域变量；y 是 W 的第 1 个域变量，v 是 W 的第 2 个域变量；当 $u>v$，即关系 R 中的第 3 个分量值大于 W 关系中的第 2 个分量值时，取 R 关系中的第 2 个分量值（x 值），W 关系中的第 1 个分量值（y 值）和 R 关系中的第 1 个分量值（z 值）构成关系 R_3 的元组值。运算结果如表 2-31 所示。

表 2-29 关系 R_1

姓名	年龄	工资
陈七	38	3900

表 2-30 关系 R_2

姓名	年龄	工资
李四	25	1600
陈七	38	3900
张三	40	1600

表 2-31 关系 R_3

年龄	利息	姓名
25	75	李四
38	75	陈七
38	90	陈七

注意：求解域演算时，一定要分清已知关系的域变量和所求关系的域变量，并根据两者之间各个分量的 θ 条件，实现所求关系的元组（集合）。

2.4.3 关系运算的安全性和等价性

1. 关系的安全性

关系代数的基本操作包括并、交、差、笛卡儿积、投影和选择，不存在集合的“补”操作，因此总是安全的。

关系演算则不然，可能会出现无限关系和无穷验证问题。例如，元组演算表达式$\{t|\neg R(t)\}$表示所有不存在于关系 R 中的元组集合，这是一个无限关系。验证公式$(\forall u)(P_1(u))$为真时，必须对所有可能的元组 u 进行验证，当所有 u 都使 $P_1(u)$为真时，才能断定公式$(\forall u)(P_1(u))$为真，这在实际中是不可行的，因为在计算机上进行无穷验证永远得不到结果。因此，必须采取措施，防止无限关系和无穷验证的出现。

【定义 2.1】在数据库技术中，不产生无限关系和无穷验证的运算称为安全运算，相应的表达式称为安全表达式，所采取的措施称为安全约束。

在关系演算中，必须有安全约束的措施，关系演算表达式才是安全的。

对于元组演算表达式$\{t|P(t)\}$，将公式 $P(t)$的域定义为出现在公式 $P(t)$所有属性值组成的集合，记为 $DOM(P)$，它是有限集。

安全的元组表达式$\{t|P(t)\}$应满足下列 3 个条件。

（1）表达式的元组 t 中出现的所有值均来自 $DOM(P)$。

（2）对于 $P(t)$中每一个形如$(\exists u)(P_1(u))$的子公式，若 u 使得 $P_1(u)$为真，则 u 的每个分量是 $DOM(P)$的元素。

（3）对于 $P(t)$中每个形如$(\forall u)(P_1(u))$的子公式，若使 $P_1(u)$为假，则 u 的每个分量必属于 $DOM(P)$。换言之，若 u 的某一个分量不属于 $DOM(P)$，则 $P_1(u)$为真。

类似地，也可以定义安全的域演算表达式。

2. 关系的等价性

关系运算主要有关系代数、元组关系演算、域关系演算 3 种形式，相应的关系查询语言也早已研制出来，其典型代表分别是信息系统基础语言、元组关系演算语言和实例查询语言。

并、交、差、笛卡儿积、投影和选择是关系代数的基本操作，并构成了关系代数运算的最小完备集。关系代数与安全的元组演算表达式、安全的域演算表达式是等价的。

本章小结

关系数据模型由关系数据结构、关系操纵和完整性约束三要素组成。本章主要介绍了关系模型的三要素、关系模型的数学定义，以及关系操纵的两大操纵语言：关系代数和关系演算。其中，关系的数学模型和关系代数是本章的重点。

习题二

一、选择题

1. 关系数据库中的关系必须满足每一属性都是（　　）。
   A. 互不相关的　　B. 不可分解的　　C. 长度不变的　　D. 互相关联的
2. 下列（　　）运算不是关系代数的运算。
   A. 连接　　B. 投影　　C. 笛卡儿积　　D. 映射
3. 在关系运算中，不要求关系 R 与 S 具有相同的目（属性及个数）的运算是（　　）。
   A. $R \times S$　　B. $R \cup S$　　C. $R \cap S$　　D. $R-S$
4. 从关系模式中指定若干个属性组成新的关系的运算称为（　　）。
   A. 联接　　B. 投影　　C. 选择　　D. 排序
5. 设关系 R、S 具有相同的目，且对应的属性值取自同一个域，则 $R \cap S$ 可记作（　　）。
   A. $\{t|t \in R \vee t \in S\}$　　B. $\{t|t \in R \wedge t \notin S\}$　　C. $\{t|t \in R \wedge t \in S\}$　　D. $\{t|t \in R \vee t \notin S\}$
6. 关于传统的集合运算，以下说法正确的是（　　）。
   A. 并、交、差　　B. 选择、投影、连接
   C. 连接、自然连接、查询连接　　D. 查询、更新、定义
7. 参与自然连接运算时，两个关系进行比较的分量要求遵循（　　）。
   A. 必须是相同的属性组　　B. 可以是不同的属性组，但属性值域相同
   C. 无限制　　D. 必须是相同的关键字
8. 关系代数语言是对（　　）的集合运算来表达查询要求的方式。
   A. 实体　　B. 域　　C. 属性　　D. 关系
9. 关系演算语言是用（　　）来对关系表达查询要求的方式。
   A. 关系　　B. 谓词　　C. 代数　　D. 属性
10. 实体完整性规则为：若属性 A 是基本关系 R 的主属性，则属性 A（　　）。
    A. 可取空值　　B. 不能取空值　　C. 可取某定值　　D. 都不对
11. 下面对于关系的叙述中，不正确的是（　　）。
    A. 关系中的每个属性是不可分解的　　B. 在关系中元组的顺序是无关紧要的
    C. 任意的一个二维表都是一个关系　　D. 每一个关系只有一种记录类型

12. 设关系 R、S 具有相同的目，且对应的属性值取自相同域，则 $R-(R-S)$等于（　　）。

A. $R\cup S$　　B. $R\cap S$　　C. $R\times S$　　D. $R\div S$

13. 设关系 R 和 S 具有相同的度，且相应的属性取自同一个域。与集合$\{t|t\in R\wedge t\in S\}$等价的集合运算是（　　）。

A. $R\cup S$　　B. $R-S$　　C. $R\times S$　　D. $R\cap S$

14. 下列叙述中，不正确的是（　　）。

A. 一个二维表就是一个关系，二维表的名就是关系的名

B. 关系中的列称为属性，属性的个数称为关系的元或度

C. 关系中的行称为元组，对关系的描述称为关系模式

D. 属性的取值范围称为值域，元组中的一个属性值称为分量

15. 设关系 R 和 S 的度分别为 20 和 30，广义笛卡儿积 $T=R\times S$，则 T 的度为（　　）。

A. 10　　B. 20　　C. 30　　D. 50

16. 关于关系演算语言，下列说法中正确的是（　　）。

① 查询操作是以集合操作为基础运算的 DML

② 查询操作是以谓词演算为基础运算的 DML

③ 关系演算语言的基础是数理逻辑中的谓词演算

④ 关系演算语言是一种过程性语言

A. ②　　B. ②③　　C. ②③④　　D. 全部

17. 关系代数的 6 种基本运算均可用元组表达式来表示，下列叙述中不正确的是（　　）。

A. 并：$R\cup S=(t|R(t)\vee S(t)\}$　　B. 交：$R\cap S=\{t|R(t)\wedge S(t))$

C. 差：$R-S=\{t|R(t)\wedge\neg S(t)\}$　　D. 选择：$\sigma_F(R)=\{t|R(t)\vee F(t)=$"真"$\}$

18. 下列不是域关系演算的原子谓词公式类型的是（　　）。

A. $R(t_1,t_2,...,t_k)$，R 是一个 k 目关系，t_i 为域变量或常量，$R(t_1,t_2,..,t_k)$表示属性 $t_1,t_2,\ldots,t_k$ 组成的关系

B. $t_i\mathrm{q}u_j$：t_i 和 u_j 为域变量，q 为算术比较运算符，$t_i\mathrm{q}u_j$ 表示满足比较关系 q 的域变量

C. $t_i\mathrm{q}C$ 或 $C\mathrm{q}t_i$，其中 t_i 为域变量，C 为常量，q 为算术比较运算符

D. $\{t_1,t_2,...,t_k|R(t_1,t_2,...,t_k)\}$

19. 关于域关系演算公式的递归定义，下列叙述中不正确的是（　　）。

A. 原子谓词公式是域关系演算公式

B. 若 f 是域关系演算公式，则$\neg f$和(f)也是域关系演算公式

C. 若 f_1 和 f_2 是域关系演算公式，则 $f_1\wedge f_2$，$f_1\vee f_2$ 也是域关系演算公式

D. 若 f_1 和 f_2 不是域关系演算公式，则 $f_1=>f_2$ 不是域关系演算公式

20. 关于域关系演算和元组关系演算的区别，下列叙述中不正确的是（　　）。

A. 不同之处是用域变量代替元组变量的每一个分量

B. 与元组变量不同的是，域变量的变化范围是某个值域而不是某一个关系

C. 可以像元组演算一样定义域演算的原子公式

D. 可以不像元组演算一样定义域演算的原子公式

二、填空题

1. 设 D_1、D_2 和 D_3 域的基数分别为 2、3 和 4，则 $D_1\times D_2\times D_3$ 的元组数为（　　）。

2. 关系模型的数学理论基础是集合代数，因此可从（　　）角度给出关系数据结构的形式化定义。

3. 学生关系中的班级号属性与班级关系中的班级号主码属性相对应，则班级号为学生关系中的（　　）。

4. 关系模型中，（　　）和参照完整性是关系模型必须满足并由 DBMS 自动支持的完整性约束。

5. 在基本关系中，任意两个元组的值（　　）完全相同（填能或不能）。

6. 关系模式 R 中，若每一个决定因素都包含键，则关系模式 R 属于（　　）。

7. 根据常识，在关系模式学生(学号,姓名,系别,成绩)中，可确定主属性是（　　）。

8. 关系 R 和关系 S 的所有元组合并组成集合，再删除重复的元组是（　　）运算。

9. 在概念数据模型中，一个实体集对应于关系模型中的一个（　　）。

10. 用二维表数据来表示实体之间联系的数据模型称为（　　）。

11. 在连接运算中，（　　）连接是去掉重复属性的等值连接。

12. 关系模型的特点是把实体和联系都表示为（　　）。

13. 用值域的概念来定义关系，关系是属性值域笛卡儿积的一个（　　）。

14. 在关系代数中，从两个关系的笛卡儿积中选取它们的属性或属性组间满足一定条件的元组的操作称为（　　）。

15. 设有关系模式 $R(A,B,C)$ 和 $S(E,A,F)$，若 $R.A$ 是 R 的主码，$S.A$ 是 S 的外码，则 $S.A$ 的值或者等于 R 中某个元组的主码值，或者取空值（Null），这是（　　）完整性规则。

16. 关系代数是关系操纵语言的一种传统表示方式，其运算对象和运算结果均为（　　）。

17. 在关系完整性约束中，（　　）码既能唯一确定元组，又不包含多余的属性。

18. 在关系、关系模式和关系模型 3 个概念中，（　　）是关系模型的内涵，它是对关系模型逻辑结构的描述。

19. 关系操纵语言提供了一种介于关系代数和关系演算之间的语言——（　　）。

三、计算题

1. 已知关系 R 和关系 S 分别如表 2-32 和表 2-33 所示，求出下列元组关系演算表达式的结果。

表 2-32　关系 R

A	B	C
a	4	d
b	2	h

表 2-33　关系 S

A	B	C	A	B	C
g	5	d	b	2	h
a	4	h	c	3	e
b	6	h	-	-	-

（1）计算 $\{t|S(t) \land \neg R(t)\}$。

（2）计算 $\{t|S(t) \land t[2] \geqslant 2 \land t[3]=\mathrm{h}\}$。

2. 已知关系 R、S 和 W 分别如表 2-34～表 2-36 所示，求出下列域关系演算表达式的结果。

表 2-34　关系 R

A	B	C	A	B	C
a	2	f	g	3	f
d	5	h	b	7	f

表 2-35　关系 S

A	B	C	A	B	C
b	6	e	b	4	f
d	5	h	g	8	e

表 2-36　关系 W

D	E
e	7
k	6

（1）$R_1=\{XYZ|R(XYZ) \land Y \leqslant 5 \land Z=\mathrm{f}\}$。

（2）$R_2=\{XYZ|R(XYZ) \lor S(XYZ) \land Y \neq 6 \land Z \neq 7)\}$。

（3）$R_3=\{YZVU|(\exists X)(S(XYZ) \land W(UV) \land Y \leqslant 6 \land V=7)\}$。

第 3 章*

关系数据库的规范化理论

本章导读

关系数据库的规范化理论研究的是关系模式中各属性之间的依赖关系及其对关系模式性能的影响，探讨“好”的关系模式应该具备的性质，以及达到“好”的关系模式提供的方法。关系规范化理论提供了判断关系逻辑模式优劣的理论标准，是数据库设计的理论基础和关系模式算法工具，用于帮助数据库设计工程师预测和优化模式可能出现的问题。

3.1 数据操作异常问题

一个关系数据库由一组关系模式组成，一个关系模式由一组属性构成，这些属性之间具有一定的内在联系。如何设计和评价一个关系模式，使之既能准确反映现实世界，又能避免数据操作异常，是关系数据库设计的主要内容。

以下通过一个实例来探讨关系模式有哪些数据操作异常问题，并分析问题产生的原因，从中找出设计一个“合理”关系模式的好方法。

【例 3-1】现有关系模式“教学管理”，基本信息如表 3-1 所示。

表 3-1 教学管理

学号	学生姓名	年龄	籍贯	工号	教师姓名	职称	课酬标准	课酬	课程号	课程名称	学时	成绩
S01	江英	19	北京	T01	赵敏	教授	50	2400	C01	SQL	48	90
S01	江英	19	北京	T02	钱锐	副教授	40	2560	C02	Java	64	85
S02	何飞	21	上海	T03	孙阳	教授	50	3200	C03	数学	64	70
S03	黄荷	21	广州	T04	李丽	讲师	30	1440	C04	英语	48	80

对于这种单一模式，实际操作时，分析该关系模式可能会存在的几个问题。

（1）数据冗余。如果某个学生选修多门课，则学生的信息会重复出现多次，造成数据冗余。同理，多个学生选修一门课，则该门课程及授课的教师信息也会重复出现多次。

（2）更新异常。由于数据的冗余，当更新数据库中的数据时，系统需要付出很大的代价来维护数据库的完整性，否则会造成数据不一致。如更新某门课程的教师姓名，则要更新选修该门课程的所有元组，修改其中的教师姓名信息，如有疏忽，就会使数据不一致。

（3）插入异常。如果某个学生还没有选课，课程号为空，但是根据实体完整性规则——主属性不能为空，就无法插入主属性取空值的学生信息，同理也不能插入主属性取空值的课程信息和教师信息。

（4）删除异常。如果删除某个教师信息，由于主属性不能为空，必然在删除教师信息的同时连带删除学生和课程信息，从而删除不应该删除的信息，但事实上学生和课程信息应该予以保留。同理，删除学生信息，或者课程信息，也会存在这个问题。

仔细分析后发现，发生这些异常问题的根本原因是关系设计得不合理，没有考虑模式内部属性之间的内在相关性，简单地把无直接联系的属性放在一起构成关系模式，造成不必要的数据冗余。解决办法就是将现有的关系模式进行分解，改造成如下 6 种模式。

```
班级(班级号,班级名称)
学生(学号,姓名,年龄,籍贯,班级号)
教师(工号,姓名,职称,课酬标准)
课程(课程号,课程名称,学时)
选课(学号,课程号,成绩)
授课(工号,课程号,班级号,课酬)
```

3.2 函数依赖

设计好的关系数据库是否实用、高效，或者是否合理、正确，可依据关系数据库的规范理论进行核查。关系数据库的规范理论包括 3 个方面：数据依赖、范式、模式设计方法，其中数据依赖起着核心作用，因为它是解决数据库的数据冗余和数据操作（插入、删除和更新）异常问题的关键。

数据依赖是指关系中属性值之间既相互依赖又相互制约的联系，是数据内在的性质，是语义的体现。数据冗余的产生和数据依赖有密切的关系。数据依赖一般分为函数依赖、多值依赖和连接依赖，其中最重要的是函数依赖。

3.2.1　函数依赖的概念

函数依赖是指关系中一个属性（组）值可以决定另一个属性值的相关性。分析、验证和修改关系，首要问题是将关系模式中各属性之间的函数依赖关系分析清楚。为此，我们对函数依赖给出形式化定义。

【定义 3.1】设有关系模式 $R(A_1,A_2,A_3,\ldots,A_n)$，简记 $R(U)$，X 和 Y 是属性集 U 的子集，r 是 $R(U)$的任意一个可能的关系，对于 X 的每一个具体值，Y 都有唯一的具体值与之对应，则称 X 函数决定 Y，或 Y 函数依赖于 X，记为 $X\rightarrow Y$。其中，X 被称为这个函数依赖的决定属性集或决定因素，与之相对应，Y 被称为被决定因素。

换言之，若 r 中的任意两个元组 t_1、t_2 满足 $t_1[X]=t_2[X]$，则必有 $t_1[Y]=t_2[Y]$，那么 X 函数决定 Y，或 Y 函数依赖于 X，记为 $X\rightarrow Y$。

例如，在关系模式学生(学号,姓名,年龄,籍贯)中，学号是唯一确定每个学生实体的属性，一旦学号确定了，其他属性值也就确定了。因此可以得出：{学号}→{姓名}，{学号}→{年龄}，{学号}→{籍贯}。

对于函数依赖的定义有以下几点具体说明：

（1）函数依赖不是指关系模式 R 的某个或某些关系满足的约束条件，而是指 R 的所有关系均要满足的约束条件；

（2）函数依赖属于语义范畴概念，只能根据语义来确定函数依赖，例如如果不允许出现课程名称重名的课程元组，则可以有{课程名称}→{课程号}，进而{课程号}↔{课程名称}；

（3）函数依赖是现实世界属性关联的客观要求和数据库设计者人为要求结合的产物；

（4）若 $X\rightarrow Y$ 都不成立，则记作 $X\nrightarrow Y$；

（5）若 $X\rightarrow Y$ 且 $Y\rightarrow X$，则记作 $X\leftrightarrow Y$。

3.2.2　函数依赖的分类

根据函数依赖的性质，函数依赖可以分为以下几类。

1. 平凡函数依赖和非平凡函数依赖

设有关系模式 $R(U)$，X 和 Y 是属性集 U 的子集，对于 $R(U)$的任意一个可能的关系 r，如果 $X\rightarrow Y$，但 $Y\nsubseteq X$，则称 $X\rightarrow Y$ 是非平凡的函数依赖。若 $X\rightarrow Y$，但 $Y\subseteq X$，则称 $X\rightarrow Y$ 是平凡的函数依赖。

平凡函数依赖总是成立的，它不反映新的语义。下面若无特别说明，只讨论非平凡函数依赖。

例如在关系模式 R(学号,姓名,课程号,成绩)中，{(学号,课程号)}→{成绩}是非平凡函数依赖，{(学号,课程号)}→{学号}、{(学号,课程号)}→{课程号}是平凡函数依赖。

2. 完全函数依赖和部分函数依赖

设有关系模式 $R(U)$，X 和 Y 是属性集 U 的子集，对于 $R(U)$的任意一个可能的关系 r，如果 $X\rightarrow Y$，并且对于 X 的任何一个真子集 Z，都有 $Z\nrightarrow Y$，则称 Y 对 X 完全函数依赖，记作 $X\xrightarrow{f}Y$。

若 $X\rightarrow Y$，但 Y 不完全函数依赖于 X，则称 Y 对 X 部分函数依赖，记作 $X\xrightarrow{P}Y$。

例如，关系模式 R(工号,姓名,职称,课酬标准,课程号,课程名称,学时,课酬)中，因为{工号} $\nrightarrow$ {课酬}，且{课程号} $\nrightarrow$ {课酬}，所以{(工号,课程号)} $\xrightarrow{f}$ {课酬}。而{工号} $\rightarrow$ {姓名}，且{课程号} $\rightarrow$ {课程名称}，所以{(工号,课程号)} $\xrightarrow{P}$ {姓名}，{(工号,课程号)} $\xrightarrow{P}$ {课程名称}。

换言之，在一个函数依赖关系中，只要决定属性集中不包含多余属性（从决定属性集中去掉任何一个属性，函数依赖关系都不成立），就是完全函数依赖，否则就是部分函数依赖。由此可知，决定属性集中只包含一个属性的函数依赖一定是完全函数依赖。

3. 传递函数依赖

设有关系模式 $R(U)$，X、Y 和 Z 是属性集 U 的子集，对于 $R(U)$的任意一个可能的关系 r，如果 $X\rightarrow Y$，$Y\rightarrow Z$，且 $Y\nrightarrow X$，$Z-X$、$Z-Y$ 和 $Y-X$ 均不为空，则称 Z 传递函数依赖于 X，记作 $X\xrightarrow{t}Z$。如果 $Y\rightarrow X$，即 $X\leftrightarrow Y$，则称 Z 直接依赖于 X。

例如，在关系模式 R(工号,姓名,职称,课酬标准,课程号,课程名称,学时,课酬)中，因为{工号} $\rightarrow$ {职称}，{职称} $\rightarrow$ {课酬标准}，{职称} $\nrightarrow$ {工号}，所以{工号} $\xrightarrow{t}$ {课酬标准}是课酬标准传递函数依赖工号。

3.2.3 主码和外码

1. 主码和外码的定义

在关系模型中，码是一个很重要的概念，下面用函数依赖概念对主码和候选码给出较为形式化的定义。

设 K 是关系模式 $R(U)$中的属性或属性组，K'是 K 的任一子集。若 $K\rightarrow U$，而不存在 $K'\rightarrow U$，则 K 为 R 的候选码。

（1）若候选码存在多个，则被选中的候选码称为主码（主键）。

（2）包含在任一候选码中的属性，叫作主属性。

（3）不包含在任何候选码中的属性称为非主属性。

在最简单的情况下，关系模式的候选码只包含一个属性。在最极端的情况下，关系模式的所有属性组是这个关系模式的候选码，称为全码（All-key）。举例如下。

实习(姓名,所在院系,实习单位)，全码（候选码）：(姓名，所在院系，实习单位)

设有两个关系 R 和 S，X 是 R 的属性（组），并且 X 不是 R 的主码，但 X 是 S 的主码，则称 X 是 R 的外码（外键），R 称为主表，S 称为从表。举例如下。

职工(职工号,姓名,性别,职称,部门号)，主码：职工号，外码：部门号

部门(部门号,部门名,电话,负责人)，主码：部门号

关系间的联系通过主表的主码和从表的外码的取值来建立。如果要查询某个职工所在部门的基本信息，只需要查询部门表中的部门号与该职工部门号相同的记录即可。可以说，主码和外码提供了关系间联系的途径。

2. 函数依赖和主码的唯一性

由主码的形式化定义可以推导出：主码是由一个或多个属性组成的，是唯一标识元组的最小属性组。与之对应，不包含在任何候选码中的属性称为非码属性（Non-key attribute）。

在关系中，主码取值总是唯一且无重复的，主码值能唯一决定一个元组。因为如果主码值允许重复，则元组都会重复，这违反了实体完整性规则。元组的重复则表示存在两个完全相同的实体，这在现实世界显然是不可能的，所以主码是不允许重复取值的。

函数依赖是一个与数据有关的事物规则的概念。在关系模式 $R(U)$中，对于 U 的子集 X 和 Y，

如果属性 Y 函数依赖于属性 X，那么知道了 X 的值，则完全可以确定 Y 的值。这并非是可以由 X 的值计算出 Y 的值，而是逻辑上只能存在一个 Y 的值。

3.3 函数依赖的公理系统

对于不好的关系模式要通过模式分解变成好的关系模式，而函数依赖的公理系统是模式分解算法的理论基础，它可以从一个关系模式里的已知的函数依赖中推导出该关系模式所包含的其他函数依赖。

3.3.1 Armstrong 公理系统

函数依赖的一个有效而完备的公理系统是 Armstrong 系统，它是 Armstrong（阿姆斯特朗）于 1974 年提出来的一套从函数依赖推导逻辑蕴涵的推理规则。为此，我们对函数依赖给出形式化定义。

【定义 3.2】设 R 是一个具有属性集合 U 的关系模式，F 是 R 上的函数依赖集合，对于任何一组满足函数依赖 F 的关系 r，若函数依赖 $X \to Y$ 都成立，则称 F 逻辑蕴涵 $X \to Y$，或称 $X \to Y$ 是 F 的逻辑蕴涵。

为了求得给定关系模式的主码，从一组函数依赖中求得其蕴涵的函数依赖，就需要使用 Armstrong 公理系统。

【定理 3.1】Armstrong 公理系统对关系模式 $R(U,F)$来说有以下的推理规则，这些规则是保真的，它们不会产生错误的函数依赖。

① 自反律（平凡函数依赖）：若 $Y \subseteq X \subseteq U$，则 $X \to Y$ 为 F 所蕴涵。

② 增广律：若 $X \to Y$ 为 F 所蕴涵，且 $Z \subseteq U$，则 $XZ \to YZ$ 为 F 所蕴涵。

③ 传递律：若 $X \to Y$ 及 $Y \to Z$ 为 F 所蕴涵，则 $X \to Z$ 为 F 所蕴涵。

说明：XZ 即为 $X \cup Z$，下同。

注意：由自反律所得到的函数依赖均是平凡的函数依赖，自反律的使用并不依赖于 F。

【引理 3.1】Armstrong 公理是正确的。即如果函数依赖 F 成立，则由 F 根据 Armstrong 公理所推导的函数依赖总是成立的（并且被称为 F 所蕴涵的函数依赖）。

【定理 3.2】Armstrong 公理是正确的、完备的。

根据以上 3 条推理规则可以得到下面 3 条很有用的导出规则。

（1）合并规则：由 $X \to Y$，$X \to Z$，有 $X \to YZ$（由增广律和传递律导出）。

证明：由 $X \to Y$，得到 $X \cup X \to X \cup Y$；又由 $X \to Z$，得到 $X \cup Y \to Y \cup Z$；最后得到 $X \cup X \to Y \cup Z$，即 $X \to YZ$。

（2）伪传递规则：由 $X \to Y$，$WY \to Z$，有 $XW \to Z$（由增广律、传递律导出）。

证明：由 $X \to Y$，得到 $X \cup W \to W \cup Y$；又因 $WY \to Z$，最后得到 $X \cup W \to Z$，即 $XW \to Z$。

（3）分解规则：由 $X \to YZ$，有 $X \to Y$，$X \to Z$（由自反律、传递律导出）。

证明：由 $Y \subseteq YZ \subseteq U$，得到 $YZ \to Y$；由 $Z \subseteq YZ \subseteq U$，得到 $YZ \to Z$；因 $X \to YZ$，所以 $X \to Y$，$X \to Z$。

根据合并规则和分解规则很容易得到引理 3.2。

【引理 3.2】$X \to A_1A_2 \ldots A_k$ 成立的充分必要条件是 $X \to A_i$ 成立$(i=1,2,\ldots,k)$。

3.3.2 闭包

【定义 3.3】函数依赖集的闭包：设有关系模式 $R(U,F)$，由 Armstrong 公理从 F 推出的函数

依赖 $X \to A_i$ 的全体，被 F 所逻辑蕴涵的函数依赖的全体叫作 F 的闭包，记为 F^+。

该定义通常用来计算 F 上所有的函数依赖。但是闭包 F^+ 的计算是一个 NP 问题，F^+ 的计算是一件非常烦琐的事情。

【例 3-2】 设有关系模式 $R(U,F)$，$U=\{A,B,C\}$，$F=\{A \to B, B \to C\}$，则可以由 F 根据以上推理规则及推论得出：

```
F+={ Φ→Φ
A→Φ, B→Φ, C→Φ, AB→Φ, AC→Φ, BC→Φ, ABC→Φ,
A→A, B→B, C→C, AB→A, AC→A, BC→B, ABC→A,
A→B, B→C, AB→B, AC→B, BC→C, ABC→B,
A→C, B→BC, AB→C, AC→C, BC→BC, ABC→C,
A→AB, AB→AB, AC→AB, ABC→AB,
A→AC, AB→BC, AC→AC, ABC→BC,
A→BC, AB→AC, AC→AB, ABC→AC,
A→ABC, AB→ABC, AC→ABC, ABC→ABC}
```

【定义 3.4】 有关系模式 $R(U,F)$，设 F 为属性集 U 上的一组函数依赖，$X \subseteq U$，$X_F^+=\{A|X \to A\}$能由 F 根据 Armstrong 公理导出，X_F^+称为属性集 X 关于函数依赖集 F 的闭包。

例如，设有关系模式 $R(U,F)$，$U=\{A,B,C\}$，$F=\{A \to B, A \to C\}$。

如果 $X=\{A\}$，因为 $A \to A$，$A \to B$，$A \to C$，则 $X_F^+=\{A,B,C\}$。

如果 $X=\{B\}$，因为 $B \to B$，则 $X_F^+=\{B\}$。

如果 $X=\{C\}$，因为 $C \to C$，则 $X_F^+=\{C\}$。

【引理 3.3】 设 F 为属性集 U 上的一组函数依赖，X、$Y \subseteq U$，$X \to Y$ 能由 F 根据 Armstrong 公理导出的充分必要条件是 $Y \subseteq X_F^+$。

于是，判定 $X \to Y$ 是否能由 F 根据 Armstrong 公理导出的问题，就转化为求出 X_F^+，并判定 Y 是否为 X_F^+的子集的问题。计算 X_F^+的基本思想如下。

（1）明确 X_F^+的含义是 X 所能函数决定的所有被决定因素的集合。

（2）证明某个属性（组）函数依赖于 X，以确定它属于 X_F^+。因为 $X \to X$ 是无争的事实，所以 X 应属于 X_F^+，然后在 F 中寻找其决定因素包含于 X 的函数依赖，若存在，则它的被决定因素也应属于 X_F^+。

（3）找出 F 中所有决定因素包含于所求出的中间集的所有函数依赖，并把它们的被决定因素都归并到该闭包的中间集中。

（4）直到 F 中找不到符合上述条件的函数依赖时，所求闭包集就是最终闭包。

具体过程见算法 3.1。

【算法 3.1】 有关系模式 $R(U,F)$，求属性集 $X(X \subseteq U)$关于 U 上的函数依赖集 F 的闭包 X_F^+。

输入：X，F。

输出：X_F^+。

步骤如下。

（1）令 $X_i=X$，$i=0$。

（2）逐一考查函数依赖集 F 中的各函数依赖，找出决定因素是 X_i 所有子集的函数依赖，用找到的函数依赖的右部属性组成集合 Z。

（3）$X_{i+1}=Z \cup X_i$。

（4）判断 X_{i+1} 与 X_i 是否相等。

（5）若相等或 $X_{i+1}=U$，则 X_{i+1} 就是 X_F^+，算法终止。

（6）若不相等，则 $i=i+1$，返回第（2）步。

【例 3-3】已知关系模式 $R(U,F)$，其中 $U=\{A,B,C,D,E\}$；$F=\{AB\rightarrow E,DE\rightarrow B,B\rightarrow C,C\rightarrow E,E\rightarrow A\}$，求 $(AB)_F^+$。

（1）设 $X_0=\{AB\}$。

（2）找出左部为 A、B 和 AB 的函数依赖，有 $AB\rightarrow E$ 和 $B\rightarrow C$，$Z=\{C,E\}$。

（3）$X_1=\{A,B\}\cup\{C,E\}=\{A,B,C,E\}$。

（4）$X_0\neq X_1$，找出左部为 X_1 任意子集的函数依赖，有 $E\rightarrow A$。

（5）$X_2=X_1\cup\{A\}=\{A,B,C,E\}$。

（6）$X_2=X_1$，算法终止，$(AB)_F^+=\{A,B,C,E\}$。

3.3.3　候选码的确定

对于给定关系模式 $R(U,F)$，通过闭包运算可得到候选码，具体操作步骤如下。

（1）找出 F 中只在函数依赖集右边出现的属性，以及没有出现在 F 中的任何函数依赖集中的属性。这些属性一定不是候选码。

（2）找出 F 中只在函数依赖集左边出现的属性集 X，X 一定存在于某候选码中。逐一计算属性集 X 关于 F 的闭包，若包含了 U 的所有属性，即 $X_F^+=U$，则 X 是 R 的唯一候选码，算法结束，否则进入下一步。

（3）找出 F 中函数依赖集左边和右边都出现的属性集 Y，逐一取出 Y 中的单个属性 A，$A\cup X$，如果 AX 在属性集 AX 关于 F 的闭包包含了 U 的所有属性，即 $(AX)_F^+=U$，则 AX 是 R 的候选码。令 $Y=Y-\{A\}$，进入下一步。

（4）如果已经找出所有候选码，则算法结束。否则逐一取出 Y 中的任意 2 个、3 个乃至 n 个属性，分别组成 Z，$Z\cup X$，如果 ZX 在属性集 ZX 关于 F 的闭包中包含了 U 的所有属性，即 $(ZX)_F^+=U$，且 ZX 不包含已经找到的候选码，则 ZX 是 R 的候选码。

（5）整理所有找到的候选码，消除重复的候选码，算法结束。

【例 3-4】已知关系模式 $R(U,F)$，其中 $U=\{A,B,C,D\}$，$F=\{B\rightarrow D,AB\rightarrow C\}$，求 R 的候选码。

（1）AB 只在函数依赖左边出现，所以 AB 必为候选码的成员。

（2）CD 只在函数依赖右边出现，所以 CD 必不为候选码的成员。

（3）计算 $(AB)_F^+=\{A,B,C,D\}$，所以 AB 是候选码。

（4）由此可得 R 的候选码是 AB。

3.3.4　函数依赖集等价和最小函数依赖集

【定义 3.5】函数依赖集等价：设 F 和 G 是关系模式 $R(U)$ 上的两个函数依赖集。

（1）如果 $F^+\subseteq G^+$，则称 G 是 F 的一个覆盖，或称 G 覆盖 F。

（2）如果 $F^+\subseteq G^+$ 和 $G^+\subseteq F^+$ 同时成立，即 $G^+=F^+$，则称 F 与 G 等价，也可以说 F 覆盖 G，或 G 覆盖 F，或 F、G 相互覆盖。记作 $F\equiv G$。

【引理 3.4】$F^+=G^+$ 的充分必要条件是 $F\subseteq G^+$、$G\subseteq F^+$。

判断 $F\subseteq G^+$ 的计算方法：检查 F 中的每个函数依赖 $X\rightarrow Y$ 是否属于 G^+，如果不容易看出，就计算 Y 是否属于 X_G^+。

【定义 3.6】如果函数依赖集 F 满足下列条件，则称 F 为一个最小函数依赖集，或称极小函数依赖集或最小覆盖。

（1）F 中任一函数依赖的右部仅含有一个属性。

（2）F 中不存在这样的函数依赖 $X\rightarrow A$，X 有真子集 Z 使得 $F-\{X\rightarrow A\}\cup\{Z\rightarrow A\}$ 与 F 等价。

（3）F 中不存在这样的函数依赖 $X \to A$，使得 F 与 $F-\{X \to A\}$ 等价。

说明：

（1）第一个条件保证了 F 中每个函数依赖的右部都是单一属性；

（2）第二个条件保证了 F 中每个函数依赖的左部都没有多余属性；

（3）第三个条件保证了 F 中不存在多余的函数依赖。

【定理 3.3】 任一函数依赖集 F 均等价于一个最小函数依赖集 F_m。

最小函数依赖集可以由上述定义为基本思想所确定的算法求解，具体过程见算法 3.2。

【算法 3.2】 分 3 步对 F 进行“极小化处理”，找出 F 的一个最小函数依赖集。

（1）逐一检查 F 中各函数依赖 $X \to Y$，若 $Y=A_1A_2 \ldots A_k$，$k>2$，则由分解规则可知，可用$\{X \to A_j | j=1,2,\ldots,k\}$来取代 $X \to Y$。换句话说，将 F 中的所有函数依赖的右边化为单一属性。

（2）逐一检查 F 中各函数依赖 $X \to A$，令 $G=F-\{X \to A\}$，若 $A \in X_G^+$，则从 F 中去掉此函数依赖。换句话说，去掉 F 中所有冗余的函数依赖。

（3）逐一取出 F 中各函数依赖 $X \to A$，设 $X=B_1B_2 \ldots B_m$，逐一考查 B_i（$i=1,2,\ldots,m$），若 $A \in (X-B_i)_F^+$，则以 $X-B_i$ 取代 X。换句话说，去掉 F 中的所有函数依赖左边的冗余属性。

最后剩下的 F 就一定是最小依赖集 F_m。

【例 3-5】 已知关系模式 $R(U,F)$，其中 $U=\{A,B,C,D,E\}$，$F=\{AB \to C,B \to D,C \to E,EC \to B,AC \to B\}$，求其最小函数依赖集 F_m。

首先去掉函数依赖右部多余属性。考查 F 中所有函数依赖的右部，因为右部是单属性，F 不变。

然后去掉多余的函数依赖。按照以下步骤逐一考查 F 中所有函数依赖。

（1）令 $G=F-\{AB \to C\}$，得到 $G=\{B \to D,C \to E,EC \to B,AC \to B\}$，求解$(AB)_G^+$。因为$(AB)_G^+=\{A,B,D\}$，不包含属性 C，所以不可以去掉 $AB \to C$。F 不变。

（2）令 $G=F-\{B \to D\}$，得到 $G=\{AB \to C,C \to E,EC \to B,AC \to B\}$，求解 B_G^+。因为 $B_G^+=\{B\}$，不包含属性 D，不可以去掉 $B \to D$。F 不变。

（3）令 $G=F-\{C \to E\}$，得到 $G=\{AB \to C,B \to D,EC \to B,AC \to B\}$，求解 C_G^+。因为 $C_G^+=\{C\}$，不包含属性 E，不可以去掉 $C \to E$。F 不变。

（4）令 $G=F-\{EC \to B\}$，得到 $G=\{AB \to C,B \to D,C \to E,AC \to B\}$，求解 EC_G^+。因为 $EC_G^+=\{E\}$，不包含属性 B，不可以去掉 $EC \to B$。F 不变。

（5）令 $G=F-\{AC \to B\}$，得到 $G=\{AB \to C,B \to D,C \to E,EC \to B\}$，求解 AC_G^+。因为 $AC_G^+=\{A,B,C,D,E\}$，包含属性 B，可以去掉 $AC \to B$。$F=\{AB \to C,B \to D,C \to E,EC \to B\}$。

再去掉函数依赖左部的多余属性。考查 $F=\{AB \to C, B \to D, C \to E, EC \to B\}$中所有函数依赖的左部，只有 $AB \to C$，$EC \to B$ 的左部是多余属性，逐一进行考查。

（1）考查 $AB \to C$。因为 $A_F^+=\{A\}$，不包含 C，不能去掉 B。因为 $B_F^+=\{B,D\}$，不包含 C，不能去掉 A。函数依赖 $AB \to C$ 不变。

（2）考查 $EC \to B$。因为 $E_F^+=\{E\}$，不包含 B，不能去掉 C。因为 $C_F^+=\{B,C,D,E\}$，包含 B，可以去掉 E。函数依赖 $EC \to B$ 转化为 $C \to B$。

最后，$F_m=\{AB \to C,B \to D,C \to E,C \to B\}$

【例 3-6】 $F=\{AB \to C,B \to A,A \to B\}$，求最小依赖集 F_m。

首先去掉函数依赖右边的多余属性。先分解右端，右部是单属性，F 不变。

然后去掉多余的函数依赖。

（1）去掉 $AB \to C$，令 $G=F-\{AB \to C\}=\{B \to A,A \to B\}$。若 $C \subseteq (AB)_G^+$，则从 F 中去掉$\{AB \to C\}$。

因为（AB）$_G^+$=$\{AB\}$，C 没有$\subseteq\{AB\}$，所以该函数依赖不能去掉。

（2）去掉 $B\to A$，令 $G=F-\{B\to A\}=\{AB\to C,A\to B\}$。若 $A\subseteq(B)_G^+$，则从 F 中去掉$\{B\to A\}$。因为$(B)_G^+=\{B\}$，A 没有$\subseteq\{B\}$，所以该函数依赖不能去掉。

（3）去掉 $A\to B$，令 $G=F-\{A\to B\}=\{AB\to C，B\to A\}$。若 $B\subseteq(A)_G^+$，则从 F 中去掉$\{A\to B\}$。因为$(A)_G^+=\{A\}$，B 没有$\subseteq\{A\}$，所以该函数依赖不能去掉。

最后去掉函数依赖左边的多余属性。只有 $AB\to C$ 的左边是多余属性，那么就考查它。

（1）若 $C\subseteq(AB-A)_F^+$，即考查 $C\subseteq(B)_F^+$吗？因为$(B)_F^+=\{AC\}$，所以 $C\subseteq(B)_F^+$，以 B 取代 AB。$\{AB\to C\}$改为$\{B\to C\}$。

（2）同理，用 $C\subseteq(AB-B)_F^+$，即考查 $C\subseteq(A)_F^+$，以 A 取代 AB 也可以。

F_m是 F 的最小依赖集：$\{B\to C,A\to B,B\to A\}$或$\{A\to C,A\to B,B\to A\}$。

注意：最小函数依赖集 F_m 不一定是唯一的，这与各函数依赖及 $X\to A$ 中 X 各属性的处理顺序有关。

3.4 规范化与模式分解

规范化理论最早是由 E.F.Codd 提出的。在关系数据库的设计过程中，为了避免由数据依赖引起的数据操作异常问题，必须对关系模式进行合理分解，以消除数据依赖中的不合理部分。也就是说，将低一级范式的关系模式转换成若干个高一级范式的关系模式的集合，这个过程就是关系的规范化。关系规范化是数据库设计的手段，不是目的。

3.4.1 范式的概念

在关系规范化理论中，将满足特定要求的约束条件划分成若干等级标准，这些标准统称为范式（Normal Formula，NF）。关系数据库中的关系必须满足一定的（范式）要求，某一关系模式 R 符合第 n 范式的要求，可简记为 $R\in n$NF。范式是符合某一种级别的关系模式的集合，也可以理解为衡量一个关系“好坏”程度的一把尺子。

通常，按照属性间函数依赖程度的高低，将关系规范化等级划分为 1NF、2NF、3NF、BCNF、4NF、5NF。范式条件一个比一个严格，1NF 的规范化程度最低，5NF 的规范化程度最高，其中 3NF 和 BCNF 最重要。各范式之间存在低级包含高级的包含关系，即 1NF$\supset$2NF$\supset$3NF$\supset$BCNF$\supset$4NF$\supset$5NF。范式级别越高，分解就越细，所得关系的数据冗余就越小，异常情况也就越少。但是，在减少关系数据冗余和消除异常的同时，也加大了系统对数据检索的开销，降低了数据检索效率。

从 1971 年 E.F.Codd 提出关系规范化理论开始，人们对数据库模式的规范化问题进行了长期的研究，目前已经取得了很大进展。关系设计的一般原则如下。

（1）数据冗余量小。

（2）对关系的更新、插入、删除不要出现异常问题。

（3）尽量如实反映现实世界的实际情况，而且又易懂。

3.4.2 范式的类型

1. 第一范式（1NF）

对于给定的关系 R，如果 R 中的分量值都是不可再分的数据项，则称关系 R 属于第一范式，记作 $R\in$1NF。

在关系数据库中，1NF 是对关系模式的最低要求，它是由关系的基本性质决定的，任何一个关系模式都必须遵守，如果不满足，必须予以转换。非规范的关系可以通过横向或纵向展开转换成规范化的关系。

例如，表 3-2 所示的关系就不是规范的关系，对其转换可得到表 3-3 所示的符合 1NF 的规范化关系。

表 3-2 不符合第一范式的关系

班级	实验人数		
	生物	物理	化学
九 1 班	15	17	18
九 2 班	13	15	16

表 3-3 转换后的规范关系

班级	生物实验人数	物理实验人数	化学实验人数
九 1 班	15	17	18
九 2 班	13	15	16

注意：不满足第一范式的数据库模式不能被称为关系数据库，但满足第一范式的关系模式也并不一定是一个好的关系模式。

2. 第二范式（2NF）

如果关系 $R \in 1NF$，并且 R 的每一个非主属性都完全函数依赖于 R 的候选码，则称 R 属于第二范式，记作 $R \in 2NF$。

换言之，不存在部分函数依赖的第一范式称为第二范式。显然，主码只包含一个属性的关系模式，如果属于 1NF，那么一定属于 2NF。

例如，在关系模式 R(工号,姓名,性别,职称,课酬标准,课程号,课程名称,学时,课酬)中，属性组(工号,课程号)构成主码，其余属性均为非主属性。只有课酬对主码完全函数依赖，而其他非主属性仅部分函数依赖于主码，所以 $R \notin 2NF$。

为了消除非主属性对主码的部分函数依赖，实现关系模式由 1NF 向 2NF 转换，需采用投影运算法：将部分函数依赖的属性和完全函数依赖的属性分离，分别组成不同的关系模式：

教师(工号,姓名,性别,职称,课酬标准)
课程(课程号,课程名称,学时)
授课(工号,课程号,课酬)

其中，教师的主码为工号，课程的主码为课程号，授课的主码为(工号,课程号)，它们分别具有以下的函数依赖：

教师：{工号}$\xrightarrow{f}${姓名}，{工号}$\xrightarrow{f}${性别}，{工号}$\xrightarrow{f}${职称}，{工号}$\xrightarrow{f}${课酬标准}
课程：{课程编号}$\xrightarrow{f}${课程名称}，{课程号}$\xrightarrow{f}$学时}
授课：{(工号,课程号)}$\xrightarrow{f}${课酬}

分解后的 3 个关系模式中不存在非主属性对主码的部分函数依赖，故属于第二范式。符合第二范式的关系模式仍可能存在数据冗余、更新异常等问题。

3. 第三范式（3NF）

如果关系 $R \in 2NF$，并且 R 的每一个非主属性都不传递函数依赖于 R 的任何候选码，则称 R 属于第三范式，记作 $R \in 3NF$。

换言之，不存在部分函数依赖和传递函数依赖的第一范式称为第三范式。

继续考查上面分解的 3 个关系模式，分析如下。

教师：{工号}→{职称}，{职称}→{课酬标准}，{职称}↛{工号}，所以，{工号}$\xrightarrow{t}${课酬标准}。因此，教师∉3NF。

课程：课程名称和学时既不部分函数依赖于主码，也不传递函数依赖于主码。因此课程∈3NF。

授课：课酬既不部分函数依赖于主码，也不传递函数于主码。因此授课∈3NF。

同样，为了消除非主属性对主码的传递依赖，也可以采用投影运算方法将关系模式“教师”进一步分解，可得到如下两个关系模式：

```
教师(工号,姓名,性别)
职称(职称编号,职称名称,课酬标准)
```

分解后的关系模式中不存在非主属性对主码的传递函数依赖，故属于第三范式。

3NF 只是规定了非主属性对主码的数据依赖，但没有限制主属性对主码的数据依赖。如果存在主属性对主码的部分函数依赖和传递函数依赖，同样会出现数据冗余、操作异常问题。在实际应用中，一般达到了 3NF 的关系就可以认为是较优化的关系。

4. BCNF（Boyee-Codd Normal Form）

如果关系 $R\in$1NF，并且 R 的每个函数依赖的左边都是候选码，或者当 $R\in$3NF 时每个函数依赖的决定因素都包含候选关键字，则称 R 属于 BCNF 范式，记作 $R\in$BCNF。

BCNF 是 3NF 范式的改进形式，如果 $R\in$BCNF，则 $R\in$3NF 一定成立。从 BCNF 定义得知，一个满足 BCNF 的关系模式存在如下基本条件。

（1）R 中所有非主属性对候选码完全函数依赖。

（2）R 中所有主属性对每一个不包含它的候选码都完全函数依赖。

（3）R 中没有任何属性完全函数依赖于非候选码的任何属性组。

从函数依赖角度考虑，关系模式若达到了 BCNF，数据冗余和操作异常问题就消除了。不过数据依赖除了函数依赖以外，还有多值依赖和连接依赖，因此即使达到 BCNF 范式的关系模式仍有可能存在数据冗余等问题，这也是范式理论存在 4NF、5NF 等范式的原因。

【例 3-7】关系模式 $R(U,F)$，$U=\{A,B,C,D,E\}$，函数依赖集 $F=\{AB\to CE,E\to AB,C\to D\}$，试问 R 最高属于第几范式？

（1）求函数依赖集 F 中决定因素是否为候选码，即求 AB_F^+、E_F^+、C_F^+。得到 $AB_F^+=U$、$E_F^+=U$。再求 A_F^+和 B_F^+，判断两者是否为 U？因为 $A_F^+\neq U$，$B_F^+\neq U$，所以 AB 和 E 是候选码。

（2）由候选码判断主属性为 A、B 和 E，非主属性为 C 和 D。

（3）判断非主属性对候选码有没有部分函数依赖。候选码 E 只有一个属性，不可分，所以不必判断。候选码 AB，决定因素中没有 A 或 B，所以不存在非主属性对候选码的部分函数依赖，达到 2NF。

（4）判断非主属性对候选码有没有传递函数依赖。在函数依赖集中有 $AB\to CE$、$C\to D$，所以 $AB\to C$、$C\to D$，存在非主属性 D 对候选码 AB 的传递函数依赖，因此，关系模式 R 只能达到 2NF。

由此可知，关系模式 R 只能达到第二范式。

3.4.3 规范化小结

规范化的目的是尽量消除关系模式中的数据冗余，以及插入和删除异常、更新烦琐等问题。其基本思想是逐步消除数据依赖中不合理的部分，使各关系模式达到某种程度的分离，使一个关系只描述较少的实体或实体间的联系。关系规范化的实质是概念单一化的过程。规范化过程是通过对关系模式的分解来实现的，涉及投影和连接两种关系运算，把低一级的关系模式分解为若干高一级的关系模式。

关系范式的规范化步骤如图 3-1 所示。

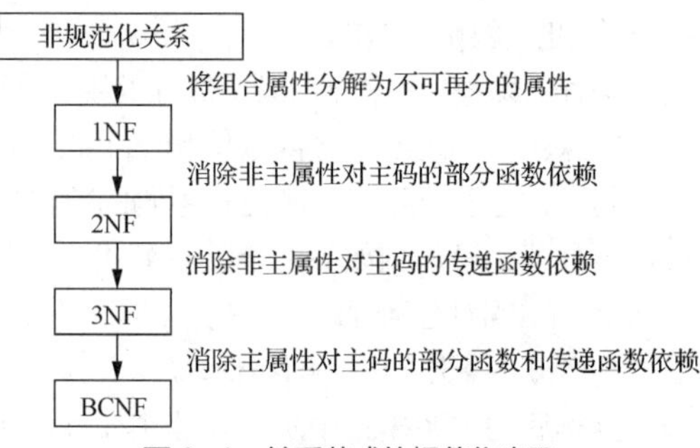

图 3-1　关系范式的规范化步骤

规范化程度越高，分解就越细，所得关系的数据冗余就越小，更新异常也会越少。但是，规范化在减少关系的数据冗余和消除更新异常的同时，也加大了系统对数据检索的开销，降低了数据检索的效率。因为关系分得越细，数据检索时所涉及的关系个数就越多，系统只有对所有这些的关系进行自然连接，才能获取所需的全部信息，而连接操作所需的系统资源和开销是比较大的，所以不能说规范化程度越高的关系模式越好。规范化应满足的基本原则是"由低到高，逐步规范，权衡利弊，适可而止"，通常以满足第三范式为基本要求。

3.4.4　模式分解

关系规范化的实质是模式分解，也就是说，通过投影运算，将低一级范式的关系模式转换成若干高一级范式的关系模式的集合。实际应用中，数据库设计人员应根据具体情况灵活掌握，不能为了消除操作异常又产生其他新的问题。

关系模式的分解应满足以下两个基本原则。

（1）关系分解后必须具有无损连接性。所谓无损连接是指通过分解后的关系进行某种连接运算，能够还原出分解前的关系。

设关系模式 $R(U,F)$被分解为若干关系模式 $R_1(U_1,F_1)$、$R_2(U_2,F_2)$、…、$R_n(U_n,F_n)$（其中 $U=U_1 \cup U_2 \cup \ldots \cup U_n$，且不存在 $U_i \subseteq U_j$，R_i 为 R 在 U_i 上的投影），若 R 与 R_1、R_2、⋯、R_n 自然连接的结果相等，则称关系模式 R 的这个分解具有无损连接性。

（2）关系分解后要保持函数依赖。保持函数依赖是指分解过程不能破坏或丢失原来关系中存在的函数依赖。

设关系模式 $R(U,F)$被分解为若干个关系模式 $R_1(U_1,F_1)$、$R_2(U_2,F_2)$、…、$R_n(U_n,F_n)$（其中 $U=U_1 \cup U_2 \cup \ldots \cup U_n$，且不存在 $U_i \subseteq U_j$，R_i 为 R 在 U_i 上的投影），若 F 所逻辑蕴涵的函数依赖一定也由分解得到的某个关系模式中的函数依赖 F_i 所逻辑蕴涵，则称关系模式 R 的这个分解是保持函数依赖的。

如果一个分解具有无损连接，则它能够保证不丢失信息。如果一个分解保持了函数依赖，则它可以减轻或解决各种异常情况。

【例 3-8】设有关系模式 $R(U,F)$，U={学号,专业编号,专业名称}，F={学号→专业编号,专业编号→专业名称}，从 F 中可以看出，一名学生只能有一个专业，一个专业编号只能有一个专业名称。

那么如下的 3 个分解是否满足无损连接和保持函数依赖的特性？

ρ_1={R_1(学号,∅)，R_2(专业编号,∅)，R_3(专业名称,∅)}

ρ_2={R_1({学号,专业编号},{学号→专业编号}),R_2({学号,专业名称},{学号→专业名称})}

ρ_3={R_1({学号,专业编号},{学号→专业编号}),R_2({专业编号,专业名称},{专业编号→专业名称})}

分析如下。

ρ_1 显然丢失了所有的函数依赖，另外 R_1、R_2 和 R_3 没有办法通过自然连接得到原关系的属性。因此该分解既不满足无损连接，也不满足函数依赖。

ρ_2 中 R_1、R_2 都有学号属性，能通过自然连接得到原关系中的属性，但原关系的函数依赖{专业编号}→{专业名称}丢失了。因此该分解满足无损连接，但不满足函数依赖。

ρ_3 中 R_1、R_2 都有专业编号属性，能通过自然连接得到原关系中的属性，而且原关系的函数依赖都在。因此该分解满足无损连接，也满足函数依赖。

显然，以上分解中 ρ_3 是最优的，其分解符合分解的准则。而且如果一个分解只满足函数依赖保持性，而不满足无损连接性，是没有实用价值的。所以无损连接性是模式分解必须满足的条件。

实际应用中，分解为 3NF 的保持无损连接和函数依赖算法具体步骤如下。

（1）对 $R(U,F)$中的 F 进行最小化处理，即计算 F 的最小覆盖，并将其仍然记为 F。

（2）若有 $X \to A$，并且 $X \cup A=U$，则 $\rho=\{R\}$，算法终止。

（3）找出不在 F 中出现的属性（即与 F 中任意函数依赖的左部和右部都无关的属性），把这样的属性构成一个关系模式 $R_0(U_0,\varnothing)$，并把 U_0 从 U 中去掉，剩余的属性仍然记为 U。

（4）对 F 按具有相同左部的原则进行分组（假定分为 k 组），每一组函数依赖 F_i 所涉及的全部属性形成属性集 U_i，若 $U_i \subseteq U_j$（$i \neq j$），就去掉 U_i。

（5）经过以上步骤得到的分解 $\rho=\{R_0,R_1,\ldots,R_k\}$（$R_0$ 可能为空，1～k 可能不连续）构成 R 的一个保持函数依赖的分解，并且每个 R_i 均为 3NF。

（6）设 X 是 $R(U,F)$的关键字，并令 $\tau=\rho \cup R_X$（X,F_X）。

（7）若对某个 U_i，如果 $X \subseteq U_i$，则将 R_X 从 τ 中去掉，或 $U_i \subseteq X$，则将 R_i 从 τ 中去掉。

（8）最后的 τ 就是所求分解。

【例 3-9】如果有 $R(U,F)$，其中 $U=\{A,B,C,D,E\}$，函数依赖集 $F=\{A \to B,B \to C,AD \to E\}$，试对 $R(U,F)$进行模式分解。

（1）已经是最小函数依赖集。

（2）没有 $X \to A$，并且 $X \cup A=U$，略过。

（3）没有找出不在 F 中出现的属性，略过。

（4）对 F 按具有相同左部的原则进行分组（分为 3 组），分别是 $U_1=\{A,B\}$，$U_2=\{B,C\}$，$U_3=\{A,D,E\}$，没有 $U_i \subseteq U_j$（$i \neq j$）。

（5）经过以上步骤得到的 3 个子关系。R_1：$(\{A,B\},\{A \to B\})$；R_2：$(\{B,C\},\{B \to C\})$；R_3：$(\{A,D,E\},\{AD \to E\})$；并且每个均为 3NF；$\rho=\{R_1,R_2,R_3\}$。

（6）设 $X=AD$ 是 $R(U,F)$的关键字，并令 $\tau=\rho \cup R_X(\{A,D,E\}, \{AD \to E\})$。

（7）$R_X=R_3$，则将 R_X 删除。

（8）最后的 τ 就是所求分解。

本章小结

规范化的目的是使关系模式结构更合理，尽量消除插入、修改、删除异常，使数据冗余尽量小，便于插入、删除和更新等数据操作。本章通过讨论数据库的操作异常问题，探讨了函数依赖、Armstrong 公理系统、规范化与模式分解等内容。其中，关系规范化与模式分解是本章的重点。

习题三

一、选择题

1. 设计性能较优的关系模式称为规范化，规范化主要的理论依据是（　　）。

A. 关系规范化理论　B. 关系运算理论　C. 关系代数理论　D. 数理逻辑

2. 根据规范化理论进行关系数据库的逻辑设计，关系数据库中的关系必须满足：其每一属性都是（　　）。

A. 互不相关的　B. 不可分解的　C. 长度可变的　D. 互相关联的

3. 关系数据库规范化是为解决关系数据库中（　　）问题而引入的。

A. 提高查询速度　B. 保证数据的安全性和完整性

C. 减少数据操作的复杂性　D. 插入异常、删除异常和数据冗余

4. 有关系模式 $P(C,S,T,R,G)$，根据语义有如下函数依赖集：$F\{C\rightarrow T,ST\rightarrow R,TR\rightarrow C,SC\rightarrow G\}$。下列属性组中的哪个（些）是关系模式 P 的候选码？（　　）

Ⅰ. (C,S)　Ⅱ. (C,R)　Ⅲ. (S,T)　Ⅳ. (T,R)　Ⅴ. (S,R)

A. 只有Ⅲ　B. Ⅰ和Ⅲ　C. Ⅰ、Ⅱ和Ⅳ　D. Ⅱ、Ⅲ和Ⅴ

5. 假设关系模式 $R(A,B)$属于 3NF，下列说法中（　　）是正确的。

A. 它一定消除了插入和删除异常　B. 仍存在一定的插入和删除异常

C. 一定属于 BCNF　D. A 和 C 都是

6. 当 B 属性函数依赖于 A 属性时，属性 A 与 B 的联系是（　　）。

A. 一对多　B. 多对一　C. 多对多　D. 以上都不是

7. 有关系模式 $P(A,B,C,D,E,F,G,H,I,J)$，根据语义有如下函数依赖集：$P=\{ABD\rightarrow E,AB\rightarrow G,B\rightarrow F,C\rightarrow J,C\rightarrow I,G\rightarrow H\}$。则关系模式 P 的码是（　　）。

A. (A,C)　B. (A,B,G)　C. (A,G)　D. (A,B,C,D)

8. 以下（　　）项属于关系数据库的规范化理论要解决的问题。

A. 如何构造合适的数据库逻辑结构　B. 如何构造合适的数据库物理结构

C. 如何构造合适的应用程序界面　D. 如何控制不同用户的数据操作权限

9. 设 U 为所有属性，X、Y、Z 为属性集，$Z=U-X-Y$，下列关于平凡的多值依赖的叙述中，（　　）是正确的。

A. 若 $X\rightarrow Y$，$Z=\varnothing$，则称 $X\rightarrow Y$ 为平凡的多值依赖

B. 若 $X\rightarrow Y$，$Z\neq\varnothing$，则称 $X\rightarrow Y$ 为平凡的多值依赖

C. 若 $X\rightarrow Y$，$X\rightarrow Y$，则称 $X\rightarrow Y$ 为平凡的多值依赖

D. 若 $X\rightarrow Y$，$X\rightarrow Z$，则称 $X\rightarrow Y$ 为平凡的多值依赖

10. 关系模式 R 中的属性全部是主属性，则 R 的最高范式必定是（　　）。

A. 2NF　B. 3NF　C. BCNF　D. 4NF

11. 消除了部分函数依赖的 1NF 的关系模式必定是（　　）。

A. 1NF　B. 2NF　C. 3NF　D. 4NF

12. 设有关系模式 $R(A,B,C)$，根据语义有如下函数依赖集：$F=\{A\rightarrow B,(B,C)\rightarrow A\}$。关系模式 R 的规范化程度最高达到（　　）。

A. 1NF　B. 2NF　C. 3NF　D. BCNF

13. 若关系模式 R 中没有非主属性，则（　　）。

A. R 属于 2NF，但 R 不一定属于 3NF B. R 属于 3NF，但 R 不一定属于 BCNF
C. R 属于 BCNF，但 R 不一定属于 4NF D. R 属于 4NF

14. 下面关于函数依赖的叙述中，不正确的是（ ）。
A. 若 $X\to Y$，$X\to Z$，则 $X\to YZ$ B. 若 $XY\to Z$，则 $X\to Z$，$Y\to Z$
C. 若 $X\to Y$，$WY\to Z$，则 $XW\to Z$ D. 若 $X\to Y$，则 $XZ\to YZ$

15. 设有关系模式 W(工号,姓名,工种,定额)，将其规范化到第三范式正确的答案是（ ）。
A. $W1$(工号,姓名),$W2$(工种,定额) B. $W1$(工号,工种,定额)，$W2$(工号,姓名)
C. $W1$(工号,姓名,工种)，$W2$(工种,定额) D. 以上都不对

16. 在关系模式 $R(A,B,C,D)$中，有函数依赖集 $F=\{B\to C,C\to D,D\to A\}$，则 R 能达到（ ）。
A. 1NF B. 2NF C. 3NF D. 以上三者都不行

17. $X\to A_i$（i=1,2,…,k）成立是 $X\to A_1A_2...A_k$ 成立的（ ）。
A. 充分条件 B. 必要条件
C. 充要条件 D. 既不充分也不必要

18. 若关系 R 的候选码都是由单属性构成的，则 R 的最高范式必定是（ ）。
A. 1NF B. 2NF C. 3NF D. 无法确定

19. 设关系模式 $R(A'B'C)$上成立的函数依赖集 F 为$\{B\to C,C\to A\}$，$\rho=(AB,AC)$为 R 的一个分解，那么分解 ρ（ ）。
A. 保持函数依赖 B. 丢失了 $B\to C$
C. 丢失了 $C\to A$ D. 是否保持函数依赖由 R 的当前值确定

20. 关系模型中 3NF 是指（ ）。
A. 满足 2NF 且不存在组合属性 B. 满足 2NF 且不存在部分依赖现象
C. 满足 2NF 且不存在非主属性 D. 满足 2NF 且不存在传递依赖现象

21. 任何一个满足 2NF 但不满足 3NF 的关系模式都不存在（ ）。
A. 主属性对码的部分依赖 B. 非主属性对码的部分依赖
C. 主属性对码的传递依赖 D. 非主属性对码的传递依赖

22. 当关系模式 $R\in$ 3NF，下列说明中正确的是（ ）。
A. 一定消除了存储异常 B. 仍有可能存在一定的存储异常
C. 一定属于 BCNF D. 一定消除了数据冗余

23. 数据依赖讨论的问题是（ ）。
A. 关系之间的数据关系 B. 元组之间的数据关系
C. 属性之间的数据关系 D. 函数之间的数据关系

24. 下列关于规范化理论说法正确的是（ ）。
A. 满足二级范式的关系模式一定满足一级范式
B. 对于一个关系模式来说，规范化越深越好
C. 一级范式要求一非主码属性完全函数依赖关键字
D. 规范化一般是通过分解各个关系模式实现的，但有时也有合并

二、填空题

1. 在关系数据库的规范化理论中，在执行“分解”时，必须遵守的规范化原则是保持原有的依赖关系和（ ）。
2. 关系模式的操作异常问题往往是由（ ）引起的。
3. 函数依赖完备的推理规则集包括自反律、增广律和（ ）。

4. 如果 $Y \subseteq X \subseteq U$，则 $X \to Y$ 成立，这条推理规则称为（　　）；如果 $X \to Y$ 和 $WY \to Z$ 成立，则 $WX \to Z$ 成立，这条推理规则称为伪传递律。

5. 规范化过程主要为克服数据库逻辑结构中的插入异常、删除异常以及（　　）的缺陷。

6. 如果一个关系模式 R 的每一个属性的域都包含单一的值，则称 R 满足（　　）。

7. 关系模式 R 中，若每一个决定因素包含键，则关系模式 R 属于（　　）。

8. 设关系模式 R 满足 1NF，且所有非主属性完全函数依赖候选键，则 R 满足（　　）。

9. 当主键是（　　）时，只能是完全函数依赖。

10. 如果关系模式 R 满足 2NF，而且它的任何一个非主属性都不传递完全函数依赖候选键，则 R 满足（　　）。

11. 在关系数据库的规范化所有理论中，起核心作用的是（　　）。

12. 在关系 R 中，若存在"学号→系号，系号→系主任"，则存在学号函数决定（　　）。

13. 若关系 $R \in$ 3NF，且只有一个候选码，则表明它同时也达到了（　　）范式，该关系中所有属性的决定因素都是候选码。

14. 数据库设计一般要使用符合（　　）等级以上规范化关系。

15. 若关系模式 R 的规范化程度达到 4NF，则 R 的属性之间不存在非平凡且非（　　）的多值依赖。

16. Armstrong 公理系统中有一条推理规则为：若 $X \to Y$ 为 F 所逻辑蕴涵，且 $Z \subseteq U$，则 $XZ \to YZ$ 为 F 所逻辑蕴涵。这条推理规则称作（　　）。

17. 设在关系模式 $R(A,B,C,D,E,F,G)$中，根据语义有如下函数依赖集 $F=\{A \to B, C \to D, C \to F, (A,D) \to E, (E,F) \to G\}$。关系模式 R 的码是（　　）。

18. 假设在关系模式 $R(U)$中，X、Y、Z 都是 U 的子集，且 $Z=U\text{-}X\text{-}Y$。若 $X \to Y$，而 $U-X-Y=\varnothing$，则称 $X \to Y$ 为（　　）。

19. 关系模式规范化过程中，若要求分解保持函数依赖，那么模式分解一定可以达到 3NF，但不一定能达到（　　）。

20. 在关系模式 R 中，如果 $X \to Y$，且对于 X 的任意真子集 X'，都有 $X' \nrightarrow Y$，则称 Y 对 X（　　）函数依赖。

三、计算题

1. 现有关系模式：教师授课(教师号,姓名,职称,课程号,课程名,学分,教科书名)，其函数依赖集为{教师号→姓名,教师号→职称,课程号→课程名,课程号→学分,课程号→教科书名}

（1）指出这个关系模式的主码。

（2）这个关系模式是第几范式，为什么?

（3）将其分解为满足 3NF 要求的关系模式(分解后的关系模式名自定)。

2. 设有关系模式 $R(A,B,C,D)$，$F=\{A \to BC, D \to A\}$，则 $\rho=\{R_1(A,B,C), R_2(A,D)\}$ 是否为无损连接分解?

3. 设有关系模式 R(SNO,CNO,SCORE,TNO,DNAME)，函数依赖集 $F=\{$(SNO,CNO)→SCORE,CNO→TNO,TNO→DNAME$\}$，试分解 R 为 BCNF。

4. 设关系模式 $R(A,B,C,D)$，F 是 R 上成立的函数依赖集，$F=\{A \to C, C \to B\}$，则相对于 F，写出关系模式 R 的主关键字。

5. 已知关系模式 R 中，$U=\{A,B,C,D,E,P\}$，$F=\{A \to B, C \to P, E \to A, CE \to D\}$，证明 $CE \to B$ 为 F 所蕴涵。

6. 已知学生关系模式：学生(学号,姓名,系别名,系主任,课程,成绩)。

（1）写出关系模式学生的基本函数依赖和主码。

（2）原关系模式学生为几范式？为什么？将其转化成高一级范式，并说明为什么？

（3）将关系模式分解成 3NF，并说明为什么？

7. 设有关系 *R* 如表 3-4 所示。

表 3-4　关系 *R*

课程名	教师姓名	教师住址	课程名	教师姓名	教师住址
C01	江万里	D01	C03	祝燕飞	D02
C02	陈耀星	D01	C04	卫国防	D01

（1）它为第几范式？为什么？

（2）是否存在删除操作异常？若存在，请说明是在什么情况下发生的？

（3）可否分解为高一级范式，说明如何解决分解前可能存在的删除操作异常问题。

8. 设有表 3-5 所示的学生关系 *S*，试问 *S* 是否属于 3NF？为什么？若不是，它属于第几范式？并将其规范化为 3NF。

表 3-5　关系 *S*

学号	姓名	年龄	性别	系号	系名	学号	姓名	年龄	性别	系号	系名
S101	赵敏	18	女	01	通信	S301	李丽	21	男	03	计算机
S201	钱锐	19	女	02	电子	S304	周欢	20	女	03	计算机
S202	孙阳	20	男	02	电子	S305	吴浩	19	男	03	计算机

9. 设有表 3-6 所示的关系 *R*。

表 3-6　关系 *R*

职工号	职工名	年龄	性别	单位号	单位名	职工号	职工名	年龄	性别	单位号	单位名
E1	ZS	20	F	D3	CCC	E3	SD	38	M	D3	CCC
E2	QF	25	M	D1	AAA	E4	LL	25	F	D3	CCC

（1）*R* 是否属于 3NF？为什么？

（2）若不是，它属于第几范式？

（3）如何将其规范化为 3NF？

模块二　应用

第 4 章
数据库的创建与管理

本章导读

从数据库体系结构上来说，数据库有逻辑结构和物理结构之分。数据库的逻辑结构相当于一个容器，用于存储表、视图、存储过程、用户和角色等数据库对象；数据库的物理结构是存储数据库的文件系统，由一系列数据文件和事务日志文件组成。

4.1 数据库概述

在 SQL Server 系统中，数据库有系统数据库、用户数据库和示例数据库之分，每一个数据库又包括一系列文件，而每一个文件拥有逻辑名和物理名两种名称。其中，逻辑名是所有 T-SQL 语句引用文件时必须使用的名称，可以理解为物理文件名的别名。物理名是数据库文件在物理磁盘上的存储路径和文件系统名称的统称。

4.1.1 数据库类型

在 SQL Server 系统中，数据库分为系统数据库、用户数据库和示例数据库 3 类。

1. 系统数据库

系统数据库是指 SQL Server 系统自身提供的数据库，用于存储系统信息，是 SQL Server 运行的基础和管理数据库的依据，SQL Server 2019 提供了 5 个系统数据库，分别是 master、model、msdb、tempdb 和 resource。

（1）master 数据库：核心数据库，记录了 SQL Server 服务器的系统信息，包括所有账户和密码、磁盘空间、文件分配和使用、系统级配置参数、初始化信息、其他系统数据库和用户数据库的相关信息等。

（2）model 数据库：存储了所有用户数据库和 tempdb 数据库的模板，它包含 master 数据库的所有系统表子集，是要复制到每个用户数据库中去的系统表。

（3）msdb 数据库：主要为 SQL Server 代理服务提供复制、任务调度和管理警报等活动。该数据库常被用来存储所有备份历史和通过调度任务排除故障。

（4）tempdb 数据库：临时数据库，为临时表、临时存储过程和临时操作提供存储空间，并允许所有连接 SQL Server 服务器的用户使用，系统重启会丢失该数据库中的数据。

（5）resource 数据库：只读数据库，存储了 SQL Server 中的所有系统对象，默认情况下不安装。SQL Server 系统对象物理上存储在 resource 数据库中，逻辑上显示在每个数据库的 sys 架构中。

2. 用户数据库

用户数据库是由用户自行建立的数据库，用于存储用户数据表及其相关数据库对象。

3. 示例数据库

示例数据库是一种实用的数据库范例，供学习参考之用，默认情况下不安装。

4.1.2 数据库文件

在 SQL Server 系统中，每个数据库都由一系列文件组成，包括数据文件和事务日志文件两类，而数据文件又可分为主数据文件和辅数据文件两大类。

1. 主数据文件（Primary Database File）

主数据文件简称主文件，用来存储数据库的启动信息和部分（或全部）数据，每个数据库有且仅有一个主数据文件。主数据文件总是位于主文件组（primary）中，它代表数据库的起点，并且提供指针指向数据库中的其他文件。使用时，主数据文件包含两种名称：逻辑名和物理名。其中逻辑名无扩展名，物理名的扩展名默认为.mdf。

2. 辅数据文件（Secondary Database File）

辅数据文件简称辅文件，用于存储主数据文件中未存储的剩余数据和数据库对象。一个数据库既可以没有辅数据文件，也可以有若干个辅数据文件。辅数据文件既可以位于主文件组，也可以位于辅文件组中。使用时，辅数据文件包含两种名称：逻辑名和物理名。其中逻辑名无扩展名，物理名的扩展名默认为.ndf。

3. 事务日志文件（Transaction Log File）

事务日志文件简称日志文件，记录了用户对数据库的所有操作过程，以保证数据的一致性和完整性，有利于数据库的恢复。每个数据库都必须至少含有一个事务日志文件，也可以含有多个事务日志文件。事务日志文件不属于任何文件组。使用时，事务日志文件包含两种名称：逻辑名和物理名。其中逻辑名无扩展名，物理名的扩展名默认为.ldf。

注意：在 SQL Server 中，一个数据库可以包含多个文件，不同文件也可以分别存储在不同分区磁盘上，但是一个文件只能存储于一个数据库内。

4.1.3　文件组

文件组是一组相关数据文件的逻辑分组（有点类似文件夹，文件夹是磁盘上的实际位置）。另外，文件组也分为主文件组和辅助文件组。一个数据文件只能属于一个文件组，一个文件组也只能属于一个数据库。事务日志文件独立存在，不属于任何文件组。

1. 主文件组

主文件组（primary）是数据库系统自身提供的，每个数据库有且仅有一个主文件组，主文件组中包含了所有系统表、主数据文件和未指定文件组的其他辅数据文件。

2. 辅文件组

辅文件组是用户自行定义的文件组，每个数据库既可以没有辅文件组，也可以定义若干个辅文件组，辅文件组可以存储用户指定的辅数据文件。

3. 默认文件组

默认文件组是指数据文件（没有分配文件组）的首选文件组。同一时刻，每个数据库均只有一个默认文件组，其中自动包含（逻辑存储）了没有分配文件组的数据库文件。

注意：默认文件组和主（辅）文件组不是同一范畴的概念，数据库建立初始时，主文件组是默认文件组。固定数据库角色 db_owner 成员可以将用户自定义的辅文件组指定为后续新建数据文件的默认文件组。

4.2　数据库的创建

创建数据库的过程实际上是确定数据库名称，以及设置数据库文件的逻辑名、物理名等相关属性的过程。数据库的创建既可以使用 SSMS（SQL Server Management Studio，SQL Server 基础架构的集成环境和管理工具），也可以使用 T-SQL 语句。

4.2.1　使用 SSMS 创建数据库

【例 4-1】使用 SSMS 创建数据库 JXGL。

操作步骤如下。

（1）启动 SSMS，在“对象资源管理器”窗格中展开根目录（左侧窗格）的树形结构，直至“数据库”节点，右击“数据库”节点，在弹出的快捷菜单中执行“新建数据库”命令，如图 4-1 所示。

（2）单击“新建数据库”窗口的“常规”选项卡，在“数据库名称”文本框中输入数据库的名称为“JXGL”，“数据库文件”列表框中显示了主数据文件和事务日志文件的相关属性的默认值，如图 4-2 所示。

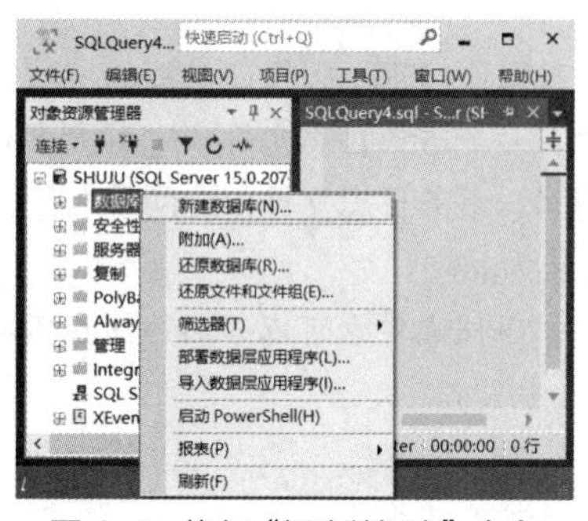

图 4-1 执行“新建数据库”命令

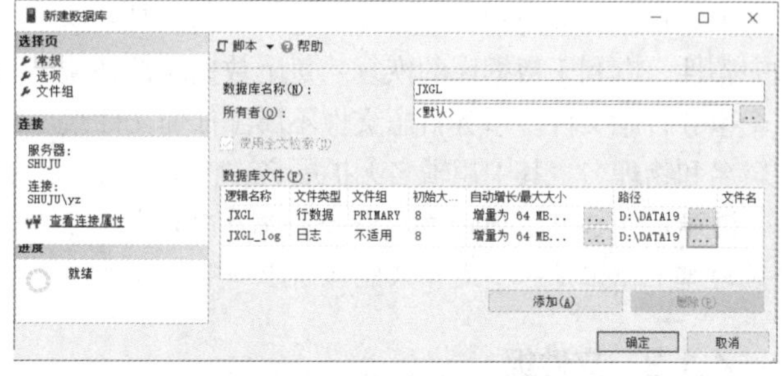

图 4-2 “新建数据库”窗口

注意：在“服务器属性”窗口的“数据库设置”选项中，可以设置数据库默认路径，默认路径为 C:\Program Files\Microsoft SQL Server\MSSQL15.MSSQLSERVER\MSSQL\ DATA\。

说明：

① 逻辑名称：数据文件或事务日志文件的逻辑名，其中，主数据文件逻辑名称默认为数据库名，事务日志文件逻辑名称默认为数据库名加_log，本例设置主数据文件逻辑名称为 JXGL_data，事务日志文件的逻辑名称为 JXGL_log；

② 文件类型指出文件类型是数据文件还是日志文件；

③ 文件组即数据文件所属的文件组；

④ 初始大小以 MB 为单位，数据文件默认为 8MB，日志文件默认为 8MB；

⑤ 自动增长/最大大小指明文件的增长方式，单击这个属性后的浏览按钮，弹出更改新建的数据库的自动增长设置对话框，如图 4-3 所示。

⑥ 路径：数据文件或事务日志文件的存储路径，本例设置路径均为 D:\data19。

⑦ 文件名：显示数据文件或事务日志文件的物理名称。

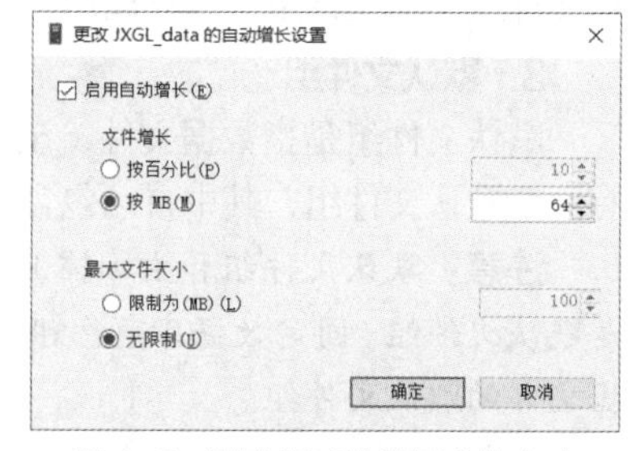

图 4-3 更改新建的数据库的自动增长设置对话框

（3）要继续增加数据文件（辅数据文件）或事务日志文件，可单击“添加”按钮，“数据库文件”列表框中新增一行，依次设置逻辑名称、文件类型、文件组（数据文件的用户自定义文件组）、初始大小、自动增长/最大大小和路径，如图 4-4 和图 4-5 所示。

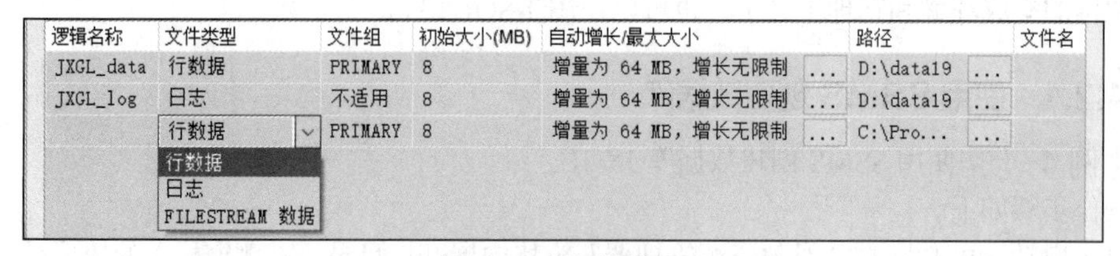

图 4-4 设置参数 1

注意：可以设置多个数据文件，除了第一个数据文件是主文件（.mdf）外，其他数据文件都是辅数据文件（.ndf）。

（4）单击“确定”按钮，返回 SSMS 窗口，完成数据库的创建，如图 4-6 所示。

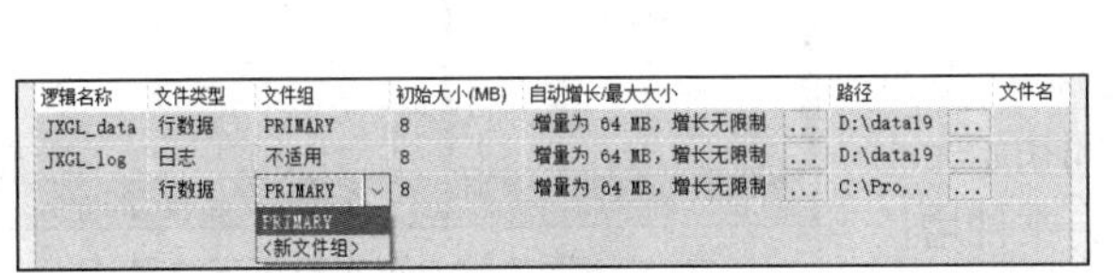

图 4-5 设置参数 2

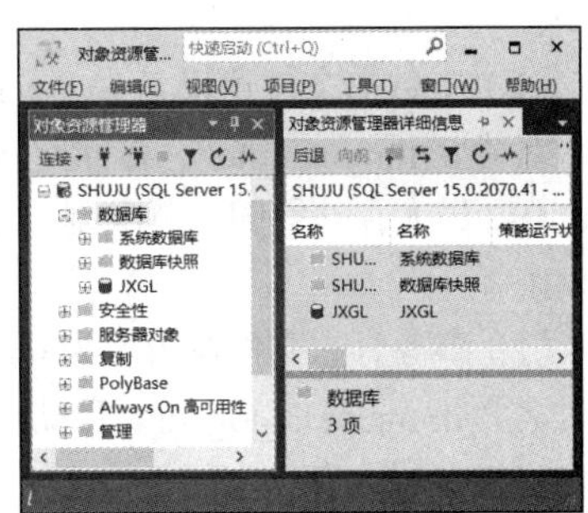

图 4-6 完成数据库创建后的 SSMS 窗口

4.2.2 使用 T-SQL 语句创建数据库

使用 T-SQL 语句创建数据库的语法格式如下。

```
create database <数据库名称>
    [on [primary]
     {<文件说明>[,…n] }
       [,<文件组说明>[,…n] ] ]
    [log on {<文件说明>[,…n]}]
    [for load|for attach]
```

其中部分内容展开如下。

```
<文件说明>::=
    (<name=逻辑文件名>
    <,filename='物理文件名'>
    [,size=初始大小]
    [,maxsize={最大限制|unlimited}]
    [,filegrowth=文件增长量]) [,…n]
<文件组说明>::=
    filegroup <文件组名称> [default] <文件说明> [,…n]
```

功能：创建一个指定数据库名称的数据库。

说明：

（1）on：引导数据文件（组）的前导关键字；

（2）primary：指定数据文件的文件组为主文件组；

（3）log on：引导事务日志文件的前导关键字；

（4）name：指定逻辑文件名，必选属性；

（5）filename：指定物理文件（操作系统文件）的路径和文件名，必选属性；

（6）size：指定文件的初始大小，如果没有指定，则默认值为 8MB；

（7）maxsize：指定文件最大大小，其中关键字 unlimited 表示文件的大小不受限制；

（8）filegrowth：指定文件增长方式，可以按兆字节增长或按百分比增长；

（9）filegroup：指定辅文件组的名称及其属性，default 表示为默认文件组。

【例 4-2】 创建一个数据库 mn2，数据库文件各属性取默认值。

```
create database mn2
```

运行结果如图 4-7 所示。

【例 4-3】创建一个数据库 mn3，条件如下。

（1）主数据文件逻辑名为 mn3_data，物理文件名为'd:\mn\mn3.mdf'，存储空间初始大小为100MB，最大存储空间为不限制，文件增长量为10MB。

（2）事务日志文件逻辑名为 mn3_log，物理文件名为'd:\mn\mn3_log.ldf'，存储空间初始大小为 50MB，最大存储空间为 100MB，文件增长量为 5%。

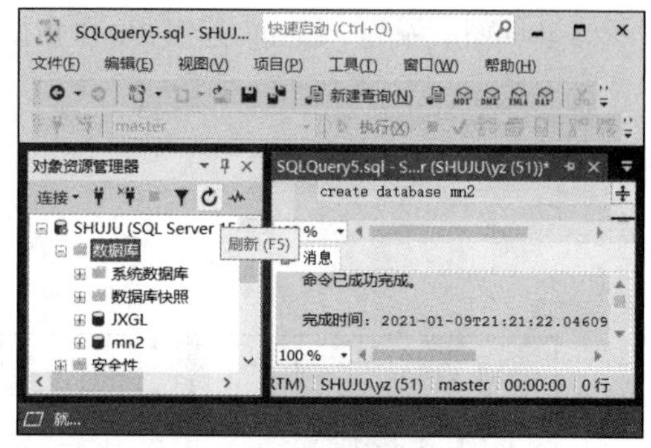

图 4-7　例 4-2 运行结果

```
create database mn3
  on (name=mn3_data,filename='d:\mn\mn3.mdf',
     size=100,maxsize=unlimited,filegrowth=10)
  log on (name='mn3_log',filename='d:\mn\mn3_log.ldf',
     size=50,maxsize=100,filegrowth=5%)
```

【例 4-4】创建一个数据库 mn4，包含一个主文件组和两个次文件组，条件如下。

（1）主数据文件逻辑名为 mn4a_data，物理文件名为'd:\mn\mn4a.mdf'，其他取默认值。

（2）次数据文件 1 逻辑名为 mn4b_data，物理文件名为'd:\mn\mn4b.ndf'，其他取默认值，存放于文件组 group1 中。

（3）事务日志文件 1 逻辑名为 mn4a_log，物理文件名为'd:\mn\mn4a_log.ldf'，存储空间初始大小为 8MB，最大存储空间为 10MB，文件增长量为 5%。

（4）事务日志文件 2 逻辑名为 mn4b_log，物理文件名为'd:\mn\mn4b_log.ldf'，存储空间初始大小为 8MB，最大存储空间为 10MB，文件增长量为 5%。

```
create database mn4
on primary
(name=mn4a_data,filename='d:\mn\mn4a.mdf'),
filegroup group1
(name=mn4b_data,filename='d:\mn\mn4b.ndf')
log on
(name='mn4a_log',filename='d:\mn\mn4a_log.ldf',maxsize=10,filegrowth=5%),
(name='mn4b_log',filename='d:\mn\mn4b_log.ldf',maxsize=10,filegrowth=5%)
```

注意：

（1）关键字 on 引导的是数据文件，而关键字 log on 引导的是事务日志文件；

（2）每个文件的属性信息单独包含在一对括号内，各属性之间用逗号分隔；

（3）同类型的文件之间用逗号分隔。

4.3　数据库的修改

修改数据库的过程实质就是对数据库中的数据文件、日志文件和文件组的增加、删除和修改（相关属性）。修改数据库既可以使用 SSMS，也可以使用 T-SQL 语句。

4.3.1　使用 SSMS 修改数据库

【例 4-5】使用 SSMS 自行查看、修改已经创建的数据库 JXGL。

操作步骤如下。

（1）启动 SSMS，在“对象资源管理器”窗格中展开“SHUJU”（服务器实例）→“JXGL”

（目标数据库）节点，右击“JXGL”节点，在弹出快捷菜单中执行“属性”命令，弹出“数据库属性-JXGL”窗口，如图 4-8 所示。在“常规”界面中，用户可以查看数据库的名称、状态、所有者、创建日期、大小等基本信息。

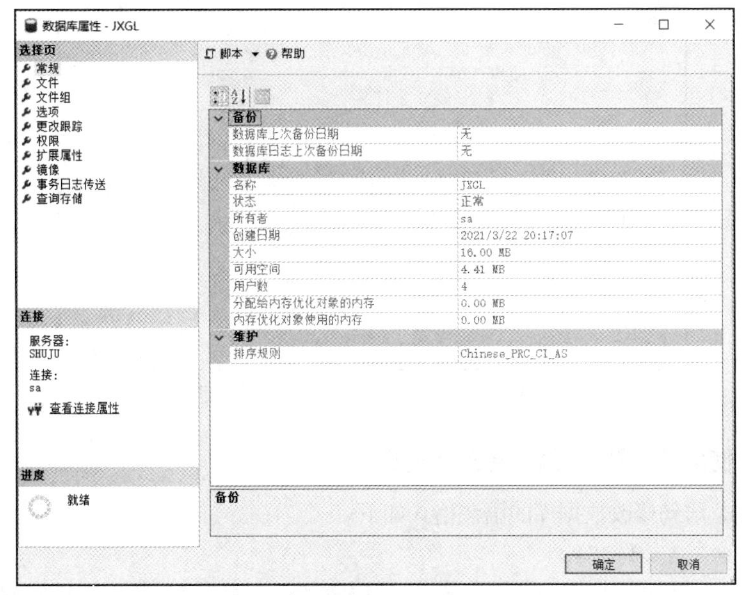

图 4-8　数据库属性的“常规”界面

（2）单击“文件”选项卡，打开图 4-9 所示的“文件”界面，用户可以在此查看、添加、删除文件，以及修改文件属性，但不能修改现有文件的路径及其物理文件名。

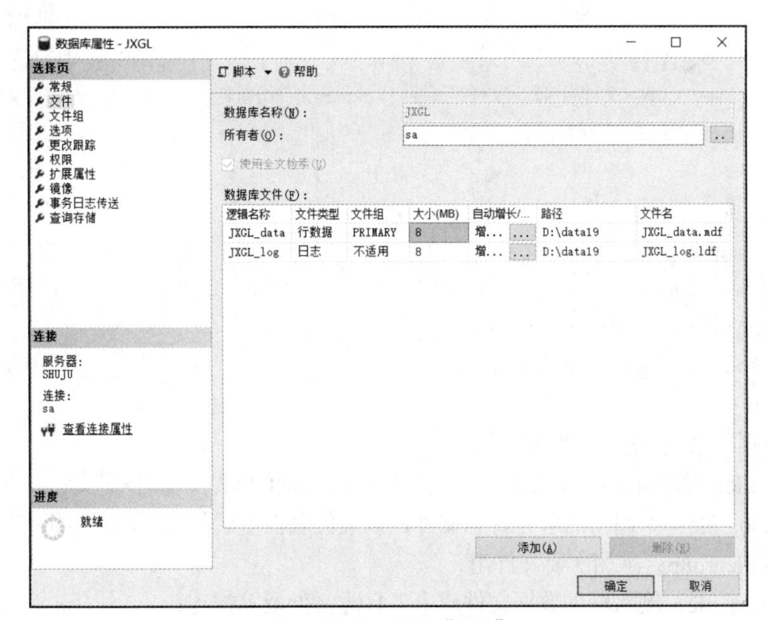

图 4-9　数据库属性的“文件”界面

（3）单击“文件组”选项卡，打开图 4-10 所示的“文件组”界面。用户可以在此查看、添加、删除文件组。

注意：数据库建好后，如果想修改数据库文件的初始大小属性，则只能变大，不能变小。

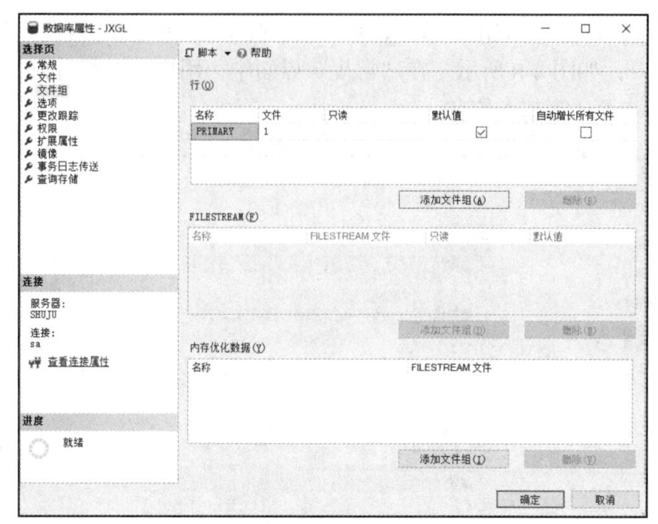

图 4-10 数据库属性的“文件组”界面

4.3.2 使用 T-SQL 语句修改数据库

使用 T-SQL 语句修改数据库的语法格式如下。

```
alter database <数据库名>{
add file <文件说明>[,…n] [to filegroup <文件组名>]                  /*添加数据文件*/
|add log file [<文件说明>[,…n]]                                      /*添加日志文件*/
|add filegroup <文件组名>                                             /*添加辅文件组*/
|remove file <逻辑文件名>                                             /*删除文件*/
|remove filegroup <文件组名>                                          /*删除辅文件组*/
|modify file <文件说明>                                               /*修改文件属性*/
|modify filegroup <文件组名>{<文件组属性>|<name=文件组新名>}}        /*修改文件组*/
|modify name = <数据库新名>                                           /*修改数据库名*/
```

其中：

```
<文件说明>::=
    (name=逻辑文件名
    [,size=初始大小]
    [,maxsize={最大限制|unlimited}]
    [,filegrowth=文件增长量]) [,…n]
```

说明：

（1）<数据库名>：指定数据库名称；

（2）add file：添加辅助数据文件，该文件属性由后面的<文件说明>定义；

（3）add log file：添加新的事务日志文件，该文件属性由后面的<文件说明>定义；

（4）add filegroup：添加次要文件组；

（5）remove file：删除辅助数据文件或事务日志文件及其描述；

（6）remove filegroup：删除辅文件组，删除文件组之前要保证文件组为空；

（7）modify file：修改 name 指定文件的相关属性，包括 size，maxsize，filegrowth；

（8）modify name：修改数据库名称，即重命名数据库；

（9）modify filegroup：修改文件组名称或文件组属性，文件组属性取值及其含义如表 4-1 所示。

表 4-1 文件组属性取值及其含义

名称	功能
Readonly	将文件组设置为只读状态，主文件组不能设置只读
Readwrite	将文件组设置为读写状态，具有排他权限的用户才能设置读写权限
Default	将文件组设置为默认文件组

【例 4-6】将数据库 mn2 的主数据文件最大大小改为 100MB，增长方式改为 2MB。

```
alter database mn2 modify file (name=mn2,maxsize=100,filegrowth=2)
```

【例 4-7】添加一个包含两个数据文件（逻辑名分别为 mn2a_data、mn2b_data）的文件组 group1 和一个日志文件（逻辑名为 mn2a_log）到 mn2 数据库中。

```
alter database mn2 add filegroup group1
go
alter database mn2 add file
(name=mn2a_data,filename='d:\mn\mn2a_data.ndf'),
(name=mn2b_data,filename='d:\mn\mn2b_data.ndf') to filegroup group1
go
alter database mn2 add log file(name=mn2a_log,filename='d:\mn\mn2a_log.ldf')
```

【例 4-8】从 mn2 中删除文件组 group1。

```
alter database mn2 remove file mn2a_data
go
alter database mn2 remove file mn2b_data
go
alter database mn2 remove filegroup group1
```

注意：主文件组和有数据文件的文件组不能被删除。

【例 4-9】从数据库 mn2 中删除逻辑名为 mn2a_log 的日志文件，并将数据库改名 moni2。

```
alter database mn2 remove file mn2a_log
go
alter database mn2 modify name=moni2
```

注意：不能删除主日志文件。

4.4 数据库的删除

当数据库及其中的数据失去利用价值后，可以删除数据库以释放被占用的磁盘空间。删除一个数据库，会删除数据库中的所有数据和该数据库所使用的所有磁盘文件。删除数据库既可以使用 SSMS，也可以使用 T-SQL 语句。

4.4.1 使用 SSMS 删除数据库

使用 SSMS 删除数据库的方法如下：

启动 SSMS，在“对象资源管理器”窗格中，逐级展开控制台根目录，右击要删除的数据库，在打开的“删除对象”窗口中单击“确定”按钮即可，如图 4-11 所示。

注意：按 Delete 键，或执行“操作”→“删除”命令均可删除已选择的数据库。

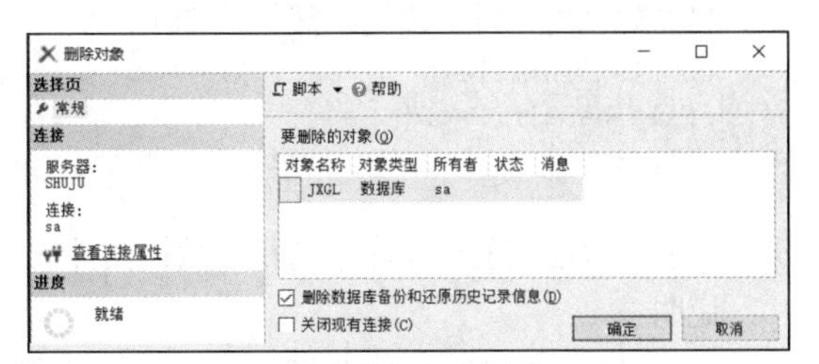

图 4-11 “删除数据库”窗口

4.4.2 使用 T-SQL 语句删除数据库

删除数据库的语法格式如下。

```
drop database <数据库名称>
```

功能：删除指定名称的数据库。

【例 4-10】 删除一个数据库 moni2。

```
drop database moni2
```

4.5 数据库的收缩

收缩数据库是指将分配给数据库多余的存储空间释放出来，以节约磁盘空间。收缩数据库既可以使用 SSMS，也可以使用 T-SQL 语句。使用 T-SQL 语句的命令有以下两种压缩方法。

（1）收缩数据库语句：

```
dbcc shrinkdatabase
```

（2）收缩数据库文件语句：

```
dbcc shrinkfile
```

4.5.1 收缩数据库

收缩数据库的语句语法格式如下。

```
dbcc shrinkdatabase(
     database_name|database_id|0
      [,target_percent]
      [,{notruncate| truncateonly}])
```

功能：收缩指定数据库中的数据文件和日志文件的大小。

说明：

（1）database_name|database_id|0 为必选项，指定数据库的名称、标识 ID 号或当前数据库；

（2）target_percent 为可选项，数据库文件收缩后剩余可用空间的最大百分比；

（3）notruncate 为可选项，文件末尾的可用空间不返回给操作系统，文件大小也不会改变，notruncate 只适用于数据文件，事务日志文件不受影响；

（4）truncateonly 为可选项，将文件末尾的可用空间释放给操作系统，并影响事务日志文件，如果指定 truncateonly，target_percent 将被忽略。

【例 4-11】 压缩数据库 mn3 为原来的 10%。

```
dbcc shrinkdatabase(mn3,10)
```

4.5.2 收缩数据库文件

收缩数据库文件的语句语法格式如下。

```
dbcc shrinkfile(
{file_name|file_id}
{[,target_size]|[,{emptyfile|notruncate|truncateonly}]}
)
```

功能：收缩当前数据库中的指定数据文件或日志文件的大小。

说明：

（1）file_name|file_id 为必选项，指定要收缩的文件逻辑名或标识 ID 号；

（2）target_size 为可选项，数据库文件收缩后的目标空间大小，以 MB 为单位，未指定时，系统收缩文件至默认大小；

（3）emptyfile 为可选项，清空文件，并将数据转移到同文件组下的其他文件中；

（4）notruncate |truncateonly 为可选项，用法与 dbcc shrinkdatabase 中的含义一致。

【例 4-12】压缩数据库 mn4 中的数据库文件 mn4a_data 的大小到 5MB。

```
use mn4
go
dbcc shrinkfile (mn4a_data,5)
```

4.6 数据库的分离与附加

分离和附加是实现数据库转移的常见方法。数据库文件既可以在服务器停止的状态下像普通文件一样实现转移，也可以在服务器启动的状态下实现转移。分离和附加就是在不停止服务器的基础上，将数据库从一台计算机移到另一台计算机，从而实现在另一台计算机上使用和管理该数据库。

4.6.1 分离

分离是使数据库与当前 SQL Server 服务器脱离关系。分离与删除数据库的区别在于，数据库分离后，数据库文件（.mdf、.ndf 和.ldf 文件）仍然存储在当前服务器所在的计算机硬盘上，只不过用户无法在当前服务器上使用该数据库。数据库只有脱离了 SQL Server 服务器，才能被自由地复制和转移到其他计算机上。使用 SSMS 分离数据库的基本步骤如下。

（1）启动 SSMS，在“对象资源管理器”窗格中，逐级展开“控制台目录”节点，直到出现要分离的数据库，如数据库“JXGL”，右击该数据库，在弹出快捷菜单中执行“所有任务”→“分离数据库”命令，打开“分离数据库”窗口，如图 4-12 所示。

（2）单击“确定”按钮，返回 SSMS，数据库 JXGL 已经消失，完成数据库的分离操作。

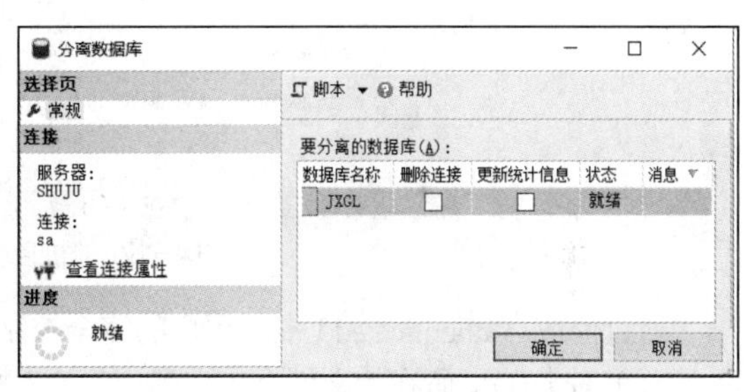

图 4-12 “分离数据库”窗口

4.6.2 附加

附加是将数据库与当前 SQL Server 服务器建立关联。数据库只有附加到 SQL Server 服务器上，才能被用户进一步操作。

使用 SSMS 附加数据库的基本步骤如下。

（1）启动 SSMS，在“对象资源管理器”窗格中，逐级展开 SQL Server→“数据库”节点，右击“数据库”节点，弹出快捷菜单，如图 4-13 所示，执行“附加”命令后，打开“附加数据库”窗口，如图 4-14 所示。

（2）单击“添加”按钮，弹出“定位数据库文件”窗口，如图 4-15 所示。搜索要附加数据库的.mdf 文件，选择正确的.mdf 文件（如 JXGL_data.mdf）后，数据库中所有文件自动进入“附加数据库”窗口中，如图 4-16 所示。

（3）单击“确定”按钮，返回 SSMS，完成数据库 JXGL 的附加操作。

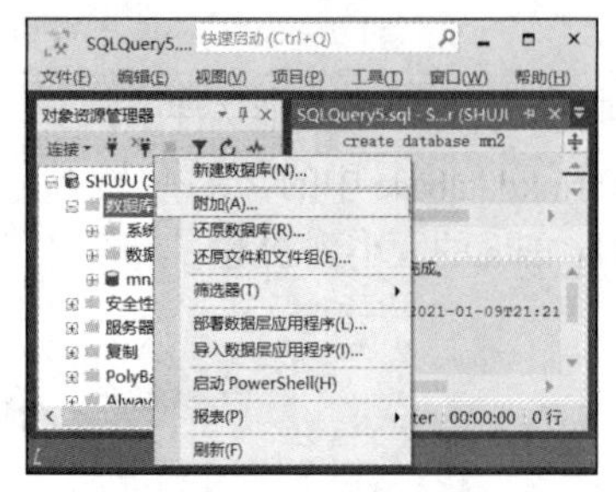

图 4-13　快捷菜单

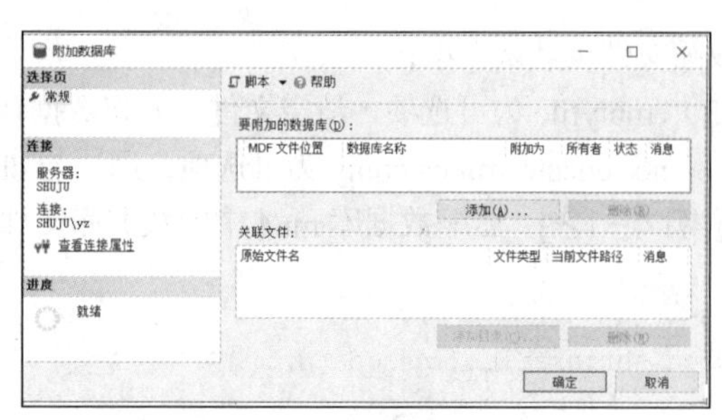

图 4-14　“附加数据库”窗口

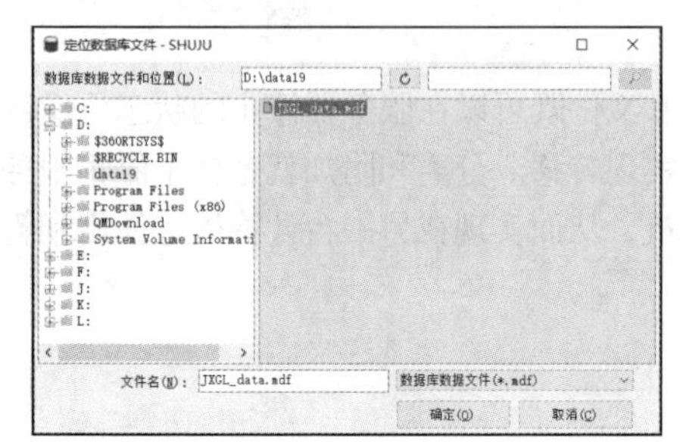

图 4-15　“定位数据库文件”窗口

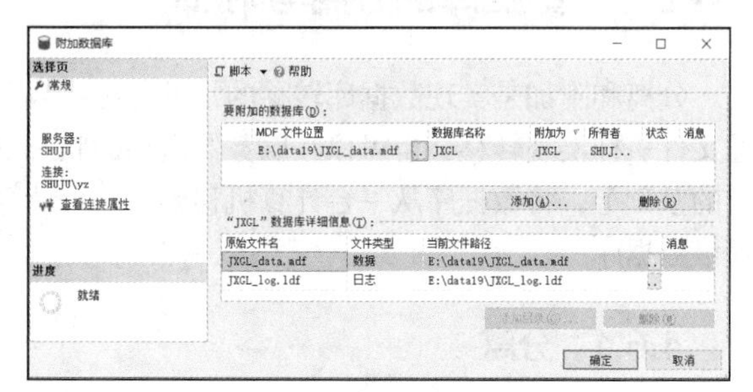

图 4-16　“附加数据库”窗口

注意：在附加数据库时，如果出现图 4-17 所示的附加数据库出错提示，其主要原因是当前登录账户无权进行数据库附加操作。可以通过修改登录账户的完全控制权限，或者修改启动服务的服务账户类型（Local system、Network service、Local Service）来解决问题。

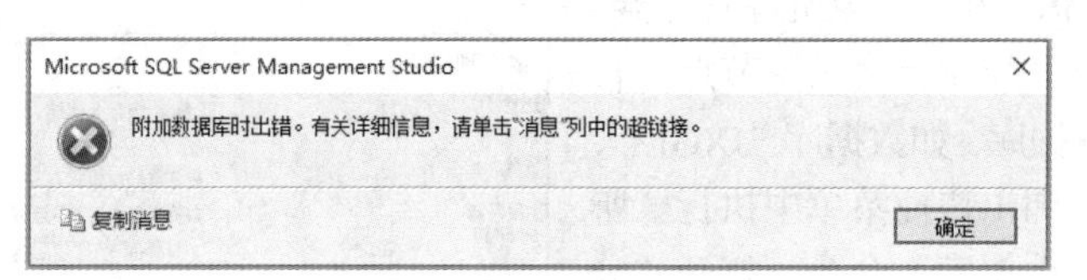

图 4-17　附加数据库出错提示

通过修改 Authenticated Users 用户的完全控制权限来解决问题，其操作步骤如下。

（1）右击.mdf 所在的文件夹，在弹出快捷菜单中执行“属性”命令，打开属性对话框，单击“安全”选项卡，如图 4-18 所示。

（2）在“组或用户名”列表框中选择“Authenticated Users”用户组，单击“编辑”按钮，打开权限对话框，如图 4-19 所示，勾选“完全控制”的“允许”复选框。

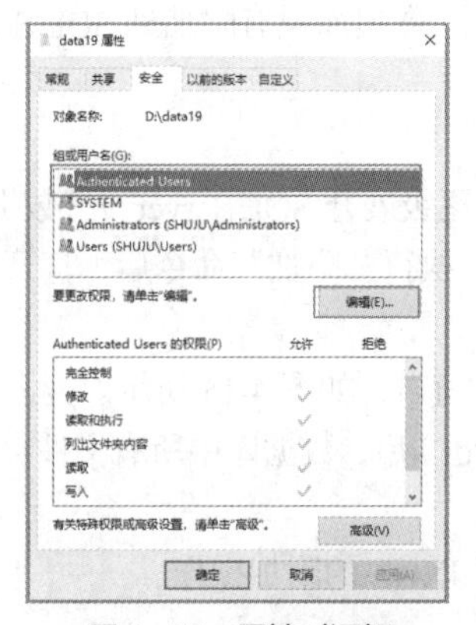

图 4-18　属性对话框

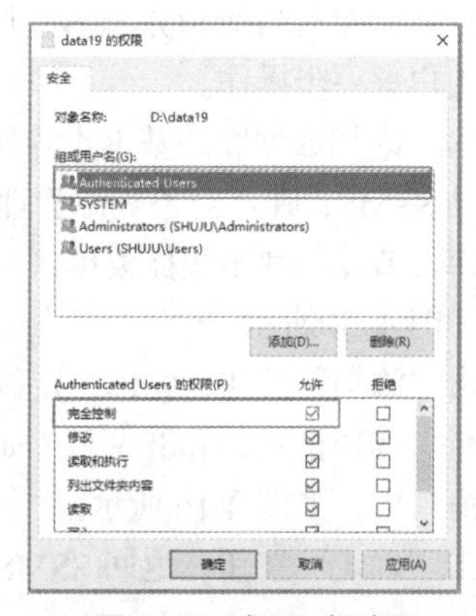

图 4-19　权限对话框

通过修改当前内置系统账户的服务类型来解决问题，其操作步骤如下。

（1）启动 SSCM，在左侧单击“SQL Server”服务，在右侧右击“SQL Server (MSSQLSERVER)”，在弹出快捷菜单中执行“属性”命令，如图 4-20 所示。

（2）在打开的属性对话框的“登录”选项卡中，将“内置账户”选项设置为“Local System”，单击“重新启动”按钮，重启 SQL Server 服务，如图 4-21 所示。

图 4-20　快捷菜单

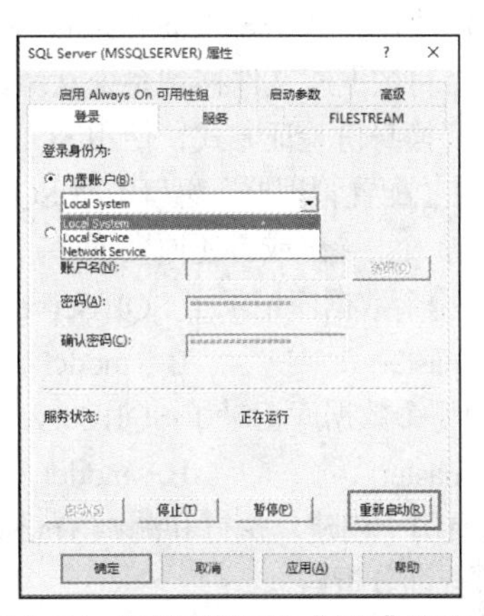

图 4-21　属性对话框的“登录”选项卡

本章小结

本章主要介绍数据库的创建和管理，数据库的创建和管理是用户使用 SQL Server 系统的最基本操作。创建和管理数据库既可以通过 SSMS 执行，也可以通过 T-SQL 语句执行，使用 T-SQL 语句修改数据库较通过 SSMS 要复杂一些。

习题四

一、选择题

1. 语句 dbcc shrinkdatabase (sample, 25)中的 25 表示的意思是（　　）。

   A. 25MB　　B. 剩余占整个空间的 25%
   C. 已用空间占整个空间的 25%　　D. 以上都不对

2. SQL Server 系统数据库系统运行基于（　　）结构。

   A. 单用户　　B. 主从式　　C. 客户机/服务器　　D. 浏览器

3. 以下对 SQL Server 的描述不正确的是（　　）。

   A. 支持 XML　　B. 支持用户自定义函数
   C. 支持邮件集成　　D. 支持网状数据模型

4. SQL Server 系统采用的身份验证模式有（　　）。

   A. 仅 Windows 身份验证模式　　B. 仅 SQL Server 身份验证模式
   C. 仅混合模式　　D. Windows 身份验证模式和混合模式

5. SQL Server 数据库系统存放用户数据库公共信息的是（　　）。

   A. master　　B. model　　C. msdb　　D. tempdb

6. 要想使 SQL Server 数据库管理系统开始工作，必须先启动（　　）。

A. SQL Server 服务器　　B. SSMS

C. 网络实用工具　　D. 数据导入和导出程序

7. 在 Windows 10 系统中，附加数据库往往会出现拒绝访问的现象，一般解决方法不包括（　　）。

A. 修改用户 AuthenticatedUsers 在.mdf 文件所在的磁盘（非文件夹）的完全控制权限或者将数据库文件移到系统默认目录下

B. 切换身份验证方式，使用 SQL Server 身份验证模式

C. 在“配置管理器”窗口中将 SQL Server 服务属性中的“内置账户”改为 Local System

D. 导入、导出或者还原数据库

8. 下列哪个数据库记录了 SQL Server 在创建数据库时可以使用的模板？（　　）

A. master　　B. model　　C. pubs　　D. msdb

9. 下列哪个数据库记录了 SQL Server 的所有系统信息？（　　）

A. master　　B. model　　C. pubs　　D. msdb

10. 主要用于创建、执行和测试 Transact-SQL 语句的管理工具是（　　）。

A. 查询分析器　　B. 服务管理器

C. SSMS　　D. 客户端网络实用工具

11. 以下哪个工具主要用来启动、停止、暂停 SQL Server 的各种服务？（　　）

A. 查询分析器　　B. 服务管理器

C. SSMS　　D. 客户端网络实用工具

12. SQL Server 系统中能从事所有 SQL Server 数据库操作的重要工具是（　　）。

A. 查询分析器　　B. 服务管理器

C. SSMS　　D. 客户端网络实用工具

13. 下面关于 tempdb 数据库描述不正确的是（　　）。

A. 是一个临时数据库　　B. 属于全局资源

C. 没有权限限制　　D. 是用户建立新数据库的模板

14. SQL Server 为数据库管理人员和开发人员提供的图形化和集成开发环境是（　　）。

A. SQL Server 配置管理器　　B. SSMS 组件

C. SQL Server profiler 组件　　D. SQL Server 安装中心

15. 在 SQL Server 数据库文件中，（　　）不能放在任何文件组中。

A. 主数据文件　　B. 次数据文件　　C. 操作系统文件　　D. 事务日志文件

16. 在 SQL Server 数据中，每个数据库至少含有（　　）个数据库文件。

A. 1　　B. 2　　C. 3　　D. 4

17. 在 SQL Server 数据库管理系统中，每个数据库含有（　　）文件组。

A. 1 个　　B. 1 到多个　　C. 0 到多个　　D. 2 个

18. 在数据库设计过程中，扩展名为.mdf 的文件默认是（　　）。

A. 主数据文件　　B. 辅数据文件　　C. 事务日志文件　　D. 文件组文件

19. 关于数据库文件组，下列说法不正确的是（　　）。

A. 数据库至少有一个文件组，数据库创建时，主文件组是默认文件组

B. 文件或文件组只能由一个数据库使用，不能属于不同的数据库

C. 一个文件只能属于一个文件组，不能属于不同的文件组

D. 事务日志文件必须存放在主文件组中

20. 在 SQL Server 中创建数据库，必须指明（　　）。
　A. 存储路径　　B. 文件逻辑名　　C. 文件物理名　　D. 数据库名
21. 删除数据库的命令是（　　）。
　A. delete database　　B. create database　　C. drop database　　D. alter database
22. 在 SQL Server 系统中，使用 T-SQL 语句修改数据库的说法正确的是（　　）。
　A. 数据库名可以直接修改　　B. 一次可以修改数据文件的多个属性
　C. 不能修改文件组属性　　D. 修改数据库时，必须与服务器断开连接
23. 以下有关删除文件组说法中不正确的是（　　）。
　A. 可以通过 SSMS 删除，也可以通过查询分析器输入 T-SQL 语句删除
　B. 删除文件组之前，必须先删除其中包含的数据文件
　C. 文件组类似于文件夹，因此可要可不要，删除后不影响数据库的使用
　D. 只能删除辅助文件组，不能删除主文件组
24. 下列哪一项不是事务日志文件所具有的功能（　　）。
　A. 帮助用户进行计算和统计　　B. 记载用户针对数据库进行的操作
　C. 维护数据的完整性　　D. 帮助用户恢复数据库
25. SQL Server 数据库的物理存储文件主要包括 3 类文件，分别是（　　）。
　A. 主数据文件、次数据文件、事务日志文件
　B. 主数据文件、次数据文件、文本文件
　C. 表文件、索引文件、存储过程
　D. 表文件、索引文件、图表文件
26. 当数据库损坏时，数据库管理员可通过（　　）恢复数据库。
　A. 事务日志文件　　B. 主数据文件　　C. 辅数据文件　　D. 联机帮助文件
27. 安装 SQL Server 后，数据库服务器自动建立系统数据库，其中不包括（　　）。
　A. master　　B. pubs　　C. model　　D. msdb
28. 使用 T-SQL 语句修改数据库属性时，必须指明数据文件的（　　）属性。
　A. name　　B. filename　　C. filegroup　　D. size

二、填空题

1. SQL Server 默认的系统管理员用户名是（　　）。
2. SQL Server 系统数据库应用的处理过程分布在（　　）和服务器上。
3. 在 SQL Server 系统中，数据库中实际存放数据的数据库对象是（　　）。
4. 数据库管理系统是一种系统软件，它是数据库系统的（　　）。
5. SQL Server 系统利用（　　）工具实现 SQL Server 数据库与其他格式数据的相互转换。
6. SQL Server 与 Windows 操作系统完全集成，可以使用操作系统的用户和域账户作为数据库的（　　）。
7. 默认情况下，SSMS 中 SQL Server 系统服务器的名字显示为（　　）。
8. 安装 SQL Server 时需要以本地（　　）身份登录操作系统。
9. 从用户的观点看，组成数据库的（　　）成分称为数据库对象。
10. 在网络多用户环境下，在停止 SQL Server 系统服务之前，最好先执行（　　）操作。
11. 在网络访问工作模式 C/S 结构中，SQL Server 数据库引擎扮演（　　）端角色。
12. （　　）是 SQL Server 系统管理构架最主要的部分，绝大多数的管理任务都可以在这里完成。

13. （　　）是交互式图形工具，它使数据库管理员或开发人员能够编写查询语句、同时执行多个查询查看结果、分析查询语句，以及获得提高查询性能的帮助。

14. 保存当前的查询命令或查询定义，系统默认的文件后缀为（　　）。

15.（　　）系统数据库主要用来进行复制、作业调度和管理报警等活动。

16. 在 SQL Server 数据库管理系统中，数据库分为系统数据库和（　　）。

17. 在 SQL Server 数据库管理系统中，事务日志文件的扩展名默认为（　　）。

18. 用语句 create database mn 创建数据库时，自动创建的数据库文件逻辑名是（　　）。

19. 文件组包括主文件组和辅文件组，主文件组用于存储主数据文件和未指定文件组的（　　）文件。

20. 可以通过“服务器属性”窗口的（　　）选项修改新建数据库的默认目录。

21. 如要将数据库从一台计算机移到另一台计算机上，必须通过分离和（　　）操作。

22. 处于运行状态的数据库不允许对其数据文件和日志文件进行复制、粘贴等操作，但经过（　　）后可以进行上述操作。

23. 数据库引擎的 4 个组件为协议、关系引擎、存储引擎和（　　）。

24. 数据库建立初始时，（　　）是默认文件组，但用户可以将自定义文件组指定为默认文件组。

25. 在 SQL Server 2019 以上版本中创建用户数据库时，数据库文件默认大小是（　　）。

三、实践题

1. 在 D 盘的 stu 目录下建一个名为 LX 的数据库，要求如下。

（1）主数据文件的逻辑名为 lx_data，物理名为 lx_data.mdf，初始大小为 5MB，最大大小为 10MB，增长方式为 1MB。

（2）次数据文件的逻辑名为 sx_data，物理名为 sx_data.ndf，存放在文件组 dx 中。

（3）事务日志文件的逻辑名为 lx_log，物理名为 lx_log.ldf，初始大小为 2MB，最大大小为不限制，增长方式为 5%。

2. 修改上一题建立的数据库 LX，要求如下。

（1）为其增加一个文件组 dy，其中包含两个数据文件，逻辑名分别为 dya 和 dyb，物理名对应 dya.ndf 和 dyb.ndf，其他属性为默认值。

（2）为其增加两个事务日志文件，逻辑名分别为 dya_log 和 dyb_log，物理文件名分别为 dya_log.ldf 和 dyb_log.ldf，初始大小均为 8MB，最大大小均为 unlimited，增长方式均为 8MB。

3. 修改上一题建立的数据库，要求如下。

（1）删除逻辑名为 dya 的数据文件。

（2）删除逻辑名 dyb_log 的日志文件。

（3）删除文件组 dx。

4. 利用 T-SQL 语句在 D 盘的 stud 目录下创建一个数据库 library，要求如下。

（1）主文件逻辑名为 lib_data，物理名为 lib_data.mdf，其他属性取默认值。

（2）次文件 1 逻辑名为 liba_data，物理名为 liba_data.ndf，其他属性取默认值。

（3）次文件 2 逻辑名为 libb_data，物理名为 libb_data.ndf，存放在文件组 group1 中。

（4）次文件 3 逻辑名为 libc_data，物理名为 libc_data.ndf，存放在文件组 group2 中。

（5）次文件 4 逻辑名为 libd_data，物理名为 libd_data.ndf，存放在文件组 group3 中。

（6）日志文件 1 逻辑名为 liba_log，物理名为 liba_log.ldf，其他属性取默认值。

（7）日志文件 2 逻辑名为 libb_log，物理名为 libb_log.ldf，其他属性取默认值。

第5章
表的创建与管理

本章导读

在 SQL Server 系统环境中，数据表是数据库中具体组织和存储数据的基本对象。数据表由表结构和表身数据组成，表结构由列名及数据类型构成，表身是用户录入的用户数据，用户录入数据的有效性会受到表（列）上定义的完整性约束限制。

5.1 数据表概述

数据表是关系模式在关系数据库中的实例化，数据表的建立包括表结构定义、完整性约束设置和数据输入等过程。其中，表结构定义和完整性约束设置既可以同时进行，也可以分步骤进行，先进行表结构定义，后进行完整性约束设置。

5.1.1 表类型

在 SQL Server 系统中，数据表分为系统表和用户表。

1. 系统表

系统表是系统内置的数据表，主要用来存储数据字典，其中记录了服务器所有活动信息，一般以 sys 开头。任何用户都不应直接修改系统表，也不允许直接访问表中的信息，如要访问其中的内容，最好通过系统存储过程或系统函数。

2. 用户表

用户表是由用户自行建立的数据表，用于存储用户数据。用户表分为永久表和临时表。其中，永久表通常存储在用户数据库中，除非删除永久表，否则永久表及其数据将永久存在。临时表存储在 tempdb 数据库中，当不再使用时，会被系统自动删除。临时表又分为本地临时表和全局临时表。本地临时表名以#开头，仅对当前数据库用户有效，一旦断开连接，就自动删除。全局临时表名以##开头，对所有数据库用户有效，所有用户断开连接后才会自动删除。

5.1.2 数据类型

数据类型用来表示数据的归属类别，它决定了数据的存储格式、存储长度、取值范围（含数据精度和小数位数），以及可参与的运算法则。在 SQL Server 系统中，数据类型分为系统数据类型和用户自定义数据类型。

1. 系统数据类型

系统数据类型是由系统预先定义好的数据类型，包括字符数据类型、数值数据类型、二进制数据类型、货币数据类型和日期/时间数据类型等。字符数据类型又分为非 unicode 字符数据类型和 unicode 字符数据类型，数值数据类型则又分为整型数据类型、浮点数据类型和精确小数数据类型。

（1）非 unicode 字符数据类型。

非 unicode 指基于 ASCII 编码和汉字编码的字符集编码，同一种二进制代码在不同字符集指令系统中的解码结果不一样（这也是产生乱码的原因）。非 unicode 字符数据类型包括 char(n)、varchar(n|max)和 text 数据类型，如表 5-1 所示。char(n)数据类型实际输入字符串长度若小于定义长度，则填入空格字符，其长度不变。

表 5-1 字符数据类型

数据类型	长度	取值范围
char(n)	存储空间长度不变，n 字节，n=1～8000	字符数据
varchar(n|max)	存储空间长度可变，(n +2)字节，n=1～8000	字符数据
text	存储空间长度可变，最大 2147483647 字节	字符数据

注意：在 SQL Server 的未来版本中，将删除 text 数据类型，建议改用 varchar(max)替换 text

数据类型。

（2）unicode 字符数据类型。

unicode 是一种跨语言、跨平台的文本转换与处理要求的字符编码，其为每个字符设定了统一并且唯一的二进制编码，从而保证各国语言及其字符集的正确解码。unicode 字符数据类型包括 nchar(n)、nvarchar(n|max)和 ntext 类型，如表 5-2 所示。nchar 数据类型实际输入字符串长度小于定义长度时，以 0x00 填入。

表 5-2　unicode 字符数据类型

数据类型	长度	取值范围
nchar(n)	存储空间长度不变，2n 字节，n=1～4000	unicode 字符数据
nvarchar(n|max)	存储空间长度可变，2n 字节+4 字节，n=1～4000	unicode 字符数据
ntext	可变长度 unicode 数据，最大 107341823 个字节	unicode 字符数据

注意：在 SQL Server 的未来版本中，将删除 ntext 数据类型，建议改用 nvarchar(max)数据类型替代 ntext 数据类型。

（3）整型数据类型。

整型数据类型是指不含小数的数值数据，包括 bit、tinyint、smallint、int、bigint 类型，它们之间的区别主要在于存储的数值范围不同，如表 5-3 所示。

表 5-3　整型数据类型

数据类型	长度	取值范围
bit	1bit	1（'True'）、0（'False'）和 NULL
tinyint	1 字节	0～255
smallint	2 字节	-32768～32767（-2^{15}～$2^{15}-1$）
int	4 字节	-2147483648～2147483647（-2^{31}～$2^{31}-1$）
bigint	8 字节	-9223372036854775808～9223372036854775807（-2^{63}～$2^{63}-1$）

（4）浮点数据类型。

浮点数据类型是一种近似小数的数值数据，通常采用科学计数法近似存储十进制小数，包括 float 和 real 类型，如表 5-4 所示。

表 5-4　浮点数据类型

数据类型	长度	取值范围
float	8 字节	-1.79E+308～1.79E+308
real	4 字节	-3.40E+38～3.40E+38

（5）精确小数数据类型。

精确小数数据类型是指包含小数的位数确定的数值数据，包括 decimal(p,s)和 numeric(p,s)类型，如表 5-5 所示。

表 5-5　精确小数数据类型

数据类型	长度	取值范围
decimal(p,s)	精度 1～9 位时，占 5 字节 精度 10～19 位时，占 9 字节 精度 20～28 位时，占 13 字节 精度 29～38 位时，占 17 字节	$-2^{38}+1$～$2^{38}-1$ p（精度）表示小数点两边的总位数 s（刻度）表示小数点右边的位数 1≤p≤38，0≤s≤p
numeric(p,s)	同 decimal	$-2^{38}+1$～$2^{38}-1$

（6）二进制数据类型。

二进制数据类型是指用 16 进制（0x 开头）表示的数据，包括 binary(n)、varbinary(n|max) 和 image 类型，如表 5-6 所示。

表 5-6　二进制数据类型

数据类型	长度	取值范围
binary(n)	长度不变，n=1～8000，存储大小为 n 个字节	二进制数据
varbinary(n|max)	长度可变，n=1～8000，存储大小为实际长度+2 个字节	二进制数据
image	长度可变，最多 2147483647 字节	二进制数据

注意：在 SQL Server 的未来版本中，将删除 image 数据类型，建议改用 varbinary (max)数据类型替代 image 数据类型。

（7）货币数据类型。

货币数据类型是用于表示货币和现金值的数值数据，精确到小数点后 4 位。货币数据类型包括 money 和 smallmoney 类型，如表 5-7 所示。

表 5-7　货币数据类型

数据类型	长度	取值范围
money	8 字节	−922337203685477.5808～922337203685477.5807
smallmoney	4 字节	−214748.3648～214748.3647

（8）日期/时间数据类型。

日期/时间数据类型是指表示日期和时间的数据类型。日期和时间数据类型包括 date、time(n)、datetime2(n)、datetimeoffset2(n)、datetime 和 smalldatetime 类型，其中 n 表示小数位数，取值 0～7，如表 5-8 所示。

表 5-8　日期/时间数据类型

数据类型	长度	取值范围
date	3 字节（日期）	0001-1-1～9999-12-31
time(n)	3～5 字节（精确到 100ns）	00:00:00.0000000～23:59:59.9999999
datetime2(n)	6～8 字节（精确到 100ns）	1-1-1 00:00:00.0000000～9999-12-31 23:59:59.9999999
datetimeoffset2(n)	8～10 字节（精确到 100ns）	1-1-1 00:00:00.0000000～9999-12-31 23:59:59.9999999
datetime	8 字节（精确到 3.33ms）	1753-1-1 00:00:00～9999-12-31 23:59:59
smalldatetime	4 字节（精确到分钟）	1900-1-1 00:00:00～2079-6-6 23:59:59

（9）其他数据类型。

其他数据类型用于表示一些特殊的数据，包括 cursor、sql_variant、table、timestamp 和 uniqueidentifier 类型，如表 5-9 所示。

表 5-9　其他数据类型

数据类型	长度	取值范围
cursor	长度不变，最多 8000 个字节	保存查询结果集
sql_variant	长度可变，最多 8000 个字符	存储非 text、ntext、image、timestamp 数据
table	长度可变，最多 107341823 个字符	存储对表和视图处理后的结果集
timestamp	8 字节	时间戳数据类型，产生的唯一数据类型
uniqueidentifier	16 字节	存储计算机网络和 cpu 全球唯一标识的数据类型

2. 用户自定义数据类型

用户自定义数据类型是用户对系统数据类型的别名定义，用户自定义数据类型的创建可以使用 SSMS，也可以使用 T-SQL 语句。使用 T-SQL 语句创建用户自定义数据类型的语法格式如下。

```
create type 自定义数据类型名 from <系统数据类型> [not null|null]
```

功能：创建用户自定义数据类型。

说明：

（1）from <系统数据类型>为必选项，指定数据类型的来源；

（2）[not null|null]为可选项，指定数据类型是否允许为空。

【例 5-1】使用 T-SQL 语句创建用户自定义数据类型 zipcode，数据类型源于 char(6)，且不允许空值。

```
use jxgl
go
create type zipcode from char(6) not null
```

运行结果如图 5-1 所示。

注意：在“对象资源管理器”窗格中逐级展开 SQL Server 15.0→JXGL→“可编程性”→“类型”→“用户定义数据类型”节点，可以查看用户自定义数据类型 zipcode。

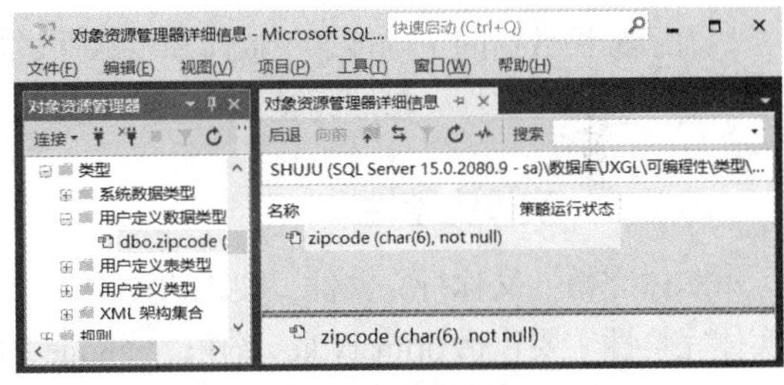

图 5-1　运行结果

5.1.3　用户表结构

数据库 JXGL 中存在如下几个用户表，各表的逻辑结构分别定义如表 5-10～表 5-15 所示。

表 5-10　班级信息表（班级）

字段名	数据类型	备注
班级号	char(6)	主键
班级名称	varchar(20)	唯一约束
班级人数	tinyint	
学制	char(1)	默认值为 4
招生性质	char(4)	

表 5-11　选修信息表（选修）

字段名	数据类型	备注
成绩编码	int	标识规范
学号	char(8)	非空，外键
课程号	char(2)	非空，外键
成绩	numeric(5,2)	100≥成绩≥0
备注	varchar(MAX)	

表 5-12　学生信息表（学生）

字段名	数据类型	备注
学号	char(8)	非空，主键
姓名	char(6)	非空
性别	char(2)	默认值男
出生日期	datetime	
总分	int	
籍贯	char(4)	默认值安徽
备注	varchar(MAX)	
班级号	Char(6)	外键

表 5-13　教师信息表（教师）

字段名	数据类型	备注
工号	char(6)	非空，主键
姓名	char(6)	非空
性别	char(2)	默认值男
出生日期	datetime	
工作日期	datetime	
职称	char(6)	
基本工资	int	
婚否	bit	默认值 0

表5-14　课程信息表（课程）

字段名	数据类型	备注
课程号	char(2)	主键
课程名称	varchar(20)	唯一约束
课程类型	char(4)	
学时	smallint	学时≥0
学分	tinyint	学分≥0
备注	varchar(MAX)	

表5-15　授课信息表（授课）

字段名	数据类型	备注
工号	char(6)	非空，外键
课程号	char(2)	非空，外键
班级号	char(6)	非空，外键
课酬	int	12000≥课酬≥0
学期	char(1)	
评价	varchar(MAX)	

注意：本书程序除特别说明，均以具体内容作为基表结构，表中数据见第6章。

5.2 完整性约束

为了维护数据的正确性、一致性和可靠性，防止合法用户输入不合语义的数据，SQL Server系统通过实体完整性、参照完整性和用户自定义完整性来实现数据的完整性约束。

5.2.1 实体完整性

实体完整性又称行完整性，要求表中有一个键，其值不能取空值且能唯一地标识每一行。实体完整性主要包括primary key约束、unique约束、列identity属性等。

1. primary key约束

primary key约束称为主键约束，用来限制列中不能输入重复值，组成primary key约束的各列值都不能为空值（Null）。一个表中只允许定义一个主键约束，且image和text类型的字段不能指定为主关键字，主键约束自动建立主键聚集索引。主键约束的语法格式如下。

```
[constraint <约束名>] primary key [clustered|nonclustered][(<列名>[,…16])]
```

说明：

（1）constraint <约束名>为可选项，省略时由系统自动生成一个约束名；

（2）primary key为必选项，指定约束类型为primary key；

（3）clustered|nonclustered为可选项，指定索引结构类别，默认值为clustered；

（4）(<列名>[,…16])指定附加primary key约束的列名，最多16列，列名定义同时附加约束时省略。

2. unique约束

unique约束称为唯一键约束，用来限制非主键约束列中不能输入重复值，组成unique约束的各列值可以为空。一个表允许定义多个唯一键约束，唯一键约束自动建立唯一键非聚集索引，因为unique 约束优先唯一索引。唯一键约束的语法格式如下。

```
[constraint <约束名>] unique [nonclustered|clustered][(<列名>[,…16])]
```

说明：

（1）constraint <约束名>为可选项，省略时由系统自动生成一个约束名；

（2）unique为必选项，指定约束类型为unique；

（3）clustered|nonclustered为可选项，指定索引结构类别，默认值为clustered；

（4）(<列名>[,…16])指定附加unique约束的列名，最多16列，列名定义同时附加约束时省略。

3. 列 identity 属性

identity 称为标识列，用来自动生成能唯一标识每行记录的序列值，每张表只允许定义一个标识列，且列数据类型可选为整型（非 bit）或精确小数数据类型。标识列值由系统赋值，不允许人为输入或修改值，也不允许定义默认值或空值。标识列的语法格式如下。

```
<列名>identity [(初始值,增量值)]
```

说明：

（1）<列名>为必选项，指定附加 identity 约束的列名；

（2）identity 为必选项，指定约束类型为 identity；

（3）(初始值,增量值)为可选项，指定列值的初始值和增量值，省略时均为 1。

5.2.2 参照完整性

参照完整性又称引用完整性，用于保证两个相关表的数据一致性，主要通过定义主表（被参照表）primary key 或 unique 约束和从表（参照表）foreign key 约束来实现。

foreign key 约束称为外键约束，用来根据主表主键的数据集合来限制从表外键的数据相容性，作为从表外键的值要么是空值，要么是主表主键存在的值。外键约束的语法格式如下。

```
[constraint <约束名>] foreign key[(<列名>[,…16])] references <主表名>(<列名>[,…16])
```

说明：

（1）constraint <约束名>为可选项，省略时由系统自动生成一个约束名；

（2）foreign key[(<列名>[,···16])]为必选项，指定约束类型为 foreign key，列名可选，省略时外键（被引用）列名与主键（引用）列名同名；

（3）references <主表名>(<列名>[,…16])为必选项，指定主键表（引用表）及引用列名。

注意：从表外键的列数和主表主键的列数必须相同，对应列的数据类型也必须相同，但是外键（被引用）列名与主键（引用）列名不必相同。

5.2.3 用户自定义完整性

在 SQL Server 系统中，用户自定义的完整性一般是指域完整性（列完整性），用于保证列数据输入的有效性和合理性，用于定义单列上的值域约束，主要包括 default 约束、check 约束、not null 约束等。

1. default 约束

defaultt 约束称为默认值约束，当输入数据时，若没有为某列提供值，则将所定义的默认值提供给该列。默认值可以是常量，也可以是表达式，如用 getdate()函数返回系统日期。默认约束的语法格式如下。

```
[constraint <约束名>] default <默认值> [for <列名>]
```

说明：

（1）constraint <约束名>为可选项，省略时由系统自动生成一个约束名；

（2）default <默认值>为必选项，指定约束类型为 default 及默认时的自动赋值；

（3）for <列名>指定附加 default 约束的列名，列名定义同时附加约束时省略。

2. check 约束

check 约束称为检查约束，通过限制列的取值范围来强制域的完整性，这与外键约束中的数据相容性规则相似，不过外键约束是依据主表主键的数据集合，而检查约束则是利用逻辑表达式来限制列上可接受的数据范围，而非基于其他表的数据集合。不能在 text、ntext、image 列上定义 check 约束。检查约束的语法格式如下。

```
[constraint <约束名>] check(<列名条件表达式>)
```

说明：

（1）constraint <约束名>为可选项，省略时由系统自动生成一个约束名；

（2）check(<列名条件表达式>)为必选项，指定约束类型为 check 及其条件表达式。

3. not null 约束

not null 约束称为非空值约束，用来限制字段不接受 NULL 值，即当对表进行插入（Insert）操作时，必须给出确定的值。空值是指未填写、未知、不可用或将在以后添加的数据，并不等价于空白（空字符串）或数值 0。列默认属性为空（NULL）。非空值约束的语法格式如下。

```
<列名> not null
```

功能：在指定列上附加非空值约束。

5.3 数据表的创建

数据表的创建实质上是确定表名、列名及列属性，如数据类型、数据长度、是否允许为空等。数据表的创建有两种方法：使用 SSMS 创建和使用 T-SQL 语句创建。

5.3.1 使用 SSMS 创建数据表

【例 5-2】用 SSMS 创建表“班级”，并设置班级号为主键，设置学制默认值为 4。

操作步骤如下。

（1）启动 SSMS，在“对象资源管理器”窗格中选择并展开（包容表）数据库（JXGL）节点，右击其“表”节点，在弹出的快捷菜单中执行“新建”→“表”命令，如图 5-2 所示。

（2）弹出“表设计器”窗口，在“表设计器”窗口中设置各列的属性，包括列名、数据类型（长度、精度、小数位数）、是否允许空、默认值等，如图 5-3 所示。

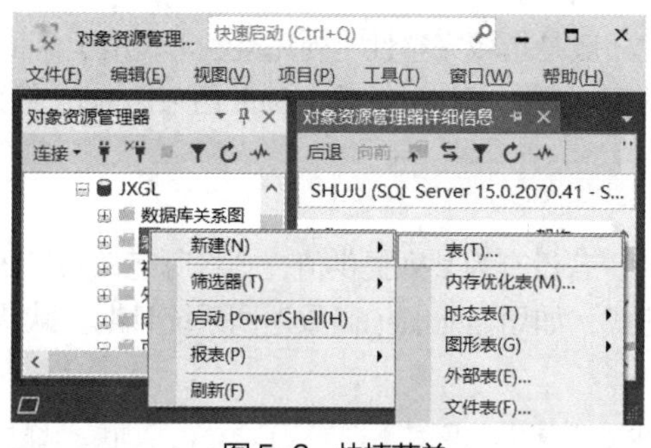

图 5-2 快捷菜单

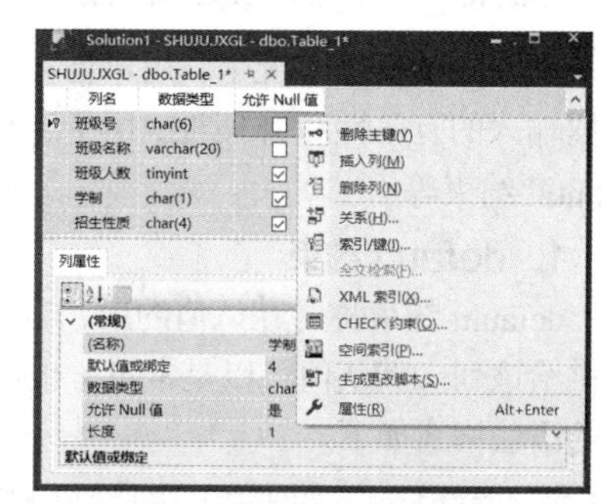

图 5-3 “表设计器”窗口

说明：

① 右击列名“班级号”左侧，在弹出的快捷菜单中执行“设置主键”命令，可将“班级号”设置为主键（列名“班级号”左侧的钥匙标记表示该列名为主键）；

② 选择列名“学制”，选择“常规”栏目“默认值或绑定”文本框，可将“学制”默认值设置为 4。

（3）编辑完各列属性后，单击“表设计器”窗口右上角的“关闭”按钮，弹出“选择名称”对话框，输入表名称“班级”，如图 5-4 所示。

（4）单击“确定”按钮，返回 SSMS，完成“班级”表的创建，如图 5-5 所示。

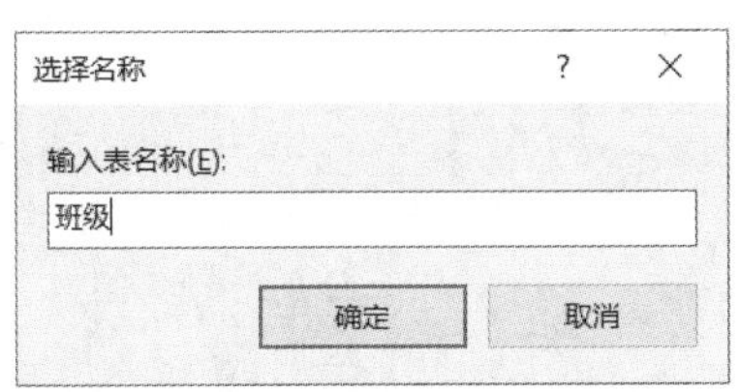

图 5-4　“选择名称”对话框

图 5-5　完成创建表

注意：

① 在“表设计器”窗口中，右击列名“班级号”所在行的任何位置，在弹出快捷菜单中执行“插入列”命令可在当前列前增加列，执行“删除列”命令可以删除当前列；

② 在“表设计器”窗口中，若要调整列的上下位置，可选择要移动的列，然后用鼠标指针拖动该列到目的位置即可。

5.3.2　使用 T-SQL 语句创建数据表

使用 T-SQL 语句创建数据表的语法格式如下。

```
create table [[数据库名. ]架构名.]<表名> (
{<列定义说明> | [<列名> as <计算列表达式>]|[<表级约束说明>]})
[on {文件组名|default}]                /*指定存储表的文件组*/
[textimage_on{文件组名|default}]        /*指定存储 text、ntext 和 image 类型数据的文件组*/
```

功能：在指定数据库上创建一个指定架构下的表，默认值为当前数据库用户的默认架构。

说明：

（1）<列定义说明>为必选项，定义列，包括列名、数据类型及附加的列级约束；

（2）[<列名> as<计算列表达式>]定义计算列，其值由计算列表达式得到。计算列不可定义 foreign key、default 或 not null 约束，但可作 primary key 或 unique 约束的一部分；

（3）<表级约束说明>定义附加于多列上的（表级别）约束；

（4）on {文件组名|default}指定存储表的文件组，如不设置则为默文件组；

（5）textimage_on{文件组名|default}用来指定存储 text、ntext 和 image 类型数据的文件组，默认与表存储在同一文件组中。

【例 5-3】 使用 T-SQL 语句设计表“授课”，但不设置其相关约束。

```
use jxgl
go
create table 授课
(工号 char(6),课程号 char(2),班级号 char(6),课酬 int,学期 char(1),评价 varchar(MAX))
```

【例 5-4】 使用 T-SQL 语句设计表“教师”，仅设置列“工号”为主键。

```
use jxgl
go
create table 教师
(工号 char(6) constraint pk_教师_工号 primary key
,姓名 char(6),性别 char(2)
,出生日期 datetime,工作日期 datetime
,职称 char(6),基本工资 int,婚否 bit)
```

注意： constraint pk_教师_工号可省略，省略时会由系统产生一个随机的约束标识名。

【例 5-5】使用 T-SQL 语句设计表“学生”，仅设置学号为非空、主键，姓名非空，性别默认值为“男”，但不设置籍贯的默认约束。

```
use jxgl
go
create table 学生(
学号 char(8) not null constraint pk_学生 primary key,
姓名 char(6) not null,
性别 char(2) constraint df_学生_性别 default '男',
出生日期 datetime,
总分 int,籍贯 char(4),备注 varchar(MAX),班级号 char（6））
```

在“对象资源管理器”窗格中可以查看“学生”表的相关信息，如图 5-6 所示。

【例 5-6】使用 T-SQL 语句设计表“选修”，并设置成绩编码为标识规范列，学号为非空、外键，约束于“学生”表“学号”列，学号和课程号共同建立主键，成绩检查约束范围为 0～100。

```
use jxgl
go
create table 选修(
成绩编码 int identity(1,1)
,学号 char(8) not null constraint fk_学号 foreign key references 学生(学号)
,课程号 char(2) not null
,constraint pk_选修 primary key(学号,课程号)
,成绩 numeric(5,2) check(成绩>=0 and 成绩<=100) /*check 约束也可以设置约束名*/
,备注 varchar(MAX))
```

在“对象资源管理器”窗格中可以查看到“选修”表的相关信息，如图 5-7 所示。

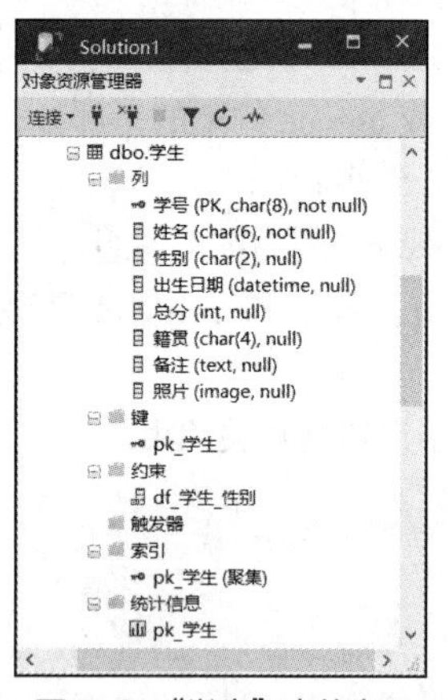

图 5-6 “学生”表信息

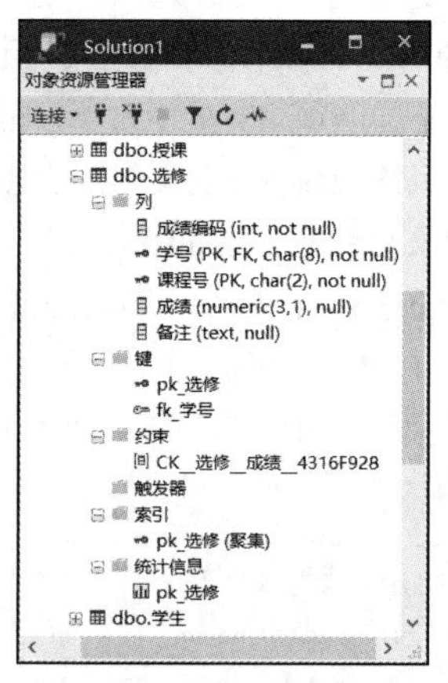

图 5-7 “选修”表信息

5.4 数据表的修改

修改数据表不仅能修改表的结构，如增加和删除列、修改现有列的属性，还能增加、删除、启动和暂停约束。但是修改数据表时，不能破坏表原有的数据完整性，如不能为有主关键字列的表再增加一个主关键字列，不能为有空值的列设置主键约束等。修改表既可以使用 SSMS，也可以使用 T-SQL 语句。

5.4.1　使用 SSMS 修改数据表

使用 SSMS 既可以修改数据表的结构，也可以设置完整性约束。

1. 修改表结构

启动 SSMS，在“对象资源管理器”窗格中逐级展开各节点，直至要修改的表，如表“班级”，右击“班级”表，在弹出的快捷菜单中执行“设计”命令，打开“设计器”窗口，从中直接修改表的结构和列的属性等，具体方法参照创建表的方法，这里不再赘述。

思考：为确保修改表结构的顺利进行，怎么设置图 5-8 所示的“选项”对话框的参数？

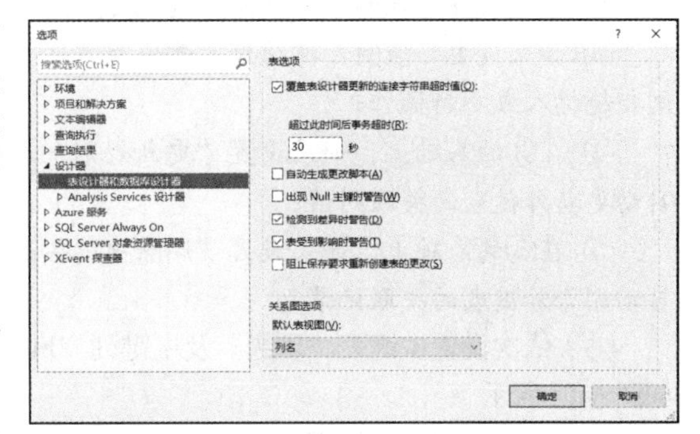

图 5-8　“选项”对话框

2. 设置完整性约束

【例 5-7】使用 SSMS 修改表“授课”，将其列“班级号”设置为外键，对外键约束于表“班级”的列“班级号”。

（1）启动 SSMS，在“对象资源管理器”窗格中逐级展开各节点，直至“授课”表的“键”节点，右击该节点，在弹出的快捷菜单中执行“新建外键”命令，如图 5-9 所示。

（2）弹出“外键关系”对话框，在“选定的关系”列表（左侧窗格）中将添加一个关系名称（默认格式：FK_外键表名_主键表名），如图 5-10 所示。

图 5-9　快捷菜单

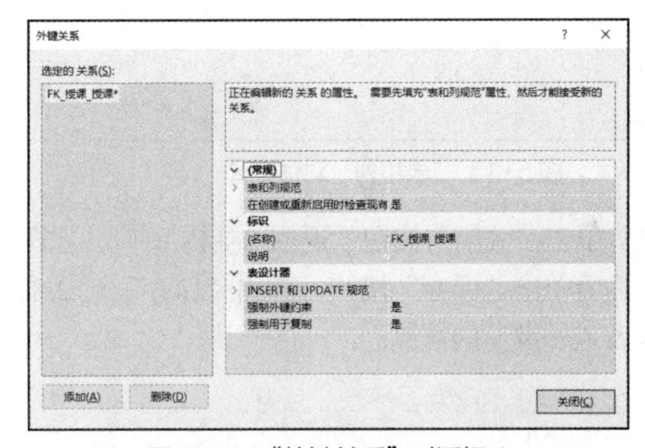

图 5-10　“外键关系”对话框 1

（3）在“选定的关系”列表（左侧窗格）中选择要编辑的关系，在关系编辑窗格（右侧窗格）中选择“表和列规范”选项，如图 5-11 所示。

（4）单击“表和列规范”的浏览按钮，弹出“表和列”对话框，如图 5-12 所示。

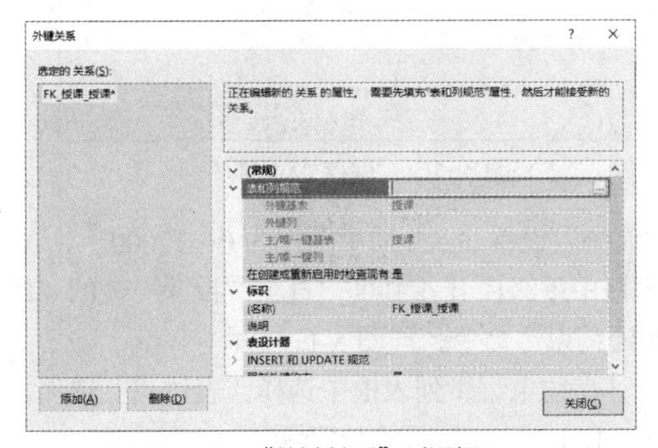

图 5-11　“外键关系”对话框 2

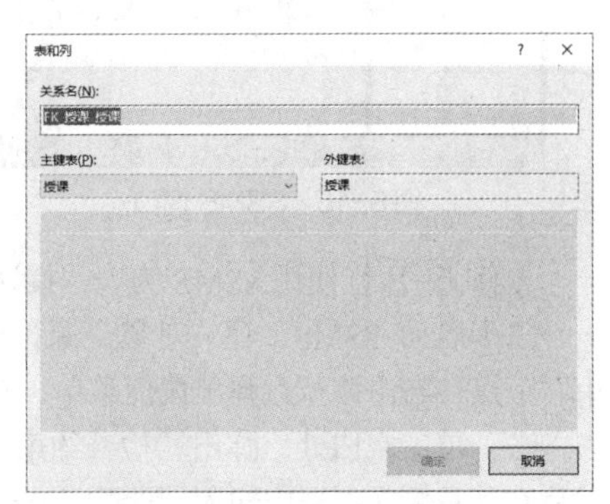

图 5-12　“表和列”对话框 1

注意：

① 如果设置“在创建或重新启用时检查现有数据”选项为“是”，则表示检查两表之间现有数据是否符合参照完整性，如果符合参照完整性就准许建立关系，否则不允许建立；

② 如果设置“强制用于复制”选项为“是”，则表示复制两表时也要遵循参照完整性；

③ 如果设置“强制外键约束”选项为“是”，则表示插入或更新时要符合参照完整性，否则拒绝插入或更新操作；

④ 在③的基础上，如果设置“更新规则”选项为“级联”，则表示更新主键表的键值时，自动更新外键表的关联列值；

⑤ 在③的基础上，如果设置“删除规则”选项为“级联”，则表示删除主键表的记录时，自动删除外键表的关联记录。

（5）依次设置主键表“班级”及主键列“班级号”、外键表“授课”及外键列“班级号”，如图 5-13 所示。

（6）单击“确定”按钮，返回“外键关系”对话框，如图 5-14 所示。

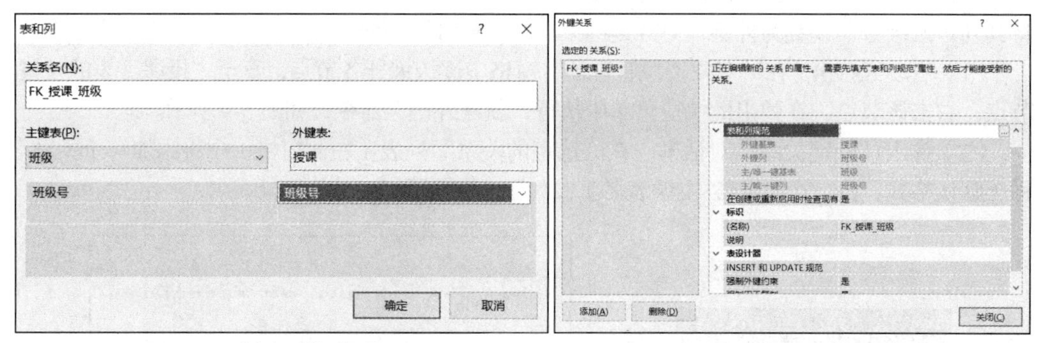

图 5-13 “表和列”对话框 2　　图 5-14 “外键关系”对话框 3

（7）单击“关闭”按钮，返回 SSMS 窗口，如图 5-15 所示。单击其右侧表设计器中的任意位置，然后单击“保存”按钮，弹出“保存”对话框，如图 5-16 所示，单击“是”按钮即可完成数据表（外键）的修改。

图 5-15 SSMS 窗口

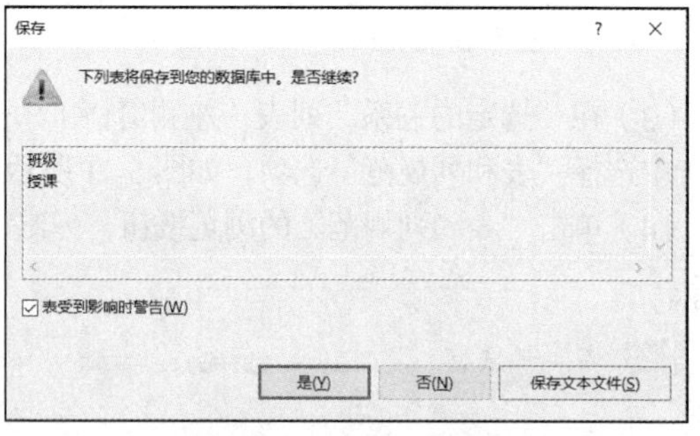

图 5-16 “保存”对话框

【例 5-8】 使用 SSMS 为表“授课”列“课酬”设置 check 约束范围为 0～12000。

（1）启动 SSMS，在“对象资源管理器”窗格中逐级展开各节点，直至“授课”表的“约束”节点，右击该节点弹出快捷菜单，执行“新建约束”命令，如图 5-17 所示。

（2）单击空白处，弹出“检查约束”对话框，在约束编辑列表框中选择“表达式”选项，然后在其右侧文本框中输入“课酬>=0 and 课酬<=12000”，如图 5-18 所示。

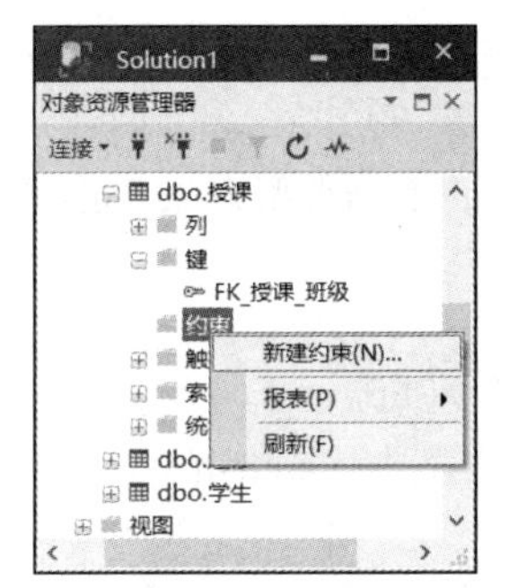

图 5-17　快捷菜单

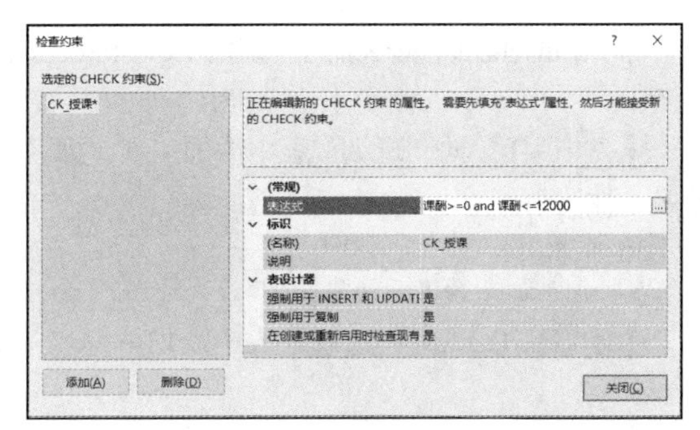

图 5-18　“检查约束”对话框

（3）后续步骤参照【例 5-7】的（3）～（7），这里不再赘述。完成后可在“对象浏览器中”查看相关信息。

注意：右击表名，如“班级”表，弹出快捷菜单，执行“重命名”命令可以更改表名。

5.4.2　使用 T-SQL 语句修改数据表

使用 T-SQL 语句修改表的语法格式如下。

```
alter table <表名>{
[[with { check | nocheck }]add{ <列定义> | <列名> as <计算列表达式>}[,…n]]
| [[with { check | nocheck }]add{ <列约束定义>[,…n] }]
| [drop{column<列名>}[,…n]]
| [drop{ [constraint]<约束名> }[,…n]]
| [alter column <列名>{新数据类型[(小数精度[,小数范围])] [null | not null] } ]
|[{ check | nocheck }constraint{ all | 约束名[,…n] }]
}
```

说明：

（1）add{<列定义>|<列名> as <计算列表达式>}[,…n]用于添加一个新列或计算列，其中 with {check|nocheck}用于限定 foreign key 和 check 约束是否忽略对原有数据的约束检查；

（2）add{<列约束定义>[,…n]}用于添加列约束，with {check|nocheck}子句含义同上；

（3）drop{column<列名>}[,…n]用于删除指定列名；

（4）drop{[constraint]<约束名>}[,…n]用于删除指定约束；

（5）alter column <列名> {新数据类型[(小数精度[,小数范围])] }用于更改指定列的数据类型、小数精度、小数范围，其中 null | not null 用于指定列是否允许为空；

（6）{check|nocheck}constraint{all|约束名[,…n]}用于启用或暂停指定约束的效果。

完整的 T-SQL 语句语法比较复杂，且不容易理解，但正如创建表一样，修改表就是对表结构的增、删、改操作，因此修改表的 T-SQL 语句可简化成以下几种形式。

1. 增加列

使用 alter table 语句添加列的基本语法格式如下。

```
alter table <表名> [with {check|nocheck}]add {<列名> <数据类型> [列约束] } [,…n]
```

说明：

（1）当表为空表（没有数据）时，新增列可以附加各种约束，包括 primary key 和 unique 约束；

（2）当表为非空表（已有数据）时，新增列应该附加 default 约束、identity 约束或保留 null 约束，否则将导致操作失败；

（3）with{check|nocheck}子句用于限定 foreign key 和 check 约束是否忽略对原有数据的约束检查。

【例 5-9】向“班级”表中添加一列，列名为“班主任”，数据类型为 varchar(6)，并具有唯一性约束。

```
use jxgl
alter table 班级 add 班主任 varchar(6) constraint Uk_班级_班主任 unique
```

【例 5-10】向“选修”表中添加一列“等级”，数据类型为 varchar(6)，其默认值是“合格”。

```
use jxgl
alter table 选修 add 等级 varchar(6) constraint df_选修_等级 default '合格'
```

【例 5-11】向“学生”表中增加一列，列名为“邮政编码”，并附加一个 check 约束，限制值域为 6 位数字字符且以“2306”开头。

```
use jxgl
alter table 学生
add 邮政编码 char(6)
 constraint Ck_学生_邮政编码 check(邮政编码 like '2306[0-9][0-9]')
```

2. 增加约束

使用 alter table 语句添加列约束的基本语法格式如下。

```
alter table <表名> [with nocheck|check] add constraint <约束名> <约束定义>
```

说明：

（1）增加约束时，如果新增约束与表中原有数据有冲突，将导致异常，终止命令执行；

（2）使用 with nocheck 选项，可以使新增约束（foreign key 和 check）忽略对原有数据的检查，只对后续数据起作用。

【例 5-12】为“教师”表中的列名为“性别”的列设置默认约束，默认值是“男”。

```
use jxgl
alter table 教师
 add constraint df_教师_性别 default '男' for 性别
```

【例 5-13】为“班级”表中的列名为“班级人数”的列添加一个 check 约束，但不检查表中现有数据，限制输入列的数据范围为 40～60。

```
use jxgl
alter table 班级 with nocheck
 add constraint Ck_班级_班级人数 check(班级人数>=40 and 班级人数<=60)
```

【例 5-14】为“选修”表中列名为“课程号”的列添加一个“外键约束”于课程表。

```
use jxgl
alter table 选修
 add constraint Fk_选修_课程号 foreign key(课程号) references 课程(课程号)
```

3. 修改列

使用 alter table 语句修改列属性的基本语法格式如下。

```
alter table <表名> alter column <列名>{<新数据类型和长度> [(<精度>[,<小数位数>])] [null |
not null]}
```

说明：只能修改列的数据类型及其列值是否为空等属性。

【例 5-15】将“班级”表中列名为“班级名称”的列的数据类型修改为 char(20)。

```
use jxgl
```

```
alter table 班级
 alter column 班级名称 char(20) null
```

注意：如果将一个原来允许为空的列修改为不允许为空（not null），必须确保该列中没有存放空值且该列上没有建立索引。

4. 删除约束

使用 alter table 语句删除列约束的基本语法格式如下。

```
alter table <表名> drop constraint <约束名>
```

说明：删除指定名称的约束。

【例 5-16】将“选修”表中主键约束（pk_选修）删除。

```
use jxgl
alter table 选修
 drop constraint pk_选修
```

【例 5-17】将“选修”表中默认值约束（df_选修_等级）删除。

```
use jxgl
alter table 选修
 drop constraint df_选修_等级
```

5. 删除列

使用 alter table 语句删除列的基本语法格式如下。

```
alter table <表名> drop column <列名>[,…n]
```

说明：删除指定名称的列，要求删除列之前必须先删除列上的约束定义。

【例 5-18】将“选修”表中列名为“等级”的列删除。

```
use jxgl
alter table 选修
 drop column 等级
```

【例 5-19】将“学生”表中的列“邮政编码”删除（“邮政编码”的约束没有删除）。

```
use jxgl
alter table学生
 drop column 邮政编码
```

注意：由于列上附加约束没有删除，因此并没有成功删除该列。

6. 启用和暂停约束

使用 check 和 nocheck 选项可以启动或暂停某个或全部约束对新数据的约束检查，但不适用主键约束和唯一约束。

【例 5-20】暂停“选修”表中的外键约束（Fk_选修_课程号）。

```
use jxgl
alter table 选修
 nocheck constraint Fk_选修_课程号
```

【例 5-21】暂停“学生”表中的 check 约束和默认约束。

```
use jxgl
 alter table 学生  nocheck constraint all
```

5.5　数据表的删除

当不再需要数据表时，可以删除该表。数据库所有者可以删除所属数据库中的任何用户表，但不能删除系统表和有外键约束引用的（主）表。如果确实需要删除（主）表，必须先删除有外键约束的（从）表或解除（从）表的外键约束。删除表的同时会删除表中的所有数据及其索引、触发器、约束和权限规范等相关属性。

5.5.1 使用 SSMS 删除数据表

使用 SSMS 删除数据表的操作步骤如下。

（1）在 SSMS 中逐级展开节点，直到数据库 JXGL 的“表”节点，然后右击要删除的表，如表“班级”，弹出快捷菜单，如图 5-19 所示。

（2）执行“删除”命令后，弹出“删除对象”窗口，如图 5-20 所示，单击“确定”按钮，就可以删除表。

图 5-19 快捷菜单

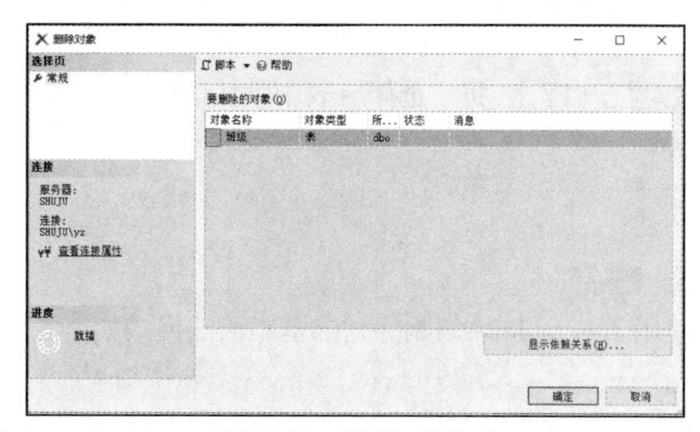

图 5-20 “删除对象”窗口

5.5.2 使用 T-SQL 语句删除数据表

使用 T-SQL 语句删除表的语法格式如下。

```
drop table <表名>
```

功能：删除指定名称的表。

【例 5-22】 删除“班级”表：

```
use jxgl
drop table 班级
```

本章小结

表是数据库中的基本对象，是用户组织、管理和存储数据的逻辑结构，本章主要介绍数据库表的创建和管理。创建和管理数据库表主要包括表名及列属性的定义和维护，其中完整性约束的定义相对比较复杂。数据库表的创建和管理既可以通过 SSMS 执行，也可以通过 T-SQL 语句执行，T-SQL 语句在执行和维护数据表的完整性约束方面显得尤为简洁便利。

习题五

一、选择题

1. 用来存储固定长度的非 unicode 字符数据，且最大长度不超过 8000 个字节的是（　　）。

A. varchar　　B. nchar　　C. char　　D. nvarchar

2. 下列哪种数据类型的列不能设置 identity 标识列属性？（　　）

A. decimal　B. int　C. bigint　D. char

3. 在进销存数据库管理系统中，商品表中的属性商品数据类型可以设置为（　　）。

A. int　B. char(10)　C. datetime　D. decimal(6,2)

4. 用界面方式创建表时，将多个属性组合作为主键的操作是（　　）。

A. 单击相关的每一个属性，为其设置主键

B. 按住 Ctrl 键，将相关属性选中再设置主键

C. 按住 Shift 键，将相关属性选中再设置主键

D. 按住 Alt 键，将相关属性选中再设置主键

5. 有关 varchar 和 nvarchar 的比较，下列说法不正确的是（　　）。

A. 它们都是字符型数据　B. 它们都是可变长度的字符型数据

C. varchar 只能存储 unicode 字符数据　D. nvarchar 存储 unicode 字符数据

6. 假设“学生”表中没有数据，则下列（　　）语句可能正确执行。

A. alter table 学生 drop 年龄　B. alter table 学生 add column 备注

C. alter table 学生 add 备注　D. alter table 学生 drop column 年龄

7. 用 alter table 语句不可以修改表的（　　）内容。

A. 表名　B. 增加列　C. 删除列　D. 列约束

8. 在 SQL Server 数据库中，要修改表的某列数据类型的语句，以下正确的是（　　）。

A. alter table 表名 modify 列名 新数据类型

B. alter table 表名 modify column 列名 新数据类型

C. alter table 表名 alter 列名 新数据类型

D. alter table 表名 alter column 列名 新数据类型

9. 当表中某列被设置了主键约束，则该列也同时具有（　　）。

A. check 约束和 unique 约束　B. unique 约束和 not null 约束

C. check 约束和 not null 约束　D. 以上选项均错误

10. 下列关于 alter table 语句叙述错误的是（　　）。

A. 可以添加字段　B. 可以删除字段

C. 可以修改字段名称　D. 可以修改字段数据类型

11. 关系数据库中，主键是（　　）。

A. 为标识表中唯一的实体　B. 创建唯一的索引，允许空值

C. 只允许以表中第一字段建立　D. 允许有多个主键

12. 使用下列哪种语句可以修改数据表？（　　）

A. create database　B. create table　C. alter database　D. alter table

13. SQL Server 系统提供的字符型数据类型主要包括（　　）。

A. int、money、char　B. char、varchar、text

C. datetime、binary、int　D. char、varchar、int

14. 在 SQL Server 系统中存储图形图像、Word 文档文件，不可采用的数据类型是（　　）。

A. binary　B. varbinary　C. image　D. text

15. 下面关于 Timestamp 数据类型描述正确的是（　　）。

A. 是一种日期型数据类型　B. 是一种日期/时间组合型数据类型

C. 可以替代传统的数据库加锁技术　D. 是一种双字节数据类型

16. 修改表的alter table的alter [column]子句能够实现的功能是（　　）。

A. 修改列名　　B. 设置默认值或删除默认值

C. 增加列　　D. 改变列的属性

17. 如果防止插入空值，应使用（　　）来进行约束。

A. unique约束　　B. not null约束　　C. primary key约束　　D. check约束

18. 使用create table语句创建数据表时（　　）。

A. 必须在数据表名称中指定表所属的数据库

B. 必须指明数据表的所有者

C. 指定的所有者和表名称组合起来在数据库中必须唯一

D. 省略数据表名称时，则自动创建一个本地临时表

19. 在删除表时，主表与从表删除的顺序为（　　）。

A. 先删除主表，再删除从表

B. 先删除从表，再删除主表

C. 先删除哪一个表都可以

D. 只有先删除表之间的约束，才能删除表

20. （　　）数据类型不能被指定为主键，也不允许指定有Null属性。

A. int、money、char　　B. ntext、image、text

C. datetime、binary、int　　D. char、varchar、int

21. 下面哪个数据类型可以精确指定小数点两边的总位数？（　　）

A. float　　B. money　　C. real　　D. decimal

22. 在建立一个数据库表时，如果规定某一列的默认值为0，则说明（　　）

A. 该列的数据不可更改

B. 当插入数据行时，必须指定该列值为0

C. 当插入数据行时，如果没有指定该值，那么该列值为0

D. 当插入数据行时，无须显示指定该列值

23. 假定在“工资”表中，有薪水、医疗保险和养老保险3个字段，现公司规定任何职员的医疗保险和养老保险两项之和不能大于薪水的1/3，实现这一规则依赖（　　）。

A. 主键约束　　B. 外键约束　　C. 检查约束　　D. 默认约束

24. 当外键创建为列约束时，组成外键的列个数（　　）。

A. 至多一个　　B. 至多两个　　C. 至少一个　　D. 至少两个

25. 表A中的列B是标识列，标识种子是2，标识递增量是3。首先插入3行数据，然后再删除一行数据，再向表中增加数据行的时候，标识值将是（　　）。

A. 5　　B. 8　　C. 11　　D. 2

二、填空题

1. SQL Server提供了主键约束和外键约束共同维护（　　）完整性。
2. SQL Server提供了（　　）约束和唯一性约束共同维护实体完整性。
3. 在数据库标准语言SQL中，空值用（　　）表示。
4. SQL Server中，表分为临时表和永久表，用户数据通常存储在（　　）表中。
5. 永久表存储在用户数据库中，而临时表存储在（　　）数据库中。
6. 将现有一列名的数据类型定义为char时，实际输入字符若小于定义长度，则自动填入（　　）字符，从而确保其长度固定不变。
7. 插入、更新和（　　）数据应不违反各种约束，否则会弹出警告信息并终止操作。

8. 表是由行和列组成的，行有时也被称为记录或元组，列有时也被称为（　　）或属性。

9. 在不使用参照完整性的情况下，限制列值的特定范围时，应使用（　　）约束。

10. 在SQL Server系统中，允许空值的列上可以定义（　　）约束，以确保在非主键列中不输入重复值。

三、实践题

1. library数据库中包含“图书”和“读者”两表，两表结构分别如表5-16和表5-17所示，利用SSMS创建两表。

表5-16 “图书”表结构

列名	数据类型	备注
图书编号	char(6)	not null、主键
书名	varchar(20)	not null
类别	char(12)	
作者	varchar(20)	
出版社	varchar(20)	
出版日期	datetime	
定价	money	

表5-17 “读者”表结构

列名	数据类型	备注
读者编号	char(4)	not null
姓名	char(6)	not null
性别	char(2)	
单位	varchar(20)	
电话	varchar(13)	
读者类型	int	
已借数量	int	

2. 在library数据库中增加“读者类型”和“借阅”两表，两表结构分别如表5-18和表5-19所示，利用T-SQL语句完成以下功能。

表5-18 “读者类型”表结构

列名	数据类型	备注
类型编号	int	not null
类型名称	char(8)	not null
限借数量	int	not null
借阅期限	int	

表5-19 “借阅”表结构

列名	数据类型	备注
读者编号	char(4)	not null
图书编号	char(6)	not null、外键
借书日期	datetime	not null
还书日期	datetime	

（1）使用T-SQL语句在library数据库中创建“读者类型”表。

（2）使用T-SQL语句在library数据库中创建“借阅”表。

（3）使用T-SQL语句为“读者”表的“读者编号”列添加主键。

（4）使用T-SQL语句为“读者”表的“性别”列添加check约束，使之取值为男或女。

（5）使用T-SQL语句为“借阅”表增加“串号”列，数据类型为varchar(10)，并设置为主键。

（6）使用T-SQL语句为“借阅”表的“借书日期”列添加一默认约束，取值为getdate()。

（7）使用T-SQL语句为“借阅”表的“读者编号”列增加一外键约束，关联于“读者”表的“读者编号”列。

（8）使用T-SQL语句为“借阅”表的“图书编号”和“读者编号”两列设置唯一约束。

3. 在library数据库中，录入各表的数据，数据分别如表5-20～表5-23所示。

表5-20 “图书”表的数据

图书编号	书名	类别	出版社	作者	定价	出版日期
TP0001	数据结构	计算机	机械工业出版社	敬一明	50	
TP0002	计算机应用基础	计算机	高等教育出版社	杨正东	20	
TP0013	SQL Server 2000	计算机	大连理工大学出版社	叶潮流	30	2010.01

续表

图书编号	书名	类别	出版社	作者	定价	出版日期
TP0004	C 语言程序设计	计算机	清华大学出版社	谭浩强	25	
H31001	实用英语精读	英语	中国人民大学出版社	张锦芯	25	
F27505	管理学概论	管理	高等教育出版社	李道芳	35	2011.11
TB0004	工业管理	管理	机械工业出版社	Fayol	70	
O15005	线性代数	数学	机械工业出版社	李京平	50	
FO0006	电子商务	管理	机械工业出版社	Durark	14	
TP0038	ASP 程序设计	计算机	中国水利水电出版社	叶潮流	29	2008.10

表 5-21 “读者”表的数据

读者编号	姓名	性别	单位	电话	读者类型	已借数量
1001	刘春华	男	管理学院	8123****	1	
1002	王新刚	男	经济学院	1382902****	2	
1003	何立锋	女	管理学院	1380551****	2	
1004	王永平	男	文学院	1390842****	1	
1005	周士杰	女	教育学院	1310565****	1	
1006	庞丽萍	男	数理学院	1380551****	1	
1007	张涵韵	女	艺术学院	1860551****	2	
1008	王晓静	男	电子学院	1332901****	1	
1009	罗国明	女	电子学院	1320565****	2	
1010	李春刚	男	机电学院	1330551****	2	

表 5-22 “读者类型”表的数据

类型编号	类型名称	限借数量	借阅期限
1	教师	20	180
2	学生	10	90

表 5-23 “借阅”表的数据

串号	读者编号	图书编号	借书日期	还书日期
1	1001	TP0001	2021-10-08	2021-12-18
2	1001	TP0002	2021-10-08	2021-12-18
3	1003	TP0013	2021-9-1	
4	1004	TP0001	2021-10-26	
5	1005	H31001	2021-11-23	
6	1006	F27505	2021-9-18	
7	1001	TB0004	2020-5-18	
8	1005	O15005	2022-1--15	
9	1009	FO0006	2022-1-8	
10	1006	TP0038	2021-12-20	

4. 创建一个用户自定义数据类型“编号”，数据类型源于 varchar(20)，且属性不能为空。

第6章

数据操作与 SQL 语句

本章导读

表是用来存储和管理数据的数据库对象，数据存储到表中之后，如果不使用、管理和维护，则毫无意义和价值。用户对数据的操作主要包括查询（浏览）、插入（输入或添加）、更新和删除等。查询操作不会修改源数据，而插入、更新和删除操作则可以实现对源数据不同程度的修改。

6.1 数据操作概述

SQL Server 提供了两种数据操作方法：使用 SSMS 操作数据和使用 T-SQL 语句操作数据。在软件开发过程中，初始数据的输入一般使用 SSMS 实现，而用户数据的应用则使用嵌入式 SQL 语句实现。

6.1.1 表中数据

“班级”表数据内容如图 6-6 所示，“学生”表数据内容如图 6-7 所示，其他表数据内容分别如下。

1. “课程”表数据内容

“课程”表数据内容如图 6-1 所示。

SHUJU.JXGL - dbo.课程

课程号	课程名称	课程类型	学时	学分	备注
01	计算机基础	考查	36	2	NULL
02	企业管理	考查	36	2	NULL
03	C语言程序设计	考试	72	4	NULL
04	数据库原理与应用	面试	72	4	NULL
05	计算机网络	考试	36	2	NULL
06	数据结构	考试	72	4	NULL
07	Java程序设计	考试	72	4	NULL
08	Java Web应用与...	考查	54	3	NULL
09	电子商务	考查	36	2	NULL
10	Python程序设计	面试	54	3	NULL
11	离散数学	考试	32	2	NULL
NULL	NULL	NULL	NULL	NULL	NULL

1 / 11

图 6-1 “课程”表数据

2. “教师”表数据内容

“教师”表数据内容如图 6-2 所示。

SHUJU.JXGL - dbo.教师

工号	姓名	性...	出生日期	工作日期	职称	基本工资	婚否
130101	赵文娟	女	1970-04-15 ...	1992-08-07 ...	副教授	2500	True
130102	钱飞成	男	1966-05-19 ...	2004-03-02 ...	教授	3100	True
130103	孙艺彩	女	1985-05-10 ...	2020-06-01 ...	助教	1300	False
130201	李力群	男	1977-08-11 ...	1999-07-01 ...	讲师	1900	True
130202	周艺龙	男	1976-09-10 ...	1995-07-21 ...	副教授	2600	True
140101	吴俊杰	男	1986-05-20 ...	2007-07-01 ...	讲师	2100	True
140102	郑建国	男	1965-03-19 ...	1990-07-01 ...	副教授	2700	True
140201	王芳菲	女	1982-11-11 ...	2006-06-17 ...	助教	1500	False
fp0101	朱恩惠	男	1958-10-20 ...	2016-05-20 ...	教授退	2340	True
wp0101	冯博琴	女	1995-10-01 ...	2020-05-01 ...	讲师	NULL	NULL
wp0102	陈宝国	男	1995-01-01 ...	2020-09-01 ...	助教	NULL	NULL
NULL	NULL	N...	NULL	NULL	NULL	NULL	NULL

10 / 11

图 6-2 “教师”表数据

3. “选修”表数据内容

“选修”表数据内容如图 6-3 所示。

4. “授课”表数据内容

“授课”表数据内容如图 6-4 所示。

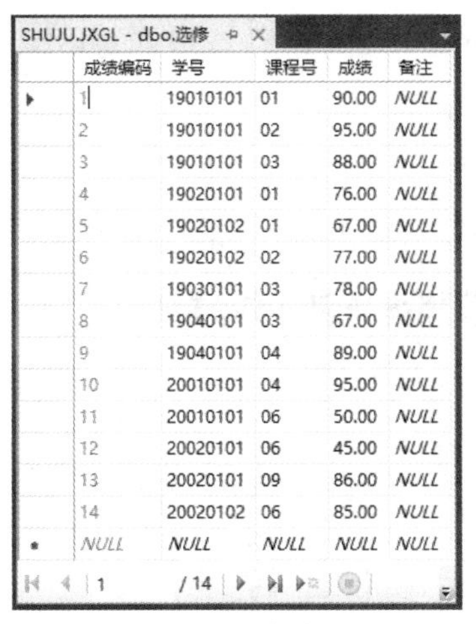

SHUJU.JXGL - dbo.选修

成绩编码	学号	课程号	成绩	备注
1	19010101	01	90.00	NULL
2	19010101	02	95.00	NULL
3	19010101	03	88.00	NULL
4	19020101	01	76.00	NULL
5	19020102	01	67.00	NULL
6	19020102	02	77.00	NULL
7	19030101	03	78.00	NULL
8	19040101	03	67.00	NULL
9	19040101	04	89.00	NULL
10	20010101	04	95.00	NULL
11	20010101	06	50.00	NULL
12	20020101	06	45.00	NULL
13	20020101	09	86.00	NULL
14	20020102	06	85.00	NULL
NULL	NULL	NULL	NULL	NULL

1 /14

图 6-3 “选修”表数据

SHUJU.JXGL - dbo.授课

工号	课程号	班级号	课酬	学期	评价
130101	01	190101	NULL	1	NULL
130102	02	190101	NULL	2	NULL
130103	03	190101	NULL	3	NULL
130102	04	190101	NULL	4	NULL
130202	05	190101	NULL	5	NULL
140101	11	190101	NULL	1	NULL
140102	10	190101	NULL	2	NULL
130101	09	190102	NULL	2	NULL
130101	08	190201	NULL	3	NULL
130201	07	190301	NULL	4	NULL
wp0101	01	200101	NULL	1	NULL
wp0101	02	200201	NULL	4	NULL
wp0102	06	200201	NULL	3	NULL
fp0101	06	200101	NULL	5	NULL
NULL	NULL	NULL	NULL	NU...	NULL

1 /14

图 6-4 “授课”表数据

6.1.2　操作表数据

在 SQL Server 系统中，操作数据既可以使用 SSMS，也可以使用 T-SQL 语句。

1．使用 SSMS 操作表数据

使用 SSMS 操作表中数据的具体步骤如下（这里以“班级”表操作为例）。

（1）启动 SSMS，在“对象资源管理器”窗格中展开数据库 JXGL 的“表”节点，右击“班级”表，在弹出的快捷菜单中执行“编辑前 200 行”命令，如图 6-5 所示。

（2）弹出表浏览窗口，如图 6-6 所示，用户可以查询表中数据。

（3）在不违反各种约束的前提下，用户可以插入、更新和删除表中记录，否则会弹出警告信息，并终止当前操作。插入、更新和删除操作简要介绍如下。

① 插入记录：将光标移到表尾，可以向表中连续插入多条记录。

② 更新记录：将光标移到要修改的行、列处，直接修改指定行和列的数据。

③ 删除记录：选择要删除的整行，右击后，在弹出的快捷菜单中执行“删除”命令即可。

图 6-5　快捷菜单

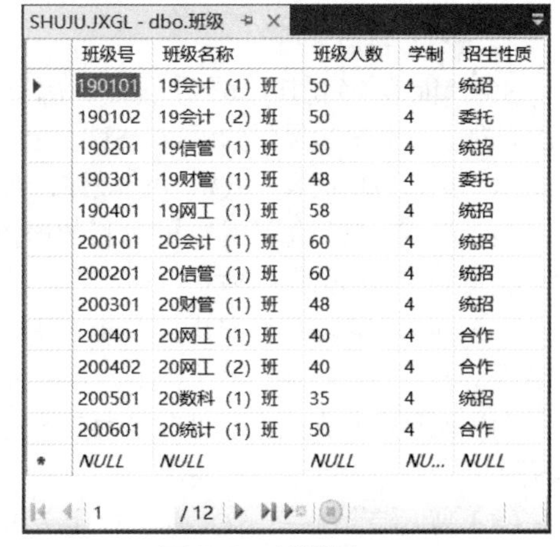

SHUJU.JXGL - dbo.班级

班级号	班级名称	班级人数	学制	招生性质
190101	19会计（1）班	50	4	统招
190102	19会计（2）班	50	4	委托
190201	19信管（1）班	50	4	统招
190301	19财管（1）班	48	4	委托
190401	19网工（1）班	58	4	统招
200101	20会计（1）班	60	4	统招
200201	20信管（1）班	60	4	统招
200301	20财管（1）班	48	4	统招
200401	20网工（1）班	40	4	合作
200402	20网工（2）班	40	4	合作
200501	20数科（1）班	35	4	统招
200601	20统计（1）班	50	4	合作
NULL	NULL	NULL	NU...	NULL

1 /12

图 6-6　表浏览窗口

2．使用 T-SQL 语句操作表数据

使用 T-SQL 语句操作表数据基本步骤为：启动 SSMS，单击工具栏上的“新建查询”按钮，

在弹出的 SQL 语句编辑器窗格中输入 T-SQL 语句“select * from 学生”，单击“执行”按钮，即可完成相应操作，如图 6-7 所示。

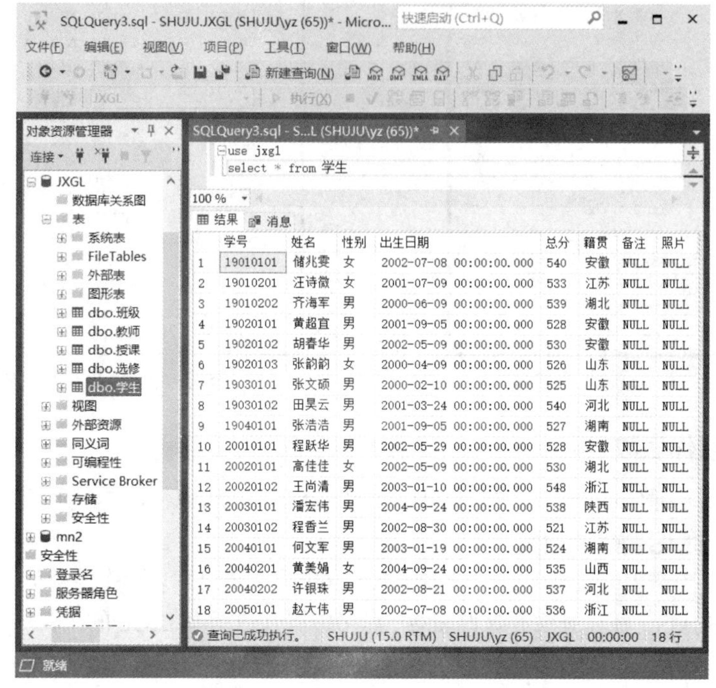

图 6-7 使用 T-SQL 语句操作表数据

6.1.3 操作语言概述

SQL 是一种标准的关系数据库查询语言，而 Transact-SQL 是 Sybase 公司和 Microsoft 公司联合开发，并被 Microsoft 公司移植到 SQL Server 中的一种 SQL，简称 T-SQL。它不仅支持 SQL92 的大多数功能，而且扩展了 SQL 的可编程性，增加了变量、运算符、函数、注释和流程控制语言等。

1. SQL 特点

SQL① 能够得到用户和业界广泛支持，成为关系数据库的标准语言，是因为它是一种结构简洁、功能强大且简单易学的语言。SQL 主要特点如下。

（1）类似自然语言：SQL 功能极强，而且设计巧妙，语法简单，易学易用。

（2）高度非过程化：用 SQL 进行数据操作，用户只需提出“做什么”，而不必指明“怎么做”，有利于提高数据的独立性。

（3）面向集合的操作方式：查询结果是元组的集合，插入、删除和更新操作对象也是元组的集合。

（4）两种操作方式：既可以作为自含式语言在数据库中直接操作表，又可以作为嵌入式语言嵌入其他程序设计语言中使用。

（5）高度综合统一：SQL 集数据定义语言（DDL）、数据查询语言（DQL）、数据操纵语

① 1981 年，SQL 从 IBM 公司的关系数据库管理系统 System R 上的一种查询语言发展而来。1986 年，美国国家标准局发布了 X3.135-1986：《数据库语言 SQL》，ISO 采纳其为国际标准语言，称为 SQL86。1992 年 8 月，ISO 发布了标准化文件 ISO/IEC 9075：1992《数据库语言 SQL》，称为 SQL92 或 SQL2 标准。1999 年，ISO 又颁布了 ISO/IEC 9075：1999《数据库语言 SQL》，称为 SQL99 或 SQL3 标准。目前最新的是 SQL-2003 标准。

言（DML）和数据控制语言（DCL）于一体，语言风格统一，可以独立完成数据生命周期中的全部活动。

2. SQL功能

目前，绝大多数流行的关系数据库管理系统都在支持SQL标准的基础上进行了必要的扩充和修改。SQL能够完成DDL、DQL、DML、DCL等功能，SQL语句命令及功能如表6-1所示。

表6-1　SQL语句命令及功能

符号	命令	功能	符号	命令	功能
DDL	create table	创建表	DQL	select	查询
	create index	创建索引	DML	insert	插入记录
	create view	创建视图		update	修改记录
	drop table	删除表		delete	删除记录
	drop index	删除索引	DCL	grant	给用户授权
	drop view	删除视图		revoke	收回用户权限
	alter table	修改表结构		commit	提交事务
	alter view	修改视图		rollback	撤销事务

3. SQL语法规则

SQL作为数据库语言，有自己的语法结构和语法符号，虽然在不同数据库系统中稍有不同，但主要语法符号及规则基本相同，如表6-2所示。

表6-2　SQL符号及规则

符号	规则
|	分隔括号或大括号内的语法项目，只能选一项
[ ]	可选的语法项
{ }	必选的语法项
[,…n]	前面的项可重复n次，各项之间用逗号分隔
[…n]	前面的项可重复n次，各项之间用空格分隔
<标签>	语法块的名称，用于对过长语法或语法单元部分进行标记
<标签> :: =	对语法中<标签>指定位置进行进一步的定义

6.2 数据查询

数据查询是数据库中最重要、最常见的操作之一，也是SQL的“灵魂”。所有查询都是通过select语句实现的，查询不会更改数据库中的数据，它只为用户提供一个结果集。结果集是一个来源于一个或多个表中满足给定条件的行和列的数据集合。

6.2.1 简单查询

简单查询是指只涉及一个表的查询，是最基本、最简单的查询操作。其标准语法格式如下。

```
select [all|distinct|top n|top n percent]<*|字段列表|列表达式>
```

```
[into <新表名>]
from <表名>
[where 搜索条件]
[group by 分组表达式[having 搜索表达式]]
[order by 排序表达式[asc|desc]
[compute 子句]
```

功能：从指定表中查询满足条件的全部列或指定列的数据行信息。

说明：

（1）select 子句用于指定查询结果的列（列名、表达式、常量），为必选子句；

（2）into 子句用于将查询结果行插入新表中；

（3）from 子句用于指定查询的源表，为必选子句；

（4）where 子句用于限制查询结果的搜索条件；

（5）group by 子句用于指定查询结果的分组条件；

（6）having 子句用于指定组或聚合的搜索条件；

（7）order by 子句用于指定查询结果的排序方式；

（8）compute 子句用来在查询结果的末尾生成一个汇总数据行。

1. select 子句

select 子句有投影列、选择行两种操作。

（1）投影列。

通过 select 子句指定列一共有 4 种形式，分别如下。

① 指定部分列。

语法格式如下。

```
select <列名1,列名2[,..列名n]> from <表名>
```

说明：从指定的表中查询部分列的信息。

【例 6-1】查询“班级”表中各班级的班级号、班级名称和招生性质：

```
select 班级号,班级名称,招生性质 from 班级
```

② 指定所有列。

语法格式如下。

```
select [<表名.>]* from <表名>
```

说明：从指定的表中查询所有列的信息，*代表所有列。

【例 6-2】查询“班级”表中各班级的基本信息。

```
select * from 班级
```

③ 指定包含表达式的列。

语法格式如下。

```
select <表达式列1,表达式列2[,..表达式列n]> from <表名>
```

说明：查询中可以包含表达式的列，也可以为包含列的表达式。

【例 6-3】查询“学生”表中学生的学号、姓名、性别和年龄的基本信息。

```
select 学号,姓名,性别,year(getdate())-year(出生日期) as '年龄' from 学生
```

注意：可以为包含表达式的列指定列别名，指定列别名可以有以下两种方式。

格式 1：<原列名>[as]<列别名>

格式 2：<列别名>=<原列名>

④ 增加说明列。

为了增加查询结果的可读性，可以在 select 语句中增加一列说明列，以保证前后列的信息连贯性，说明列的列值一般置于两个单引号之间。

【例6-4】在“教师”表的工作日期列之前增加一列说明列，说明列的值为“来校日期是”。

```
select 工号,姓名,性别,'来校日期是',工作日期 from 教师
```

运行结果如图6-8所示。

	工号	姓名	性别	(无列名)	工作日期
1	130101	赵文娟	女	来校日期是	1992-08-07 00:00:00.000
2	130102	钱飞成	男	来校日期是	2004-03-02 00:00:00.000
3	130103	孙艺彩	女	来校日期是	2020-06-01 00:00:00.000
4	130201	李力群	男	来校日期是	1999-07-01 00:00:00.000
5	130202	周艺龙	男	来校日期是	1995-07-21 00:00:00.000
6	140101	吴俊杰	男	来校日期是	2007-07-01 00:00:00.000
7	140102	郑建国	男	来校日期是	1990-07-01 00:00:00.000
8	140201	王芳菲	女	来校日期是	2006-06-17 00:00:00.000
9	fp0101	朱恩惠	男	来校日期是	2016-05-20 00:00:00.000
10	wp0101	冯博琴	女	来校日期是	2020-05-01 00:00:00.000
11	wp0102	陈宝国	男	来校日期是	2020-09-01 00:00:00.000

图6-8　例6-4运行结果

（2）选择行。

选择行主要通过 select 子句中的[all|distinct|top n|top n percent]和 where 子句两种方式实现。where 子句内容后面会介绍，这里只讨论 select 子句。

语法格式如下。

```
select [all|distinct|top n|top n percent] <列名> from <表名>
```

说明：

① all 表示返回所有行，默认值；

② dinstinct 表示取消重复行；

③ top n 表示返回最前面的 n 行，n 是一具体整数数字；

④ top n percent 表示返回最前面的百分之 n 行，n 取值范围为 0～100。

【例6-5】查看“教师”表中职称种类。

```
select distinct 职称 from 教师
```

注意：区别 select 职称 from 教师。

【例6-6】查看“学生”表中前4行记录。

```
select top 4 * from 学生
```

【例6-7】查看“学生”表中前20%的记录。

```
select top 20 percent * from 学生
```

2. where 子句

语法格式如下。

```
where <条件>
```

说明：查询满足查询条件的行。

where 子句中常用的条件运算符如表6-3所示。

表6-3 where子句常用条件运算符

查询条件	谓词
比较运算符	=, >, <, >=, !<, <=, !>, <>, !=
确定范围	between and，not between and
确定集合	in，not in
字符匹配	[not] like '<通配符>' [escape '<换码符>']
空值	is null（为空），is not null（非空）
逻辑运算符	and，or，not

（1）比较运算符。

【例6-8】查询“学生”表中性别为男的学生记录。

```
select * from 学生 where 性别='男'
```

（2）确定范围。

【例6-9】查询“教师”表中基本工资处于1300～1800区间的教师信息。

语句1：select * from 教师 where 基本工资 between 1300 and 1800

语句2：select * from 教师 where 基本工资>=1300 and 基本工资<=1800

（3）确定集合。

【例6-10】查询“教师”表中职称为讲师或助教的教师信息。

语句1：select * from 教师 where 职称 in('助教','讲师')

语句2：select * from 教师 where 职称='助教' or 职称='讲师'

（4）字符匹配。

【例6-11】查询“学生”表中姓介于“陈”到“方”或者“许”到“张”的学生记录。

```
select * from 学生 where 姓名 like '[陈-方,许-张]%'
```

注意：使用字符匹配运算符like时，需注意以下几点。

① 通配符主要有4个，分别是不定长字符串（%）、单字符（_）、可选字符列表（[ ]）和排他性可选字符列表（[^]）。

② 当like查询的字符串本身含有%、_和^字符实体时，需要用escape子句中的'<换码符>'将其转义为字符实体，从而原样显示。

③ 当like查询的字符串中不含有通配符，则可以用=运算符替代like谓词，用!=或<>运算符代替not like谓词。

【例6-12】查询“课程”表中课程名称为“课程设计_数据库”的基本信息。

```
select * from 课程 where 课程名称 like '课程设计\_数据库' escape '\'
```

（5）空值。

【例6-13】查询“选修”课程中成绩为空的记录。

```
select * from 选修 where 成绩 is null
```

3. order by子句

语法格式如下。

```
order by <列名|别名>[asc|desc][,…n]
```

说明：查询结果按照指定的列名排序输出，asc表示升序，也是默认值，desc表示降序。

【例6-14】查询“选修”表中前8个记录信息，并按照学号和课程号升序输出记录。

```
select top 8 * from 选修 order by 学号,课程号
```

注意：排序时，数值型数据按数值大小比较，字符型数据按照英文字母顺序进行比较，汉字按照拼音首字母进行比较。

4. group by 子句

语法格式如下。

```
group by <列名>[having<分组筛选条件>]
```

说明：

（1）查询结果按照 group by 子句中的列名分组，列值相同的元组归并为一组；

（2）group by 子句不支持列的别名，也不支持聚集函数（详细信息参照 7.3.2 小节）；

（3）select 子句只能包含 group by 子句中的列名和聚集函数；

（4）where 子句用于设置整个表的筛选条件，而 having 子句用于设置分组的筛选条件；

（5）where 子句不支持聚集函数，而 having 子句支持聚集函数。

【例 6-15】 查询“选修”表中每门课程的课程号及相应的选课人数。

```
select 课程号,count(*) from 选修 group by 课程号
```

【例 6-16】 在“选修”表中查询至少有 3 门以上课程成绩在 90 分以上的学生的学号。

分析：首先筛选出 90 分以上的成绩，然后按照学号分组，最后找出学号出现 3 次的学生。

```
select 学号 from 选修 where 成绩>=90 group by 学号 having count(*)>=3
```

【例 6-17】 查询“选修”表中平均成绩大于 85 分的学生的信息：

分析：首先查询每位学生的平均成绩，然后找出平均分大于 85 分的学生。

```
select 学号,avg(成绩) from 选修 group by 学号 having avg(成绩)>85
```

5. into 子句

语法格式如下。

```
select <列名表> into<新表名> from <原表名>
```

说明：将查询结果存储到一个新表中，新表名由 into 子句指定，并且 into 子句要紧跟在 select 子句之后。

【例 6-18】 将“学生”表中前 5 条记录的“学号、姓名、性别”列内容存储到新表“stu”中，并查询显示。

```
select top 5 学号,姓名,性别 into stu from 学生
go
select * from stu
```

运行结果如图 6-9 所示。

【例 6-19】 将“选修”表中前 10 条记录的“学号、课程号、成绩”列内容存储到新表“score”中，并查询显示。

```
select top 10 学号,课程号,成绩 into score from 选修
go
Select * from score
```

运行结果如图 6-10 所示。

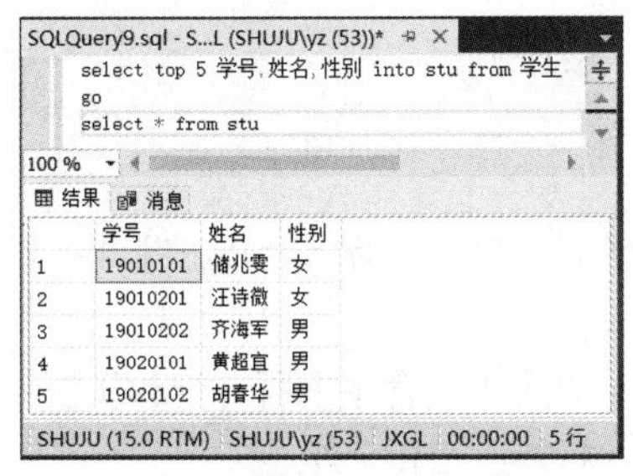

图 6-9　例 6-18 运行结果

	学号	课程号	成绩
1	19010101	01	90.0
2	19010101	02	95.0
3	19010101	03	88.0
4	19020101	01	76.0
5	19020102	01	67.0
6	19020102	02	77.0
7	19030101	03	78.0
8	19040101	03	67.0
9	19040101	04	89.0
10	20010101	04	95.0

图 6-10　例 6-19 运行结果

6.2.2 连接查询

连接查询是指涉及多表之间的查询。连接查询实际上是通过多表之间同名列的关联性来查询数据的，而用来连接多表的条件被称为连接条件或连接谓词。其语法格式如下。

格式1：

```
select <表别名.列名1[,…n]>
 from {表名1,表名2[,…n]}
 where {连接条件 [and | or 查询条件]}[,…n]
```

格式2：

```
select <表别名.列名1[,…n]
 from {表名1[连接类型] join 表名2 on 连接条件}[,…n]
 where {查询条件}
```

说明：

（1）连接类型分为内（inner）连接、外（outer）连接、交叉（cross）连接；

（2）格式1只适用于内连接，在where子句中使用比较运算符给出两表的连接条件；

（3）格式2适用于3种连接，在join … on子句中定义连接类型和连接条件，默认连接类型是内连接（inner join）；

（4）任何子句引用同名列时，都必须附加表别名前缀，否则将引起“列名不明确”的错误。

1. 内连接（inner join）

参与内连接的两个表在地位上是平等的，没有主次之分。根据查询结果列输出效果的不同，内连接又分为3种：等值连接、自然连接和自连接。

（1）等值连接：等值连接存在冗余列，等值连接时，只有参与连接的两个表同时满足给定条件的数据记录才能输出。

【例6-20】查询每个教师及其授课的基本信息。

语句1：select 教师.*,授课.* from 教师 inner join 授课 on 教师.工号=授课.工号

语句2：select 教师.*,授课.* from 教师,授课 where 教师.工号=授课.工号

（2）自然连接：特殊的等值连接，去掉重复属性的等值连接就是自然连接，自然连接不存在冗余列，在不引起混淆的情况下，内连接就是指自然连接。

【例6-21】查询参加选修课的学生的学号、姓名及成绩。

语句1：select 学生.学号,姓名,成绩 from 学生,选修 where 学生.学号=选修.学号

语句2：select 学生.学号,姓名,成绩 from 学生 inner join 选修 on 学生.学号=选修.学号

（3）自连接：同一个表的两个副本之间的连接，由于两个副本同表名和属性名，因此必须给表定义两个别名，使之在逻辑上成为两个表。

【例6-22】列出“学生”表总分相同的学生，并按照总分排序输出。

```
select  a.学号,a.姓名,a.总分,b.学号,b.姓名
from 学生 as a inner join  学生 as b on a.总分=b.总分
where a.学号<>b.学号
order by a.总分
```

注意：一旦为表指定别名时，在查询语句中，所有用到表名的地方只能引用别名。

2. 外连接（outer join）

参与外连接的两表在地位上有主从之分，查询结果集中包含主表所有行和从表匹配的行。根据主次表的选择，外连接又分为3种：左外连接、右外连接和全外连接。

（1）左外连接（left [outer] join）。

以左表为主表，右表为从表，查询结果集中包括左表中的所有行，如果左表的某行连接列值在右表中没有找到匹配的行（连接列值），则结果集中的右表对应位置以NULL值显示。

【例6-23】对“stu”和“score”表做左外连接，查询学生的学号、姓名、性别、课程号及成绩相关信息。

```
select stu.学号,姓名,性别,score.学号,课程号,成绩
 from stu left outer join score on stu.学号=score.学号
```

运行结果如图6-11所示。

（2）右外连接（right [outer] join）。

以右表为主表，左表为从表，查询结果集中包括右表中的所有行，如果右表的某行连接列值在左表中没有找到相匹配的行（连接列值），则结果集中的左表对应位置以NULL值显示。

【例6-24】对“stu”和“score”表做右外连接，查询学生的学号、姓名、性别、课程号及成绩相关信息。

```
select stu.学号,姓名,性别,score.学号,课程号,成绩
 from stu right outer join score on stu.学号=score.学号
```

运行结果如图6-12所示。

	学号	姓名	性别	学号	课程号	成绩
1	19010101	储兆雯	女	19010101	01	90.0
2	19010101	储兆雯	女	19010101	02	95.0
3	19010101	储兆雯	女	19010101	03	88.0
4	19010201	汪诗微	女	NULL	NULL	NULL
5	19010202	齐海军	男	NULL	NULL	NULL
6	19020101	黄超宜	男	19020101	01	76.0
7	19020102	胡春华	男	19020102	01	67.0
8	19020102	胡春华	男	19020102	02	77.0

图6-11 例6-23运行结果

	学号	姓名	性别	学号	课程号	成绩
1	19010101	储兆雯	女	19010101	01	90.0
2	19010101	储兆雯	女	19010101	02	95.0
3	19010101	储兆雯	女	19010101	03	88.0
4	19020101	黄超宜	男	19020101	01	76.0
5	19020102	胡春华	男	19020102	01	67.0
6	19020102	胡春华	男	19020102	02	77.0
7	NULL	NULL	NULL	19030101	03	78.0
8	NULL	NULL	NULL	19040101	03	67.0
9	NULL	NULL	NULL	19040101	04	89.0
10	NULL	NULL	NULL	20010101	04	95.0

图6-12 例6-24运行结果

（3）全外连接（full [outer] join）。

先以左表为主表，右表为从表，执行左外连接；再以右表为主表，左表为从表，执行右外连接。然后去掉重复的行。

【例6-25】对“stu”和“score”表做全外连接，查询学生的学号、姓名、性别、课程号及成绩相关信息。

```
select stu.学号,姓名,性别,score.学号,课程号,成绩
 from stu full outer join score on stu.学号=score.学号
```

运行结果如图6-13所示。

	学号	姓名	性别	学号	课程号	成绩
1	19010101	储兆雯	女	19010101	01	90.0
2	19010101	储兆雯	女	19010101	02	95.0
3	19010101	储兆雯	女	19010101	03	88.0
4	19010201	汪诗微	女	NULL	NULL	NULL
5	19010202	齐海军	男	NULL	NULL	NULL
6	19020101	黄超宜	男	19020101	01	76.0
7	19020102	胡春华	男	19020102	01	67.0
8	19020102	胡春华	男	19020102	02	77.0
9	NULL	NULL	NULL	19030101	03	78.0
10	NULL	NULL	NULL	19040101	03	67.0
11	NULL	NULL	NULL	19040101	04	89.0
12	NULL	NULL	NULL	20010101	04	95.0

图6-13 例6-25运行结果

3. 交叉连接（cross join）

交叉连接为两表的广义笛卡儿积（集合运算的一种），即结果集为两表各行的所有可能组合，行数为两表行数乘积，交叉连接结果会产生一些无意义的元组，这种运算在实际应用中很少用到。

【例 6-26】对“stu”和“score”表做交叉连接。

语句 1：

```
select stu.*,score.* from stu,score                    --所影响的行数为 50 行
```

语句 2：

```
select stu.*,score.* from stu cross join score    --所影响的行数为 50 行
```

注意：如果交叉连接带有 where 子句，则交叉连接的作用将与内连接一样。

6.2.3 嵌套查询

在 SQL 语句中，一个 select-from-where 语句为一个查询块。将一个查询块嵌入另一个查询块的 where 子句或 having 子句中的查询被称为嵌套查询。外层的 select 语句被称为外（父）查询，内层的 select 语句被称为内（子）查询。

根据内外查询的相关性来说，嵌套查询又分为两种：不相关子查询和相关子查询。

1. 不相关子查询

不相关子查询是指子查询不依赖外部查询，其求解方法是由内向外，逐步求解。在不相关子查询中，一次性将子查询的结果求解出来，但不显示出来，而是直接传递给父查询，作为父查询的查询条件，然后执行父查询，并显示父查询结果。

格式如下。

```
where <父查询列或表达式> <比较运算符> [< any|some|all >] (子查询结果集)
```

说明：

（1）子查询结果是单列值（单列一行）时，才可以用比较运算符（>、>=、<=、<、!>、!<、<>、!=）进行连接；

（2）如果子查询结果是多列值（单列多行），则应使用[not] in 或者辅助 all、some(any)谓词连接；

（3）any（some）和 all 谓词必须与比较运算符同时使用才有意义，两者结合时的含义如表 6-4 所示。

表 6-4　any（some）和 all 谓词与比较运算符结合的含义

运算符	说明
>[=]any	大于等于子查询结果的某个值，比最小值大或等于即可，等价于>[=]min()
<[=]any	小于等于子查询结果的某个值，比最大值小或等于即可，等价于<[=]max()
>[=]all	大于等于子查询结果的所有值，比最大值大或等于即可，等价于>[=]max()
<[=]all	小于等于子查询结果的所有值，比最小值小或等于即可，等价于<[=]min()
=any	等于子查询结果某个值，等价于 in
!=any	不等于子查询结果的某个值 1、或者值 2、或者值 3、……（子查询对父查询没影响）
=all	等于子查询结果的所有值（无实际意义）
!=all	不等于子查询结果的任何一个值，等价于 not in

【例 6-27】查询个人平均成绩大于所有学生平均成绩的记录。

```
select 学号,avg(成绩) as 平均成绩 from 选修 group by 学号
having avg(成绩)>(select avg(成绩) from 选修)
```

【例 6-28】在选修表中查询选修了学号为“19020102”的学生选修的课程的选修信息。

```
select * from 选修 where 课程号 in (select 课程号 from 选修 where 学号='19020102')
```

【例 6-29】查询比某女生年龄小的男生的姓名和出生日期（与【例 6-30】比较）。

语句 1：

```
select 姓名,出生日期 from 学生 where 性别='男'
and 出生日期>any(select 出生日期 from 学生 where 性别='女')
```

语句 2：

```
select 姓名,出生日期 from 学生 where 性别='男'
and 出生日期>(select min(出生日期) from 学生 where 性别='女')
```

2. 相关子查询

相关子查询是指子查询依赖于父查询的嵌套查询，其求解方法是内外结合，反复求解。在相关子查询中，子查询的执行依赖于父查询的某个列值，通常在子查询的 where 子句中建立与父查询的连接条件。对于父查询可能选择的每一行，子查询都要从头到尾循环扫描子表一次。如果子查询存在与父查询匹配的行（连接列值），则父查询就返回结果行。

语法格式如下。

```
where <父查询列或表达式> <比较运算符>| [not] exists(子查询结果集)
```

说明：

① 子查询结果是单列值（单列一行）时，才可以用比较运算符（>、>=、<=、<、!>、!<、<>、!=）进行连接；

② 带[not] exists 谓词的子查询相当于测试子查询的结果集是否存在满足父查询匹配（连接列）数据，子查询不返回任何列值，只产生逻辑值 true 或 false。当使用 exists 谓词时，若内查询结果为非空，则外查询 where 子句为真值，否则为假值。当使用 not exists 谓词时，若内查询结果为空，则外查询 where 子句为真值，否则为假值。

（1）非[not] exists 谓词。

【例 6-30】查询学生单科成绩大于其所有课程的平均成绩的记录（与【例 6-27】比较）。

```
Select * from 选修 a
where 成绩>(select avg(成绩) from 选修 b where a.学号=b.学号)
```

分析：先求出每个同学的平均成绩，然后比较每个同学的单科成绩与其平均成绩，求出符合条件的记录。

执行过程如下：

```
select 学号,avg(成绩) as avg_成绩 into temp from 选修 group by 学号
go
select 选修.* from 选修,temp where 选修.学号=temp.学号 and 成绩>avg_成绩
```

（2）[not] exists 谓词。

① 测试被子查询检索到的行集是否为空

【例 6-31】查询有选修“成绩”不及格的学生的名单：

```
select 姓名 from 学生
where exists (select * from 选修 where 学号= 学生.学号 and 成绩<60)
```

分析：针对外查询表“学生”中每一条记录，检查内查询是否为空，若不为空，则输出该记录。其执行结果等价于以下语句。

等价语句 1：

```
select 姓名 from 学生,选修 where 学生.学号= 选修.学号 and 成绩<60
```

等价语句 2：

```
select 姓名 from 学生 where 学号 in (select 学号 from 选修 where 成绩<60)
```

② 用[not] exists 谓词实现关系代数的差运算。

【例 6-32】 查询没选课程号“01”的学生名单。

```
select 学号,姓名 from 学生
 where not exists (select * from 选修 where 学号= 学生.学号 and 课程号='01')
```

等价语句 1：

```
select 学号,姓名 from 学生
 where 学号 not in (select 学号 from 选修 where  课程号='01')
```

等价语句 2：

```
select 学号,姓名 from 学生
except
select 学号,姓名 from 学生 where 学号 in (
  select 学号 from 选修 where 课程号='01')
```

③ 用[not]exists 谓词实现全称量词的查询。

SQL 语言中没有全称量词∀(for all)，但可以用存在量词∃转换一个全称量词，如下所示。

```
(∀x) P≡¬ (∃x(¬ P))
```

【例 6-33】 查询选修了所有课程的学生的名单（没有一门课程是不选的）。

分析：查询这样的学生 x，没有一门课程 y 是 x 不选修的。

```
select 姓名 from 学生 where not exists                              /*查询学生 x*/
 (select * from 课程 where not exists                               /*不存在课程 y*/
  (select * from 选修 where 学号=学生.学号 and 课程号=课程.课程号)) /*x 不选课程*/
```

④ 用[not]exists 谓词实现逻辑蕴涵运算。

SQL 语言中没有逻辑蕴涵运算，但可以用谓词演算转换一个逻辑蕴涵，如下所示。

```
(∀y)p→q≡¬ (∃y(¬ (p→q))≡¬ (∃y(¬ (¬ p∨q)))≡¬ (∃y(p∧¬ q))
```

【例 6-34】 查询至少选修了学号为“19020102”的学生选修的全部课程的学生姓名。

分析：查询这样的学生 x，不存在这样的课程 y，学号为“19020102”的学生选修了而学生 x 没选。逻辑蕴涵表达式为$(\forall y)p \rightarrow q$，其中 p 表示学号为“19020102”的学生选修了课程 y，q 表示学生 x 选修了课程 y。

```
select 姓名 from 学生 a where not exists
 (select * from 选修 b where b.学号='19020102' and not exists
  (select * from 选修 c where c.学号=a.学号 and c.课程号=b.课程号))
```

注意：有些[not] exists 谓词的子查询不能被其他形式的子查询代替，但所有 in 谓词、比较运算符、any 和 all 谓词的子查询都能用带[not] exists 谓词的子查询代替。

6.2.4 集合查询

集合查询是组合两个查询结果集的行，而连接查询是匹配两个表中的列。在 SQL Server 2005 以上版本中，集合查询是通过集合运算符实现的，除了交叉连接以外，还包括并、交、差运算。其语法格式如下。

```
select <列名列表> from <表名1> [where <条件>]
```

```
{union[all]|except|intersect}
select <列名列表> from <表名 2> [where <条件>][oder by <列名>]
```

说明：

（1）各 select 子句中列名列表的列数相同，且同名同序，数据类型兼容或一致，结果集中的列名来自第一个 select 子句；

（2）集合运算包括并（union）、差（except）和交（intersect），其中并运算可使用 all 关键字来保留结果集中重复的行，否则自动删除重复的行；

（3）若使用 order by 子句，则只能排序整个结果集，且必须放在最后。

1. 并集查询

并集（联合）查询是指用运算符 union 将两个查询的结果集合并成一个结果集的查询。

【例 6-35】 列出女学生和女教师的姓名、性别，并增加说明列“身份”。

```
select 姓名,性别,'学生' as 身份 from 学生 where 性别 = '女'
union
select 姓名,性别,'教师' as 身份 from 教师 where 性别 = '女'
```

运行结果如图 6-14 所示。

	姓名	性别	身份
1	储兆雯	女	学生
2	冯博琴	女	教师
3	高佳佳	女	学生
4	黄美娟	女	学生
5	孙艺彩	女	教师
6	汪诗微	女	学生
7	王芳菲	女	教师
8	张韵韵	女	学生
9	赵文娟	女	教师

图 6-14　例 6-35 运行结果

2. 差集查询

差集查询是指用运算符 except 将第一个查询的结果集中那些出现在第二个查询结果集中的记录排除。

【例 6-36】 查询出“130101”号教师讲授了，且“wp0101”号教师未讲授的课程号。

```
select 课程号 from 授课 where 工号='130101'
except
select 课程号 from 授课 where 工号='wp0101'
```

3. 交集查询

交集查询是指用运算符 intersect 将两个查询的结果集中相同的记录保留下来。

【例 6-37】 查询出“130101”号教师和“wp0101”号教师共同讲授的课程的课程号。

```
select 课程号 from 授课 where 工号='130101'
intersect
select 课程号 from 授课 where 工号='wp0101'
```

6.3　数据修改

伴随着时间的推移和数据应用范围的扩大，难免会出现一些过时和无效的数据，因此需要对存放在表中的数据进行日常维护和管理，以确保数据的有效性和合法性。数据维护的基本操作主要包括数据插入、更新、删除和清空表内容等操作。

6.3.1 数据插入

SQL 语言使用 insert 语句插入数据，其插入数据的方式灵活多样，既可以使用 values 子句插入一行数据，也可使用 select 子句插入来源于其他表或视图的多行数据，甚至使用 execute 子句插入存储过程的结果集。

语法格式如下。

```
insert [into] {表名 [[as] 表别名]| 视图名 [[as] 视图别名]}
{[(列名列表)]
values ({default |表达式} [,…n]) | SQL语句 | [execute] 存储过程名} }
```

功能：向指定表中执行单行插入、批量插入或插入存储过程执行结果集数据。

说明：

（1）{表名 [[as] 表别名]| 视图名 [[as] 视图别名]}用于指明插入数据的表或视图名称；

（2）[(列名列表)]用于指定插入数据的列名，如不设置则为所有列名，如果指定了列名，则其他列名必须支持 NULL、默认值或者 identity 约束；

（3）values ({default |表达式} [,…n]) 用于单行插入数据，数据可以是 default、表达式，列值和列名在个数、顺序和数据类型上应保持一致，且不能违反完整性约束；

（4）SQL 语句用于批量插入查询结果集到指定表的指定列中；

（5）[execute]存储过程名用于将存储过程执行结果集插入指定表的指定列中。

1. 单行插入

语法格式如下。

```
insert [into]<表名|视图名>[(<列名1>[,<列名2>][,…n])]
values (<值1>[,<值2>][,…n])
```

功能：向表中插入单行数据。

【例 6-38】 向表“课程”中添加一新行，并按顺序为所有列提供列值：'12','电子商务安全技术','考查',36,2,'电子商务方向'。

```
use jxgl
insert into 课程 values('12','电子商务安全技术','考查',36,2,'电子商务方向')
```

【例 6-39】 向表“课程”中添加一新行，仅为部分列（课程号,课程名称,备注）提供列值：'13'，'决策科学'，'信息决策方向'。

```
use jxgl
insert into 课程(课程号,课程名称,备注) values ('13','决策科学','信息决策方向')
```

注意： identity 属性列的值由系统自动生成，如果要指定 identity 属性列的值，必须使用开关配置语句 set identity_insert <表名> on 打开，允许为 identity 属性列提供值，插入后使用开关配置语句 set identity_insert <表名> off 关闭。

【例 6-40】 向“选修”表中添加一新行，并为列“成绩编码”提供列值：

```
set identity_insert 选修 on   --打开identity属性列输入值开关
insert into 选修(成绩编码,学号,课程号,成绩)values(16,'19020103','02',90)
set identity_insert 选修 off   --关闭identity属性列输入值开关
```

2. 批量插入

语法格式如下。

```
insert [into]<目标表名|目标视图名>[(<列名1>[,<列名2>][,…n])]
select <列名1>[,<列名2>][,…n] from <源表名|源视图名> [where<查询条件>]
```

功能：将查询结果集追加到目标表或目标视图的尾部。

【例 6-41】 向“选修”表中添加 20 信管（1）班的学生学号和 01 课程号，成绩为空。

```
use jxgl
insert into 选修(学号,课程号,成绩)
 select 学号,'01',null from 学生 where 班级号 =
  (select 班级号 from 班级 where 班级名称='20 信管（1）班')
```

3. 存储过程插入

语法格式如下。

```
insert [into]<表名|视图名>[(<列名 1>[,<列名 2>][,…n])] execute <存储过程>
```

功能：将存储过程中的 select 语句的查询结果集插入到表或视图中。

【例 6-42】 将“选修”表成绩不及格的同学添加到“重修”表中。

```
use jxgl
go
create table 重修(学号 char(8),课程号 char(2),成绩 tinyint)
go
create proc retake as select 学号,课程号, 成绩 from 选修 where 成绩<60
go
insert into 重修(学号,课程号, 成绩 ) execute retake
```

6.3.2 数据更新

SQL 语言使用 update 语句修改表中现有数据行的一列或多列数据，使用 where 子句还可以实现有条件的更新，避免无限制地、错误地更新数据。

语法格式如下。

```
update <表名> set <列名 1>=<表达式 1>[,列名 2>=<表达式 2>[,…n]] [where <条件>]
```

功能：更新指定表指定列的值。

说明：

（1）update <表名>用于指定更新数据的表名；

（2）set <列名 1>=<表达式 1>[,列名 2>=<表达式 2>[,…n]]用于指定用表达式的值替换指定列名的值，表达式可以是常量、变量、default、NULL 或返回单个值的子查询；

（3）where <条件>用于设置更新记录的条件表达式，省略时更新表中所有记录。

【例 6-43】 更新“授课”表中评价内容为“真实评价是我们改进的基础”。

```
use jxgl
update 授课 set 评价='真实评价是我们改进的基础'
```

6.3.3 数据删除

使用 SQL 语言的 delete 语句可以删除表中现有记录，附带 where 子句还可以实现有条件的删除，避免无限制地、错误地删除记录。

语法格式如下。

```
delete [from] <表名> [where <条件> ]
```

功能：删除指定表中满足条件的记录。

说明：

（1）[from] <表名>用于指定删除记录的源表名；

（2）where <条件>用于设置删除记录的条件表达式，省略时删除所有记录。

【例 6-44】删除“学生”表中籍贯是安徽的同学。

```
use jxgl
delete from 学生 where 籍贯='安徽'
```

6.3.4 清空表内容

SQL 语言提供了 truncate table 命令删除表中所有数据，类似于不带 where 子句的 delete 语句，但比 delete 语句运行速度快，原因在于使用 delete 语句删除数据时要在事务日志中做记录，以便在删除失败时可以使用事务处理日志来恢复数据。

语法格式如下。

```
truncate table <表名>
```

功能：清空指定表的数据内容。

本章小结

T-SQL 语言是一种高效、快速的结构化查询语言，其主要功能是实现查询、插入、更新和删除表中数据等操作。查询是本章的重点，也是本章的难点。查询语句形式多样，同一查询需求可有多种方法，但执行效率会有差别。如嵌套查询与连接查询相比，嵌套查询使用逐步求解，层次较为清晰，易于构造，而连接查询执行效率更高，插入、更新和删除语句更简洁。

习题六

一、选择题

1. 以下有关 select 语句的叙述中错误的是（　　）。
   A. select 语句中可以使用别名
   B. select 语句规定了结果集中的顺序
   C. select 语句中只能包含表中的列及其构成的表达式
   D. 引用列存在同名列时，必须使用表名前缀加以限定
2. delete 语句中的 where 子句的基本功能是（　　）。
   A. 指定需查询的表的存储位置　　B. 指定输出列的位置
   C. 指定行的筛选条件　　D. 指定列的筛选条件
3. 当使用模式查找 like '_a%'时，可能的结果是（　　）。
   A. aili　　B. bai　　C. bba　　D. cca
4. select 语句中“where 成绩 between 80 and 90”表示成绩在 80～90 之间，且(　　)。
   A. 包括 80 和 90　　B. 不包括 80 和 90
   C. 包括 80 但不包括 90　　D. 包括 90 但不包括 80
5. 以下能够进行模糊查询的关键字为（　　）。
   A. order by　　B. like　　C. and　　D. escape
6. select 语句中的 from 子句指定输出数据的来源之处，以下说法中不正确的是（　　）。
   A. 数据源可以是一个或多个表　　B. 数据源必须是有外键参照的表
   C. 数据源可以是一个或多个视图　　D. 数据源可以是空表
7. 使用 order by 子句输出数据时，以下说法中正确的是（　　）。

A. 不能对计算列排序输出
B. 当不指定排序方式，系统默认升序
C. 可以指定对多列排序，按优先顺序列出需排序的列，用空格隔开
D. 当对多列排序时，必须指定一种排序方式

8. 以下关键字中对输出结果的行数没有影响的是（　　）。
A. group by　　B. where　　C. having　　D. order by

9. 下列关于 any（some）和 all 谓词与比较运算符联合使用的说法中，不正确的是（　　）。
A. >[=]any 等价于>[=]min()　　B. >[=]all 等价于>[=]max()
C. =any 等价于 in　　D. !=any 等价于 not in

10. 在关系数据库中，NULL 是一个特殊值，关于 NULL，下列说法中正确的是（　　）。
A. 判断列值是否为空使用=NULL　　B. NULL 表示尚不确定的值
C. 执行 select null+5 将会出现异常　　D. NULL 只适用于字符和数值

11. 以下关于查询语句的表述中错误的是（　　）。
A. 查询语句的功能是从数据库中检索满足条件的数据
B. 查询的数据源可以来自一张表或多张表，甚至是视图
C. 查询的结果是由 0 行或是多行记录组成的一个记录集合
D. 不允许选择多个字段作为输出字段

12. 下列不可对属性值进行比较的条件运算符是（　　）。
A. [not] in　　B. [not] like　　C. and、or　　D. [not]between and

13. group by 子句中的 having 子句是用来限定（　　）。
A. 查询结果的分组条件　　B. 组或聚合的搜索条件
C. 限定返回的行的搜索条件　　D. 结果集的排序方式

14. order by 子句用来限定（　　）。
A. 查询结果的分组条件　　B. 组或聚合的搜索条件
C. 限定返回的行的搜索条件　　D. 结果集的排序方式

15. 关于 delete 语句，下面说法中正确的是（　　）。
A. 一次只能删除表中的一行记录　　B. 可以删除表中的多条记录
C. 不能删除表中的全部记录　　D. 可以删除表

16. 关于 update 语句，下面说法中正确的是（　　）。
A. 只能更新表中的一条记录　　B. 可以更新表中的多条记录
C. 不能更新表中的全部记录　　D. 可以更改表结构

17. 关于 select 语句，下面说法正确的是（　　）。
A. 可以查询表或视图中的数据　　B. 只能从一个表获取数据
C. 不可以设置查询条件　　D. 不可以对查询结果排序

18. 在 select 语句中，如果查询条件出现聚合函数，则定义查询条件的关键字是（　　）。
A. group by　　B. where　　C. having　　D. order by

19. 在模糊查询中，可以代表任何字符串的通配符是（　　）。
A. *　　B. @　　C. %　　D. #

20. 当利用 in 关键字进行子查询时，内查询的 select 子句中可以指定（　　）列名。
A. 1 个　　B. 2 个　　C. 3 个　　D. 任意多个

21. 可以用（　　）语句修改表的一行或多行数据。
A. update　　B. set　　C. select　　D. where

22. 下列运算符中用来表示不等于的是（　　）。

A. <=　　B. >=　　C. =<　　D. <>

23. 进行嵌套查询时，当子查询的结果返回多行记录时，不能使用的运算符是（　　）。

A. [not] in　　B. [not] exists

C. 带 all、some(any)谓词的比较运算符　　D. [not] like

24. 关于 union 的使用原则，下列说法中不正确的是（　　）。

A. 每一个结果集的数据类型都必须相同或兼容

B. 每一个结果集中的列的数量都必须相等

C. 如果对联合查询的结果进行排序，则必须把 order by 字句置于第一个 select 子句之后

D. 如果对联合查询结果进行排序，排序依据必须是第一个 select 子句中的列

25. 关于表的自连接，下列说法中不正确的是（　　）。

A. 自连接是内连接的一个特例　　B. 在自连接时，必须为表起别名

C. 自连接结果对数据统计无意义　　D. 在多表连接中 inner 关键字可省略

26. 不能与 SQL Server 数据库进行转换的文件是（　　）。

A. 文本文件　　B. Excel 文件　　C. Word 文件　　D. Access 文件

27. 关于导入、导出数据，下面说法中不正确的是（　　）。

A. 可以将 SQL Server 数据库导出到 Access　　B. 可以使用向导导入、导出数据

C. 可以保存导入、导出任务，以后再执行　　D. 导出数据后，原有数据被删除

28. 在 SQL 中，下列涉及空值的操作中不正确的是（　　）。

A. age is null　　B. age is not null　　C. age=null　　D. not(age is null)

29. 下面关于自然连接与等值连接的叙述中，不正确的是（　　）。

A. 自然连接是一种特殊的等值连接

B. 自然连接要求两个关系中具有相同的属性组，而等值连接则无此需求

C. 两种连接都可以只用笛卡儿积和选择运算导出

D. 自然连接要在结果中去掉重复的属性，而等值连接则无此需求

30. 若想查询出所有姓张且出生日期为空的学生的信息，则 where 条件应为（　　）。

A. 姓名 like '张%' and 出生日期 = null　　B. 姓名 like '张*' and 出生日期 = null

C. 姓名 like '张%' and 出生日期 is null　　D. 姓名 like '张_' and 出生日期 is null

二、填空题

1. 用（　　）语句修改表的一行或多行数据。
2. delete 语句用（　　）子句指明表中要删除的行。
3. SQL Server 为用户提供了 4 个通配符，它们分别是：%、[]、（　　）和_。
4. 联合查询使用（　　）关键字。
5. 连接查询包括内连接、外连接和（　　）。
6. 查询时，使用（　　）子句可以创建一个新表，并用 select 查询结果集填充该表。
7. select 语句中实现分组的子句是（　　）。
8. SQL 中实现数据控制功能的语句主要有 grant 语句和（　　）语句。
9. select 语句中实现排序的子句是（　　）。
10. select 语句中 having 子句一般跟在（　　）子句后。
11. 布尔运算符（　　）和 or 将多个条件合并成一个条件，而 not 应用于单个条件。
12. 子查询可以嵌入在 select、insert、update、delete 的 having 或者（　　）子句中。
13. （　　）子查询依赖外部的查询。

14. （　　）查询返回所有匹配和不匹配的行。
15. 联合查询中使用（　　）关键字可以返回所有行，不管有没有重复行。
16. 在分组检索过程中，去掉不满足分组记录的条件用（　　）子句。
17. 在查询结果中，去掉重复行的关键字是（　　），保留所有行的关键字是 all。
18. delete 语句必须包含的子句是（　　）。
19. 一个 select 语句中还包括其他子查询的语句是（　　）查询。
20. （　　）table 命令相当于不带 where 子句的 delete 命令。

三、实践题

1. 查询读者表的所有信息。
2. 查询图书表中图书的种类。
3. 查阅读者编号为“1001”的读者的借阅信息。
4. 查询图书表中“清华大学出版社”出版的图书的书名和作者。
5. 查询书名中包含“程序设计”的图书信息。
6. 查询图书表中“清华大学出版社”出版的图书信息，结果按图书单价升序排列。
7. 查询图书定价最高的前 3 个图书的图书编号、定价。
8. 查询“C 语言程序设计”图书借阅日期最近的 3 名读者的读者编号和借书日期。
9. 查询图书馆的藏书量。
10. 查询图书馆的图书总价值。
11. 查询各出版社的馆藏图书数量。
12. 查询 2021-10-1 到 2022-10-1 之间各读者的借阅数量（不能利用列“已借数量”）。
13. 查询 2021-10-1 到 2022-10-1 之间作者为“谭浩强”的图书的借阅情况。
14. 使用统计函数计算读者表中的最多、最少和平均借阅数。
15. 使用统计函数计算读者表中每个单位的最多、最少和平均借阅数。
16. 查询借阅图书数量超过 2 的读者的编号、借阅数量（不能利用列“已借数量”）。
17. 查询馆藏图书最多的作者姓名及馆藏数量，并存储到一个新表 author 中。
18. 为读者类型表的借阅期限列之后增加一个说明列，说明列值为“日”。
19. 查询所有男教师和所有男生，并标示身份。
20. 利用子查询，查询借阅了图书的读者信息。
21. 利用子查询，查询没有借阅图书的读者信息。
22. 使用嵌套查询，查询定价大于所有图书平均定价的图书信息。
23. 查询高等教育出版社出版的定价高于所有图书平均定价的图书信息。
24. 查询借阅了“TP0001”日期最近的读者的读者编号、姓名、图书编号、借书日期。
25. 查询借阅了《数据库原理》图书的读者信息。
26. 查询借阅数量超过 2（包括 2）的读者信息。
27. 查询借阅人数超过 2（包括 2）的图书编号、图书名称。
28. 查询读者表中各单位的读者总数。
29. 查询读者表中管理学院的读者编号、姓名、单位，并统计总人数。
30. 查询读者表中管理学院的读者编号、姓名、单位，并按照读者类型统计各类型人数。
31. 利用子查询查询读者表中已借数量最少的教师和学生。
32. 查询借书数大于平均借书数的读者信息。

第7章*

T-SQL 程序设计

本章导读

T-SQL 是内嵌在 SQL Server 系统中的结构化查询语言，除了具备数据定义、查询、操纵和控制功能外，还引入了程序设计思想和过程控制结构，增加了函数、系统存储过程、触发器等对象。灵活运用 T-SQL 语言，可以编写基于客户/服务器模式下的数据库应用程序。

7.1 程序设计基础

程序设计的基础是处理数据，而数据在程序中最常见的形式是常量、变量和表达式。

7.1.1 常量

常量是指在程序运行过程中其值固定不变的量。在SQL Server系统中，常量也称字面值或标量值，是表示一个特定数据值的符号。常量有如下几种形式。

1. 字符串常量

字符串常量分为ASCII字符串常量和unicode字符串常量。

（1）ASCII字符串常量是用定界符单引号（'）引起来，由英文字母（a～z，A～Z）、数字（0～9）及特殊符号（！，@）等ASCII字符组成的字符序列，如'中国'、'合肥'等。

如果在字符串中嵌入单引号（'），可以使用两个连续的单引号（''）表示嵌入的一个单引号（'），中间没有任何字符的两个连续的单引号（''）表示空串。

（2）unicode字符串常量以标识符N（大写字母）为前缀，引导由定界符单引号（'）引起来的字符串，如N'china'、N'hefei'等。

unicode字符串常量被解释为unicode数据。unicode 数据中的每个字符用两个字节存储，而ASCII字符串中的每个字符则使用一个字节存储。

2. 整型常量

整型常量又分为二进制位常量、十进制整型常量和十六进制整型常量。

（1）二进制位常量：由数字0 和1组成，没有定界符。在进行变量赋值时，赋值大于1的数字将被转换为二进制位1。字符串'true'和'false'则被转换为二进制位1和0。

（2）十进制整型常量：由正、负号和数字 0～9 组成，正号可以省略，没有定界符，例如2006、3、-2009。

（3）十六进制整型常量：使用0x作为前缀，后面跟随十六进制数字字符串，没有定界符，例如0xcdE、0x12E9、0x（空二进制常量）。

3. 日期/时间常量

使用定界符单引号（'）引起来的特定格式的字符串。SQL Server提供并识别多种格式的日期/时间，使用set dateformat mdy|dmy|ymd命令可以设置各种日期/时间格式。

（1）常见的日期格式如下。

① 字母日期格式：'April 15, 1998'，'15-April-1998'。

② 数字日期格式：'10/15/2004'，'2004-10-15'，'2009年3月22日'。

③ 未分隔的日期格式：'980415'，'04/15/98'。

（2）常见的时间格式有：'14:30:24'，'04:24 PM'。

4. decimal常量

由正、负号、小数点、数字0～9组成，正号可以省略，没有定界符，例如91.3、-2147483648.10。

5. float和real常量

可以使用科学记数法表示的数字串，没有定界符，例如101.5E5、0.5E-2。

6. money常量

以可选货币符号（$）作为前缀，并可以带正、负号和小数点的一串数字字符串，存储的精确度为4位小数，没有定界符，例如$20、$45、-$35、$0.22。

7. uniqueidentifier 常量

由字符或十六进制数字字符串表示的全局唯一标识符值（GUID），例如'6F9619FF-8B86-D011-B42D-00C04FC964FF'、0xff19966f868b11d0b42d00c04fc964ff。

7.1.2 变量

变量是指在程序运行过程中其值可以变化的量，包括变量名和变量值两部分。变量名是对变量的命名，变量值是对变量的赋值。

1. 变量类型

T-SQL 语句中有两种变量：全局变量和局部变量。

（1）全局变量是 SQL Server 系统定义并自动赋值的变量，其作用范围是所有程序，主要用来记录 SQL Server 服务器的活动状态。

用户可以引用全局变量但不能改变其值，全局变量必须以字符串@@开头。SQL Server 系统提供了 30 多个全局变量，如表 7-1 所示。

表 7-1 全局变量名及其功能

全局变量名	功能
@@connections	返回连接或企图连接到 SQL Server（最近一次启动以来）的连接次数
@@cpu_busy	返回自 SQL Server 最近一次启动以来，CPU 的工作时间总量，单位为毫秒
@@cursor_rows	返回当前打开的最后一个游标中还未被读取的有效数据行的行数
@@datefirst	返回一个星期中的第一天，set datefirst 命令设置 datafirst 参数值，取值为 1～7
@@dbts	返回当前数据库的时间戳值，数据库中时间戳值必须是唯一的
@@error	返回最近一次执行 T-SQL 语句的错误代码号，0 表示成功
@@fetch_status	返回最近一次执行 fetch 语句的游标状态值
@@identity	返回最近一次插入行的 identity（标识列）列值
@@idle	返回 SQL Server 处于空闲状态的时间总量，单位为毫秒
@@io_busy	返回 SQL Server 执行输入/输出操作所花费的时间总量，单位为毫秒
@@langid	返回 SQL Server 使用的语言的 ID 值
@@language	返回 SQL Server 使用的语言名称
@@lock_timeout	返回当前会话所设置的资源锁超时时长，单位为毫秒
@@max_connections	返回允许连接到 SQL Server 的最大连接数目
@@max_precision	返回 decimal 和 numeric 数据类型的精确度
@@nestlevel	返回当前执行的存储过程的嵌套级数，初始值为 0，最大值为 16
@@options	返回当前 set 选项的信息
@@pack_received	返回 SQL Server 通过网络读取的输入包的数目
@@pack_sent	返回 SQL Server 写给网络的输出包的数目
@@packet_errors	返回 SQL Server 读取网络包的错误数目
@@procid	返回当前存储过程的 ID 值
@@remserver	返回远程 SQL Server 数据库服务器的名称
@@rowcount	返回最近一次 T-SQL 语句所影响的数据行的行数，0 表示不返回任何行

续表

全局变量名	功能
@@servername	返回本地运行 SQL Server 的数据库服务器的名称
@@servicename	返回 SQL Server 运行的服务状态，如 MSSQLServer、SQLServerAgent 等
@@spid	返回当前用户进程对应的服务器进程标识 ID 值
@@textsize	返回 set 语句的 textsize 值，即数据类型 text 或 image 的最大值，单位为字节
@@timeticks	返回计算机系统中最小时间分辨率（一次滴答）对应的微秒数
@@total_errors	返回磁盘读写错误数目
@@total_read	返回磁盘读操作的数目
@@total_write	返回磁盘写操作的数目
@@trancount	返回当前连接中处于活动状态的事务数目
@@version	返回 SQL Server 的安装日期、版本号和处理器类型

（2）局部变量是用户自定义的变量，其作用范围是声明了该局部变量的批处理、存储过程或触发器等程序内部，用来存储从表中查询到的数据，或作为程序执行过程中的暂存变量。

局部变量必须以字符@开头，且必须先声明才能使用。

2. 局部变量的声明

声明局部变量的语法格式如下。

```
declare {@局部变量名 [as] 数据类型}= 默认值 [,…n]
```

说明：

（1）局部变量名必须符合标识符命名规则；

（2）数据类型可以是系统数据类型，也可以是用户自定义数据类型，但不能定义为 text、ntext 或 image 数据类型，如有需要，还需指定数据宽度及小数精度；

（3）声明多个局部变量名时，各变量名之间用逗号隔开；

（4）局部变量声明后，系统自动初始化赋值为 null，局部变量声明时可以同时赋值。

3. 局部变量的赋值

局部变量赋值语句有两种形式：set 语句和 select 语句。

（1）set 语句。

语法格式如下。

```
set {<@局部变量名>=<表达式>}
```

说明：将“表达式”的值赋给“@局部变量名”指定的局部变量，一条语句只能给一个变量赋值。

【例 7-1】 计算两数之和。

```
declare @sum int,@a as int,@b as int
set @a=10
set @b=90
set @sum=@a+@b
print @sum
```

（2）select 语句。

语法格式如下。

```
select {<@局部变量名>=<表达式>[,…n]} [from<表名>[,…n] where<条件表达式>]
```

说明：

① 将“表达式”的值赋给“@局部变量名”指定的局部变量，或者从筛选记录中计算出“表

达式”的值并赋给“@局部变量名”指定的局部变量；

② select 语句既可以查询数据又可以赋值变量，但不能同时使用，如果 select 语句返回多个数值（多行记录），则局部变量只取最后一个返回值；

③ 一条语句可以给多个变量分别赋值。

【例 7-2】计算“选修”表中男生平均成绩和总成绩。

```
use jxgl
declare @avgscore float,@sumscore float
select @avgscore=avg(成绩),@sumscore=sum(成绩) from 学生,选修
where 学生.学号=选修.学号 and 性别='男'
```

7.1.3 运算符

运算符是用来连接运算对象（或操作数）的符号，表达式是指用运算符将运算对象（或操作数）连接起来的式子。T-SQL 语句提供 7 类运算符及其对应表达式，分别是算术运算符、关系运算符、位运算符、逻辑运算符、字符串运算符、赋值运算符和一元运算符及其对应表达式。

1. 运算符

（1）算术运算符。

算术运算符用于数值数据的算术运算，算术运算符及其含义如表 7-2 所示。

表 7-2 算术运算符及其含义

算术运算符	含义	数据类型
+、-、*、/	加、减、乘、除	int、smallint、tinyint、decimal、float、real、money、smallmoney
%	求余	int、smallint、tinyint

（2）比较运算符。

比较运算符用来比较两个表达式的值是否相同，如果值相同则为 true，否则为 false，当参与比较的操作数含有 null 值时，结果为 unknown。比较运算符及其含义如表 7-3 所示。

表 7-3 比较运算符及其含义

比较运算符	含义	比较运算符	含义	比较运算符	含义
=	等于	>=	大于或等于	!=	不等于
>	大于	<=	小于或等于	!<	不小于
<	小于	<>	不等于	!>	不大于

注意：比较运算符不能用于 text、ntext、image 数据类型表达式的运算。另外，有时也把 all、any、some、between…and、in、like 当作逻辑运算符的一部分。

（3）按位逻辑运算符。

按位逻辑运算符用于对数据进行按位运算，按位运算符及其含义如表 7-4 所示。

表 7-4 按位运算符及其含义

按位运算符	含义
&	位与，双目运算，参与运算的两个位值都是 1 时结果为 1，否则为 0
|	位或，双目运算，参与运算的两个位值都是 0 时结果为 0，否则为 1
^	位异或，双目运算，参与运算的两个位值不同时结果为 1，否则为 0
~	位取反，单目运算，即~1=0，~0=1

在进行整型数据的位运算时，先将整型数据转换为二进制数据，然后再进行按位计算；也可以对整型数据和二进制数据进行混合运算，但不能同时为二进制数据类型。位运算所支持的数据类型如表 7-5 所示。

表 7-5 参与位运算的左/右操作数

左操作数	右操作数
binary，varbinary	int，smallint，tinyint
int，smallint，tinyint	int，smallint，tinyin，binary，varbinary
bit	int，smallint，tinyint

（4）逻辑运算符。

逻辑运算符用于测试某些逻辑表达式真实性的运算，返回值为 true、false 或 unknown。逻辑运算符及其含义如表 7-6 所示。

表 7-6 逻辑运算符及其含义

逻辑运算符	含义
not	非运算，单目运算，对关系表达式的值取反，即 not(true)=false，not(false)=true
and	与运算，双目运算，参与运算的两个关系表达式的值都是 true 时才为 true，否则为 false
or	或运算，双目运算，参与运算的两个关系表达式的值都是 false 时才为 false，否则为 true

（5）字符串连接运算符。

字符串运算符是用来将两个字符串连接成一个新的字符串的运算符。字符串运算符只有一个，即加号。

（6）赋值运算符。

赋值运算符是将表达式的值赋给变量的运算符号。赋值运算符只有一个，即等号。

（7）一元运算符。

一元运算符是只对一个表达式进行运算的运算符号，这个表达式的值可以是数值数据类型中的任何一种数据类型。一元运算符及其含义如表 7-7 所示。

表 7-7 一元运算符及其含义

一元运算符	含义
+	表示数据的正号
-	表示数据的负号
～	求一个数字的补数

2. 运算符的优先级

当混合使用多种运算符构成一个复杂的表达式时，表达式中有括号则先算括号内，再算括号外；无括号时，运算符的优先级决定了运算的先后顺序，并影响计算的结果。运算符的优先级从高到低排列顺序如表 7-8 所示。

表 7-8 运算符的优先级排序

运算符	优先级
+（正）、-（负）、～（按位取反）	1
*（乘）、/（除）、%（模）	2

续表

运算符	优先级
+（加）、（+ 串联）、-（减）	3
=、>、<、>=、<=、<>、!=、!>、!<（比较运算符）	4
^（位异或）、&（位与）、|（位或）	5
not	6
and	7
all、any、between、in、like、or、some	8
=（赋值）	9

注意：同一行中运算符优先级相同，当表达式中含有优先级相同的多个运算符时，根据位置，二元运算符遵从从左到右的顺序执行，一元运算符遵从从右到左的顺序执行。

7.2 流程控制语句

SQL Server 程序结构用来控制 T-SQL 语句、语句块和存储过程等的运行流程，主要包括块语句、分支语句（包括二分支语句和多分支表达式）、循环语句和其他语句等。

7.2.1 块语句

begin…end 语句的作用是将多条 T-SQL 语句合成一个语句块，并将它们视为一个单元整体处理。语法格式如下。

```
begin
  {sql 语句|语句块}
end
```

说明：

（1）将多条语句封装成一个语句块，服务器在处理时，整个语句块等同于一条语句；

（2）begin…end 语句也可以嵌套。

【例 7-3】从“选修”表中求出学号为“19010101”的学生的平均成绩，如果此平均成绩大于或等于 60 分，则输出“该同学通过全部考试，没有挂考”的信息。

```
use jxgl
go
if (select avg(成绩) from 选修 where 学号='19010101')>=60
   begin
     print '该同学通过全部考试，没有挂考'
  end
```

7.2.2 二分支语句

if…else 语句和 if [not] exists…else 语句是 T-SQL 语句提供的两种二分支结构。使用二分支语句可以编写进行判断和选择操作的 SQL 语句（块）代码。

1. if…else 语句

语法格式如下。

```
if<判断条件>
  {sql 语句 1|语句块 1}
```

```
[else
  {sql 语句 2|语句块 2}]
```

功能：根据判断条件结果（true 或 false）选择要执行的分支语句。

说明：判断条件结果为 true 时，则运行 if...else 之间的“SQL 语句 1|语句块 1”，否则如果有 else 分支，则运行 else 之后的“SQL 语句 2|语句块 2”。

【例 7-4】根据给定教师的姓名，查询该教师的本校工龄是否在 30 年以上。

```
use jxgl
go
if (select datediff(year,工作日期,getdate()) from 教师 where 姓名='李教师')>=30
  print '该教师的工龄至少 30 年，可以提出退休申请'
else
  print '该教师的工龄不足 30 年，不可以提出退休申请'
```

2. if [not] exists...else 语句

if [not] exists...else 语句用于检测数据是否存在，而不考虑与之匹配的行数，对于存在性检测而言，使用 if [not] exists 要比 count(*)>0 好，效率更高。

语法格式如下。

```
if [not] exist<检测数据>
{sql 语句 1|语句块 1}
[else
  {sql 语句 2|语句块 2}]
```

功能：依据检测数据的存在性结果（true 或 false）选择要执行的分支语句。

说明：检测数据的存在性为 true 时，则运行 if...else 之间的“SQL 语句 1|语句块 1”，否则如果有 else 分支，则运行 else 之后的“SQL 语句 2|语句块 2”。

【例 7-5】根据给定课程的课程类型，如果存在，就计算该种课程类型的门数。

```
use jxgl
go
if exists(select * from 课程 where 课程类型='考查')
  select count(*) as '考查课门数' from 课程 where 课程类型='考查'
else
  print '没有考查课'
```

运行结果如图 7-1 所示。

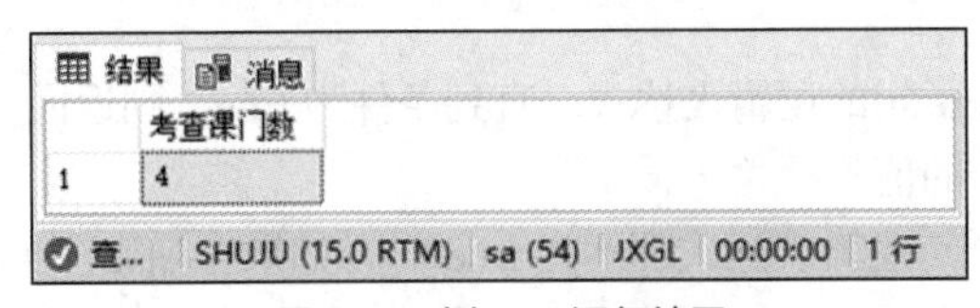

图 7-1 例 7-5 运行结果

7.2.3 多分支表达式

case 表达式是多条件分支表达式，返回第一个符合条件的表达式结果。case 表达式必须嵌入其他语句中才能起作用。case 表达式有两种格式：简单 case 表达式和搜索 case 表达式。

1. 简单 case 表达式

语法格式如下。

```
case <表达式>
  when <值 1> then <结果 1>
```

```
    [when <值2> then  <结果2>
    …
    when <值n> then  <结果n>
    ]
     [else <结果n+1>]
end [as 表达式别名]
```

说明：

（1）在其开始处设置一个只计算一次的计算表达式；

（2）将表达式值依次与 when 子句的值进行比较，一旦等值匹配，就返回关联 then 子句的结果，不再比较后续 when 子句中的值，然后执行 end 后面的子句；

（3）在所有 when 子句值都不等值匹配表达式值时，如果有 else 子句，就返回 else 子句结果。

【例 7-6】输出选修信息，并输出表中各课程号对应的课程名。

```
use jxgl
go
select 学号,课程号,
case 课程号
 when '01' then '计算机基础'
 when '02' then '企业管理'
 when '03' then 'C程序设计'
 else '其他课程'
end as 课程名称,成绩
from 选修
```

2. 搜索 case 表达式

语法格式如下。

```
case
  when <逻辑表达式1> then <结果值1>
  [when <逻辑表达式2> then <结果值2>
  …
  when  <逻辑表达式n> when <结果值n>]
  [else <结果值n+1>]
end [as 表达式别名]
```

说明：

（1）依次判断 when 子句的逻辑表达式，直到条件为 true，则返回关联 then 子句的结果值，不再判断后续 when 子句的值；

（2）在所有 when 子句逻辑表达式都不为 true 时，如果有 else 子句，就返回 else 子句的结果值。

【例 7-7】计算各教师的各门、各班课程的课酬信息，其中，课酬=学时*课酬标准。课酬标准分别为：教授 150 元/学时，副教授 120 元/学时，讲师 100 元/学时，助教 60 元/学时。

```
use jxgl
go
update 授课
 set 课酬=学时*case
  when 职称='教授' then 150
  when 职称='副教授' then 120
```

```
  when 职称='讲师' then 100
  else 60
  end
  from 教师,课程,授课
 where 教师.工号=授课.工号
and 课程.课程号=授课.课程号
go
select * from 授课
```

运行结果如图 7-2 所示。

	工号	课程号	班级号	课酬
1	130101	01	190101	4320
2	130102	02	190101	5400
3	130103	03	190101	4320
4	130102	04	190101	10800
5	130202	05	190101	4320
6	140101	11	190101	3200
7	140102	10	190101	6480
8	130101	09	190102	4320
9	130101	08	190201	6480
10	130201	07	190301	7200
11	wp0101	01	200101	3600
12	wp0101	02	200201	3600

图 7-2 例 7-7 运行结果

7.2.4 循环语句

可以使用 while…continue…break 语句重复执行 SQL 语句或语句块。

语法格式如下。

```
while<条件>
  {sql 语句 1|语句块 1}
[break]
  {sql 语句 2|语句块 2}
[continue]
```

说明：

（1）首先判断条件是否为 true，如果为 true，则按顺序执行循环体，然后返回 while<条件>开始处，再次判断条件，如果为 true，继续下一次循环，如此反复，直至 while<条件>为 false，跳出循环体，结束循环；

（2）break 语句是跳出循环体，终止循环；

（3）continue 语句是终止本次循环，继续下一次循环。

【例 7-8】求 1～100 的奇数之和。

```
declare @sum as int
declare @i as smallint
set @sum=0
set @i=0
while @i<=100   /*外层循环从 1 到 100*/
 begin
  set @i=@i+1
   if (@i%2)=0  /*如果@i 能够被 2 整除，则不是奇数*/
    continue
   else
```

```
    set @sum=@sum+@i
   if @i>=99
    break
 end
print '1到100的奇数之和为：'+convert(char(6),@sum)  /*输出和*/
```

运行结果如下。

1 到 100 之间的奇数之和为：2500

7.2.5 其他语句

其他语句包括批处理定界语句、数据库切换语句、输出语句、暂停语句、注释语句、无条件退出语句、无条件跳转语句、返回错误代码语句等，分别介绍如下。

1. 批处理定界语句

批处理是一次性分析、编译和执行的一条或多条 T-SQL 语句或命令的集合。在 SQL Server 系统中，一系列按顺序提交的批处理语句被称为脚本，一个脚本中可以包含一个或多个批处理。

语法格式如下。

```
go
```

说明：

（1）大多数 create 语句不可以在同一个批处理中使用，如 create procedure、create rule、create default、create trigger、create view 不能混合使用。

（2）不能在同一个批处理中使用 alter table 命令修改表结构后，又立即引用其新增的列。

（3）不能在同一个批处理中删除一个对象后又立即重建它。

（4）用 set 语句改变的选项在批处理结束时生效。

（5）如果在同一批处理中运行多个存储过程，则除第一个存储过程外，其余存储过程在调用时必须使用 execute 语句。

2. 数据库切换语句

语法格式如下。

```
use 数据库名
```

说明：将指定的数据库切换为当前数据库，才可对其及其中的对象做进一步操作。

3. 输出语句

语法格式如下。

```
print '任何ASCII文本'|@变量|@@全局变量|字符串表达式
```

说明：

（1）向客户端输出一个字符串、一个局部变量或全局变量；

（2）如有必要，可用 convert()或 cast()函数将其他数据类型数据转换成字符串数据类型。

4. 暂停语句

语法格式如下。

```
waitfor {delay 'hh:mm:ss'|time 'hh:mm:ss'}
```

说明：

（1）delay 关键字表示暂停到由“hh:mm:ss”指定的时长间隔后，再继续执行其后的语句，时长最大值为 24 小时；

（2）time 关键字表示暂停到由“hh:mm:ss”指定的时刻点，再继续执行其后的语句。

5. 注释语句

注释语句有两种格式。

格式 1：--注释语句

格式 2：/*注释语句*/

说明：

（1）--（双连字符）用于单行注释，从双连字符开始到结尾都是注释语句，一般放在语（子）句代码行后面，也可以单独另起一行；

（2）/*…*/用于多行注释，位置比较自由，既可以放在语句代码后面，也可另起一行，甚至可以放在语句代码内部；

（3）/*…*/不能跨越批处理，整个注释必须包含在一个批处理中。

【例 7-9】设置在 10:30 查询 19 会计 1 班的学生选修各门课程的考试人数。

```
use jxgl                                    --切换数据库 JXGL 为当前数据库
waitfor time '10:30'                        --设置等待时刻
select 课程号,count(*) as 考试人数          --统计人数
 from 选修
 where 班级号 ='190101'                     /*筛选条件*/
 group by 课程号                            /*分组*/
 order by 课程号 asc                        /*升序输出，默认值为 ASC*/
```

6. 无条件退出语句

语法格式如下。

```
return[<整数值>]
```

说明：

（1）结束当前程序的运行，返回调用它的上一级程序；

（2）整数值是被调用的存储过程向父进程报告本进程的执行状态；

（3）如果没有指定返回值，SQL Server 系统会根据程序执行的结果返回一个内定值（−99~−1），常见内定值及其含义如表 7-9 所示。

表 7-9 内定值及其含义

返回值	含义	返回值	含义
0	程序执行成功	−7	资源错误
−1	找不到对象	−8	非致命错误
−2	数据类型错误	−9	已达到系统的极限
−3	死锁	−10，−11	致命的内部不一致错误
−4	违反权限原则	−12	表或指针错误
−5	语法错误	−13	数据库破坏
−6	用户造成的一般错误	−14	硬件错误

7. 无条件跳转语句

语法格式如下。

```
goto 标号
…
标号:
```

说明：

（1）goto 语句和标号可以用在语句块、批处理和存储过程中，标号可以是数字和字符的组合，但必须以冒号（:）结尾；

（2）goto 语句破坏了程序结构化的特点，使程序结构变得复杂而难以理解，建议不用；

（3）使用 goto 语句实现的逻辑结构完全可以使用其他语句实现，goto 语句最好用于跳出深层次嵌套的控制流语句。

【例 7-10】 查询“选修”表，如果其中存在学号为“19010101”的学生，那么就显示“该学生的成绩存在”，并查询出该学生所有课程的成绩，否则跳过这些语句，显示“该学生的成绩不存在”。

```
use jxgl
if (select count(*) from 选修 where 学号='19010101')=0
goto notaion
begin
  print '该学生的成绩存在'
  select 学号,课程号,成绩 from 选修 where 学号='19010101'
  return                    --无条件退出
end
notation: print '该学生的成绩不存在'
```

8. 抛出异常语句

语法格式如下。

```
throw [{error_number|@local_variable},{message|@local_variable},
      {state|@local_variable}][;]
```

功能：（在 try…catch 语句块的 catch 模块中）抛出异常处理信息。

说明：

（1）error_number|@local_variable：指定异常消息的标识号，可取值 50000～2147483647 的常量或变量，其数据类型为 int。

（2）message|@local_variable：指定异常消息的描述文本，可取字符串长度最大值为 2048，其数据类型为 nvarchar(n)。

（3）state|@local_variable：指定异常消息的状态码，可取值 0～255 的常量或变量，其数据类型为 tinyint。

【例 7-11】 在向“选修”表添加数据时，使用抛出异常语句来处理插入语句的插入异常信息。

```
use jxgl
go
begin try
  insert into 选修(成绩编码,学号,课程号,成绩)values(20,'19020104','02',99)
end try
begin catch
  throw 51000,'成绩编码列上有identity约束，不能人为插入值',1
end catch
```

运行结果如图 7-3 所示。

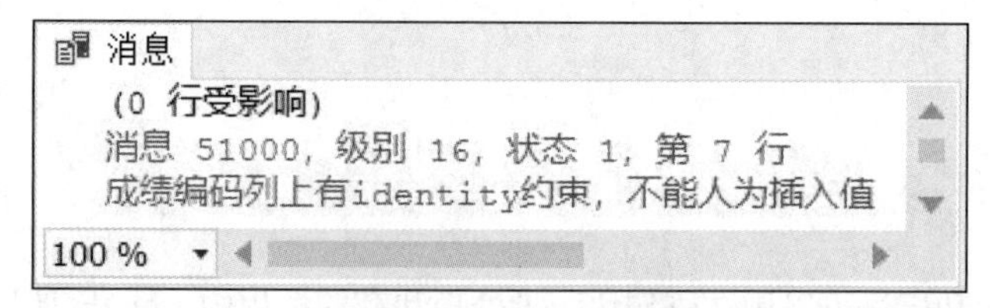

图7-3 例7-11 运行结果

7.3 内置函数

函数是由一条或多条 T-SQL 语句组成的集合，通过函数模块的调用实现某个特定的功能。从函数定义角度来看，函数分为内置函数和用户自定义函数两种。内置函数是由系统提供的预定义函数，用户无须定义，可以直接调用。

7.3.1 内置函数类型

在 SQL Server 系统中，内置函数的划分有多种分类方法。

1. 依据运算结果划分

根据函数运算结果来划分，有行集函数、聚集函数和标量函数 3 种形式。

（1）行集函数：返回的结果是对象，该对象可在 T-SQL 语句中作为表来引用。

例如，使用 openquery()函数执行分布式查询，从服务器 shuju 中提取“学生”信息。

```
select * from openquery(shuju,'select 学号,姓名 from 学生')
```

（2）聚集函数：对整个查询结果集进行处理和计算，并返回（每组）一个单列值。

例如，使用 sum()函数统计“选修”表中每位同学的选修课程数和总分。

```
select count(*) as 选修课程数,sum(成绩) as 总分 from 选修 group by 学号
```

（3）标量函数：对传递给它的一个或者多个值进行处理和计算，并返回一个单列值。

2. 依据运算功能划分

根据函数运算功能来划分，有聚集函数、数学函数、字符串函数、日期/时间函数、转换函数和系统（元数据）函数等 6 种函数。

7.3.2 聚集函数

常见的聚集函数及其功能如表 7-10 所示。

表 7-10 聚集函数及其功能

聚集函数	功能
avg([distinct|all]表达式)	返回表达式（含列名）的平均值，distinct 是去掉重复值，all 是所有值
count([distinct|all]表达式)	对表达式指定的列值进行计数，忽略空值，[distinct|all]含义同上
count([distinct|all] *)	对表或组中的所有行进行计数，包含空值，[distinct|all]含义同上
max([distinct|all]表达式)	表达式中最大的值，[distinct|all]含义同上
min([distinct|all]表达式)	表达式中最小的值，[distinct|all]含义同上
sum([distinct|all]表达式)	表达式值的合计，[distinct|all]含义同上

【例 7-12】在“选修”表中统计每门课的选修人数。

```
select 课程号, count(*) as 选修人数 from 选修 group by 课程号
```

注意：只有 group by 子句中的列才能与聚集函数同时出现在 select 子句中。

7.3.3 数学函数

常见的数学函数及其功能如表 7-11 所示。

表 7-11 数学函数及其功能

函数名	功能	函数名	功能
abs(x)	求绝对值	log10(x)	求以 10 为底的自然对数
sqrt(x)	求平方根	round(x,n)	n<0 为对整数部分四舍五入，n>0 为保留小数位
square(x)	求平方	ceiling(x)	求大于等于给定数的最小整数
power(x,y)	求 x 的 y 次方	floor(x)	求小于等于给定数的最大整数
sin(x)	求正弦值	pi()	返回圆周率
cos(x)	求余弦值	radians(x)	将角度值转换为弧度值
tan(x)	求正切值	degrees(x)	将弧度值转换为角度值
log(x)	求自然对数	sign(x)	求一个数的符号
exp(x)	求指数值	rand(x)	随机数

7.3.4 字符串函数

常见的字符串函数及其功能如表 7-12 所示。

表 7-12 字符串函数及其功能

函数名	功能	函数名	功能
upper(str)	将字符串转为大写	lower(str)	将字符串转化小写
ltrim(str)	删除字符串左边的空格	rtrim(str)	删除字符串右边的空格
char(n)	求 ASCII 值对应的字符	replicate(str,n)	字符串连续输出 n 次
left(str,n)	从左边获取 n 个字符串	right(str,n)	从右边获取 n 个字符串
space(n)	输出 n 个空格	nchar(n)	返回 unicode 字符
reverse(str)	反转输出字符串	datalength(str)	返回字符串字节数
ascii(str)	求字符串中第一个字符的 ASCII 值	charindex(str1,str2[,n])	从字符串 str1 中指定位置 n 处查找字符串 str2
replace(str1,str2,str3)	用字符串 str3 替换字符串 str1 中出现的字符串 str2	stuff(str1,n,m,str2)	将 str1 从位置 n 到 m 的字符串替换为 str2
str(value,n[,m])	数字转换成长度为 n 的字符串，同时含 m 位小数	patindex('%subs%',str)	查找字符串 str 中指定格式的字符串 subs
len(str)	求字符串的字符个数，不包括尾部空格	substring(str,n,m)	从字符串中指定位置 n 处开始取 m 个字符

【例 7-13】在“教师”表中查找姓名以“李”开头的教师。

```
select patindex('%李_%',姓名) from 教师
```

7.3.5 日期/时间函数

日期/时间函数用于对日期/时间数据进行各种不同的处理或运算，并返回一个字符串、数字值或日期/时间值，常见的日期/时间函数及其功能如表 7-13 所示。

表 7-13 日期/时间函数及其功能

函数名	功能
getdate()	返回当前系统日期和时间
dateadd(间隔因子,n,d)	计算日期时间 d 加上数字 n 后的日期时间，间隔因子如表 7-14 所示

续表

函数名	功能
datediff (间隔因子,d1,d2)	计算 d2 至 d1 的时间间隔，间隔因子如表 7-14 所示
datepart(间隔因子,d)	计算日期时间的指定部分的整数，间隔因子如表 7-14 所示
datename(间隔因子,d)	返回日期时间 d 的名称，如 datename(month,'1980-3-4')=03
day(d)	返回日的值
month(d)	返回月的值
year(d)	返回年的值

间隔因子可以使用年、月、日等表示日期/时间的英文全称，也可以使用缩略字母，如表 7-14 所示。

表 7-14 间隔因子及其说明

全称	简称	说明
year	yyyy|yy	年
month	m|mm	月
day	dd|d	月内日数
quarter	qq|q	季度
dayofyear	dy|y	年内日数
weekday	wk|ww	年内周数
week	dw	星期几
hour	hh	小时
minute	mi|n	分钟
second	ss|s	秒
milliminute	ms	毫秒

7.3.6 转换函数

一般情况下，SQL Server 会自动完成各数据类型之间的转换，有时自动转换的结果不符合预期，这时可考虑利用转换函数进行转换。SQL Server 系统提供了两个转换函数：cast()函数和convert()函数。

1. cast()函数

语法格式如下。

```
cast(表达式 as 数据类型)
```

功能：将某种数据类型的表达式显式转换为另一种数据类型的数据。

2. convert()函数

语法格式如下。

```
convert(数据类型[(长度)],表达式[,格式码])
```

功能：将某种数据类型的表达式显式转换为另一种数据类型的数据。

说明：

（1）数据类型[(长度)]用于表示转换后的目标数据类型；

（2）表达式用于表示需要转换的源数据表达式；

（3）格式码为可选参数，指定转换后的字符串格式，适用于将日期/时间型数据或数值型数据、货币型数据转换为字符型数据，如果格式码为NULL，则返回的结果也为NULL；

（4）预定义的符合国际和特殊要求的convert()函数的格式码有30种，其说明和示例如表7-15所示。

表7-15 convert()函数的格式码说明及其示例

格式码	年份位数	小时格式	说明	示例
0	2	12	默认	Apr 25 2005 1:05PM
1	2		美国	04/24/05
2	2		ANSI	05.04.25
3	2		英国/法国	25/04/05
4	2		德国	25.04.05
5	2		意大利	25-04-05
6	2		定制-仅日期	25 Apr 05
7	2		定制-仅日期	Apr 25,05
8		24	定制-仅时间	13:05:35
9	4	12	默认，毫秒	Apr 25 2005 1:05:35:123 PM
10	2		美国	04-25-05
11	2		日本	05/04/25
12	2		ISO	050425
13	4	24	欧洲	25 Apr 2005 13:05:35:123
14		24	定制时间，毫秒	13:05:35:123
100	4	12	默认	Apr 25 20051:05PM
101	4		美国	04/24/05
102	4		ANSI	2005.04.25
103	4		英国/法国	25/04/2005
104	4		德国	25.04.2005
105	4		意大利	25-04-05
106	4		定制-仅日期	25Apr2005
107	4		定制-仅日期	Apr25，2005
108		24	定制-仅时间	13:05:35
109	4	12	默认，毫秒	Apr 252005 1:05:35:123PM
110	4		美国	04-25-2005
111	4		日本	2005/04/25
112	4		ISO	20050425
113	4	24	欧洲	25 Apr 2005 13:05:35:123
114		24	定制时间，毫秒	13:05:35:123

注意：格式码0、1和2也可用于数值类型，并对小数与千位分隔符格式产生影响，其中格式码0将返回惯用格式，格式码1或者2将显示更为详细或者更精确的值。

【例7-14】用convert()函数转换money数据类型数据，查看格式码分别为0、1、2的结果。

```
declare @num money
set @num = 1234.56
```

```
select convert(varchar(50), @num, 0) --不显示千位分隔符，小数点右侧取两位数
select convert(varchar(50), @num, 1) --显示千位分隔符，小数点右侧取两位数
select convert(varchar(50), @num, 2) --不显示千位分隔符，小数点右侧取 4 位数
```

分别返回结果如下。

```
1234.56、1,234.56、1234.5600
```

【例 7-15】 用 convert()函数转换 float 数据类型数据，查看格式码分别为 0、1、2 的结果。

```
declare @num2 float
set @num2 = 1234.56
select convert(varchar(50), @num2, 0)     --最多包含 6 位值，根据需要使用科学记数法
select convert(varchar(50), @num2, 1)     --始终为 8 位值，始终使用科学记数法
select convert(varchar(50), @num2, 2)     --始终为 16 位值，始终使用科学记数法
```

分别返回结果如下。

```
1234.56、1.2345600e+003、1.234560000000000e+003
```

7.3.7 系统函数

常用的系统函数及其功能如表 7-16 所示。

表 7-16 系统函数及其功能

函数名	功能
host_id()	客户进程的当前主进程的 ID 号
host_name()	返回服务器端的计算机的名称
suser_sid()	返回 SQL Server sa 登录名的安全标识号
db_id()	返回指定数据库的标志 ID
db_name()	根据数据库的标志 ID 返回相应的数据库的名字
databaseproperty(数据库,属性名)	返回指定数据库在指定属性上的取值
object_id(对象名)	返回指定数据库对象的标志 ID
object _name(对象 ID)	根据数据库的标志 ID 返回相应的数据库对象名字
object eproperty(对象 ID,属性名)	返回指定数据库对象在指定属性上的取值
col_length(数据库表名,列名)	返回指定表的指定列的长度
col_name(数据库表 ID,列序号)	返回指定表的指定列的名字

7.4 用户自定义函数

用户自定义函数的名称和源码分别存储在系统表 sysobjects 和 syscomments 中，通过系统存储过程 sp_help、sp_helptext 可以查看用户自定义函数的概要信息和源码信息。用户自定义函数一经定义，就可以像调用内置函数一样被调用。根据运算结果形式划分，用户自定义函数又有 3 种类型，分别是标量函数、内嵌表值函数和多语句表值函数。

7.4.1 标量函数

语法格式如下。

```
create function <[架构名.]函数名>
  ( [ { @形式参数名 [as] 数据类型 [ = 默认值 ] } [ ,...n ] ] )
```

```
returns 返回值数据类型
[ with <encryption|schemabinding> [ [,] ...n] ]
[ as ]
begin
函数语句体
return 返回值表达式
end
```

功能：类似于内置函数，将接收到的 0 到多个参数进行计算，并返回单个标量值。

说明：

（1）[架构名.]函数名指定函数名及其所属架构名，函数名符合标识符命名规则；

（2）@形式参数名用于定义形式参数（形参），可以指定默认值，形参数据类型不可以是 text、ntext、image、cursor、table 和 timestamp；

（3）returns 返回值数据类型用于指定返回值的数据类型；

（4）with encryption 用于将函数的定义文本加密存储到系统表（syscomments）中；

（5）with schemabinding 用于将函数绑定到数据库上，且不能修改（alter）和删除（drop）；

（6）begin...end 为函数体，其中 return 子句必选，用于返回函数值。

注意： 标量函数的调用可以使用 select 或 execute 语句，指定默认值的形参可以不设置实参值或引入 default，均表示直接引用默认值。

【例 7-16】 创建一个用户自定义标量函数 fsum，求两个数的和。

```
use jxgl
go
create function dbo.fsum (@num1 int,@num2 int=6)
returns int
as
begin
return @num1+@num2
end
go
declare @j int
execute @j=dbo.fsum 2,8
print @j
execute @j=dbo.fsum @num1=90,@num2=10
print @j
```

【例 7-17】 在 JXGL 数据库中创建一个用户自定义标量函数 fage()，然后从“学生”表中查询学生的学号、姓名、性别和年龄，再从“教师”表中查询教师的工号、姓名、性别和工龄。

```
use jxgl
go
create function dbo.fage(@priordate datetime,@curdate datetime)
returns int
as
begin
return year(@curdate)-year(@priordate)
end
go
select 学号,姓名,性别,dbo.fage(出生日期,getdate()) as 年龄 from 学生
go
select 工号,姓名,性别,dbo.fage(工作日期,getdate()) as 工龄 from 教师
```

7.4.2 内嵌表值函数

语法格式如下。

```
create function <[架构名.]函数名>
  ( [ { @形式参数名 [as] 数据类型 [ = 默认值 ] } [ ,...n ] ] )
returns table
[ with <encryption|schemabinding> [ [,] ...n] ]
[ as ]
return (select 语句)
```

功能：相当于一个参数化的视图，其返回值是一个数据类型为表的结果集。

说明：

（1）[架构名.]函数名指定函数名及其所属架构名，函数名符合标识符命名规则；

（2）@形式参数名用于定义形参，可以指定默认值，含义与用法同标量函数；

（3）returns table 用于指定内嵌表值函数返回值的数据类型是 table（表）；

（4）return(select 语句)为函数体，其中 select 语句是内嵌表值函数的返回值。

注意： 内嵌表值函数只能通过 select 语句调用。

【例 7-18】创建一个根据学号返回学生的学号、姓名、性别、课程号、成绩等信息的函数。

```
use jxgl
go
create function dbo.finfo(@xh char(8)='19010101')
returns table
as
return (
select 学生.学号,姓名,性别,课程号,成绩 from 学生,选修
where 学生.学号=选修.学号 and 学生.学号=@xh)
go
select * from dbo.finfo(default)
```

运行结果如图 7-4 所示。

	学号	姓名	性别	课程号	成绩
1	19010101	储兆雯	女	01	90.0
2	19010101	储兆雯	女	02	95.0
3	19010101	储兆雯	女	03	88.0

图 7-4 例 7-18 运行结果

7.4.3 多语句表值函数

语法格式如下。

```
create function <[架构名.]函数名>
  ( [ { @形式参数名 [as] 数据类型 [ = 默认值 ] } [ ,...n ] ] )
returns <@表名> table (字段名 数据类型 [,…n])
[ with <encryption|schemabinding> [ [,] ...n] ]
[ as ]
begin
insert [into] @表名 select 语句
return
end
```

功能：创建一个返回值是表值类型的多语句表值函数。

说明：

（1）[架构名.]函数名指定函数名及其所属架构名，函数名符合标识符命名规则；

（2）@形式参数名用于定义形参，可以指定默认值，含义与用法同标量函数；

（3）returns <@表名> table (字段名 数据类型 [,…n])用于存储函数返回值的表变量名；

（4）begin…end 为函数体，其中 insert 语句是带子查询的批量插入语句，是返回值的来源。

注意：多语句表值函数只能通过 select 语句调用。

【例 7-19】创建一个根据课程号查询返回选修该课程的学生的学号、姓名、性别、课程号、成绩等信息的函数。

```
use jxgl
go
create function score_info(@courseid char(2))
returns @total_score table(
 课程号 char(2),学号 char(8),姓名 char(6),性别 char(2),成绩 tinyint)
as
begin
 insert @total_score
 select 课程号,选修.学号,姓名,性别,成绩
  from 选修,学生
  where 选修.学号=学生.学号 and 课程号=@courseid
return
end
go
select * from score_info('02')
```

运行结果如图 7-5 所示。

	课程号	学号	姓名	性别	成绩
1	02	19010101	储兆雯	女	95
2	02	19020102	胡春华	男	77

图 7-5 例 7-19 运行结果

7.4.4 管理函数

1. 修改函数

使用 alter function 语句修改函数实质是改变现有函数中存储的源代码，因此其格式与创建函数相同，这里不再赘述。

2. 删除函数

语法格式如下。

```
drop function <[架构名.]函数名>
```

功能：删除指定名称的函数。

本章小结

在 SQL Server 系统中，使用 T-SQL 语句可以编写简单业务处理程序。本章首先介绍了 T-SQL 语句的常量、变量和运算符等程序设计基础知识，然后介绍了 T-SQL 语句的流程控制语句和内置函数，最后介绍了用户自定义函数。其中，流程控制语句是本章的重点，用户自定义函数是本章的难点。

习题七

一、选择题

1. 下列常量中不属于字符串常量的是（ ）。

   A. '美丽的家园' B. N'Tom and Jerry' C. 'Tom''s car' D. "Tom's car"

2. 在 T-SQL 语句中，可以用（ ）命令标志一个批处理的结束。

   A. as B. declare C. go D. end

3. 局部变量名前必须用（ ）符号开头。

   A. & B. @ C. @@ D. #

4. （ ）是 SQL Server 系统的条件分支语句。

   A. begin…end B. return C. while D. if…else

5. （ ）不是 SQL Server 系统支持的用户自定义函数。

   A. 字符串函数 B. 内联表值型函数
   C. 单值的标量函数 D. 多语句型表值函数

6. 关于局部变量和全局变量的说法，下列说法中正确的是（ ）。

   A. SQL Server 中局部变量可以不声明就使用
   B. SQL Server 中全局变量必须先声明再使用
   C. SQL Server 中所有变量都必须先声明后使用
   D. 只有局部变量先声明后使用，全局变量是由系统提供的，用户不能自己建立

7. 下列可以作为局部变量使用的是（ ）。

   A. [@myvar] B. myvar C. @myvar D. my var

8. 下列不属于 SQL Server 全局变量的是（ ）。

   A. @@error B. @@connections C. @@fetch_status D. @records

9. 利用（ ）全局变量可以返回受上一条 SQL 语句影响的记录数。

   A. @@error B. @@rowcount C. @@version D. @@fetch_status

10. （ ）类型可以作为变量的数据类型。

    A. text B. ntext C. image D. char

11. 下列算术运算中，与(−15)^5 等价的是（ ）。

    A. power(−15,5) B. round(−15,5) C. −15mod5 D. −15%5

12. 表达式'123'+'456'的值是（ ）。

    A. 123456 B. 579 C. '123456' D. "123456"

13. 以下（ ）是 T-SQL 的十六进制字符串常量。

    A. 1101 B. 0x345 C. &HA D. OB110

14. +、−、%、=4 个运算符中，级别最低的是（ ）。

    A. + B. − C. % D. =

15. 语句“use master go select * from sysfiles go”中包括（ ）个批处理语句。

    A. 1 B. 2 C. 3 D. 4

16. 用于求系统日期的函数是（ ）。

    A. year() B. getdate() C. count() D. sum()

17. SQL Server 中，通常包括如下几类函数，它们是（ ）。

A. 标量函数　　B. 聚合函数　　C. 行集函数　　D. 以上全部

18. 下列哪种函数用于判断两个日期相隔的时间差？（　　）

A. dateadd　　B. datediff　　C. datename　　D. getdate

19. 下列哪种函数用于求得不大于某个数的最小整数？（　　）

A. floor　　B. sin　　C. square　　D. power

20. 如果数据表中的某列值是从 0 到 255 的整型数，最好使用哪种数据类型？（　　）

A. int　　B. tinyint　　C. bigint　　D. decimal

21. 运行命令 select ascii（Alklk）的结果是（　　）。

A. 48　　B. 32　　C. 90　　D. 65

22. 下列聚合函数用法中正确的是（　　）。

A. sum(*)　　B. max(*)　　C. count(*)　　D. avg(*)

23. 下列聚合函数不忽略空值（Null）的是（　　）。

A. sum(列名)　　B. max(列名)　　C. count(*)　　D. avg(列名)

24. print round (998.88,0)和 print round(999.99,−1)的运行结果分别是（　　）。

A. 999.00 和 990.00　　B. 999.00 和 1000.00

C. 998.00 和 1000.00　　D. 999.00 和 999.99

25. 下列关于标识符命名中不合法的是（　　）。

A. [my delete]　　B. _mybase　　C. $money　　D. trigger14

26. 下列对于用户自定义函数的参数和返回值的描述中不正确的是（　　）。

A. 函数的形式参数的数据类型要写在参数名的后面

B. 函数的形式参数不能为空

C. 函数的返回值类型必须使用 returns 定义

D. 函数的返回值可以为空

27. 执行以下语句。

```
declare @n int
set @n=3
while @n<5
begin
if @n=4
     print ltrim(@n)+'的平方数为'+ltrim(@n*@n)
  set @n=@n+1
End
```

执行完成后循环次数为（　　）。

A. 0 次　　B. 1 次　　C. 2 次　　D. 死循环

28. 关于用户自定义函数，以下说法中错误的是（　　）。

A. 多语句表值函数可以看作标量函数和内嵌表值函数的结合体

B. 内嵌表值函数的返回值类型为表

C. 表值函数在调用时可以只使用函数名

D. 标量函数的返回值类型为表

29. 下列说法中错误的是（　　）。

A. 内嵌表值函数没有函数主体，返回的表是单个 select 语句的结果集

B. 多语句表值函数的调用与内嵌表值函数的调用方法相同

C. 多语句表值函数的功能可以用标量函数来实现

D. 在内嵌表值函数的定义中，不使用 begin…end 块定义函数主体

二、填空题

1. SQL Server 中支持两种形式的变量，包括局部变量和（　　）。
2. （　　）是程序中不被执行的语句，主要用来说明代码的语义。
3. SQL Server 局部变量赋值的语句是 set 语句和（　　）。
4. T-SQL 语句需要把日期/时间数据常量用（　　）引起来。
5. 在 SQL Server 中，case 结构是一个函数，只能作为一个（　　）置于一个语句中。
6. 在循环语句中，当执行到关键字（　　）后将终止整个语句的执行。
7. 函数 len(substring(replicate('ab',5),2,6))的值为（　　）。
8. 如果要查询一个列中数字的最大值，可以使用（　　）函数。
9. 用于暂停 SQL 语句的命令是（　　）。
10. case 表达式的最后一个关键字是（　　）。
11. 用户自定义函数定义信息存储在系统表 sysobjects 表和（　　）表中。
12. 函数 LEFT('abcdef',2)的结果是（　　）。
13. 语句 select cast(getdate() as char)的执行结果是（　　）类型数据。
14. SQL Server 系统采用的结构化查询语言被称为（　　）。
15. 一般可以使用（　　）命令来标识 Transact-SQL 批处理的结束。
16. SQL Server 系统客户机传递到服务器上的一组完整的数据和 SQL 语句被称为（　　）。
17. 字符串常量分为 ASCII 字符串常量和（　　）字符串常量。
18. 自定义函数的返回值可以是系统的基本标量类型，也可以是（　　）。
19. print datepart(ww,getdate())-datepart(ww,getdate()-day(getdate())+1)+1 语句含义是输出系统日期在当前月的第几周，其返回值范围是（　　）。
20. 货币型数据类型分为（　　）和 money。

三、实践题

1. 为了确保学生毕业论文的质量，某校拟从指导论文工作量的核算方式限制教师指导学生的人数。在 JXGL 中创建一个表，实现指导论文工作量的自动计算。

$$\text{指导论文工作量}=\begin{cases} 12*n & (0<n<=8\text{人}) \\ 12*8+6*(n-8) & (8\text{人}<n<=15\text{人}) \\ 12*8+6*7+3*(n-15) & (15\text{人}<n<=20\text{人}) \end{cases}$$

2. 为了有效促销过期图书，某书店拟开展优惠售书活动。试编写一个表，实现根据购书原价 x 值，输出相应的实际付款金额。

$$\text{实际付款金额}=\begin{cases} x & (x<=100) \\ 0.9x & (100<x<=500) \\ 0.85x & (x>500) \end{cases}$$

3. 试编写一个函数 quadsum()，实现根据指定的正整数 n 值，输出 $1^2+2^2+\ldots+n^2$ 的结果。要求函数体主体是循环语句。

4. 打印一个图形，如图 7-6 所示（提示：使用循环语句和字符串函数）。

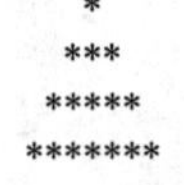

图 7-6 打印图形

5. 创建一个函数，实现根据读者编号查询姓名、性别、借书名称、借还日期等信息。
6. 编写一个函数，实现根据图书编号查询图书名称、出版社、作者、定价等信息。

第 8 章
视图、索引和游标

本章导读

视图是关系数据库提供给用户多角度观察数据的机制。有效的索引可以改善数据库的运行效率，提高数据表或视图的搜索效率。游标是一种数据访问机制，通过游标，用户可以访问单独的数据行，而非整个数据行集，用户也可以通过游标进行查询、插入、更新和删除基表中的数据等操作。

8.1　视图

视图是从基表或其他视图导出的虚拟表（非真实存在的基表，外模式）。视图中并不真实存放数据，只存放了一条对基表或其他视图的查询定义语句，视图运行结果集（数据记录行）来源于对基表数据的查询结果的引用，所以一切对视图的操作归根究底都是对基表的操作。

8.1.1　视图的优点

视图为数据的安全访问提供了一种保护机制，使得用视图处理数据较之用基表处理数据具有独特的优势，具体包括以下 4 个方面。

（1）简化用户操作：用户可以将频繁使用的复杂查询语句定义为视图，通过使用对视图的简单查询语句来获取对基表的复杂查询结果集，不必重写复杂的查询语句，从而简化用户数据的查询操作。

（2）灵活定制数据：视图机制是一种多角度透视数据集的窗口，使用户可以将注意力集中在各自关心的数据上，屏蔽了数据结构的复杂性，无须了解数据库的全局数据结构及其数据来源。当多用户共享同一数据库时，这种灵活性显得极为重要。

（3）重构逻辑数据：视图可以通过重构数据结构来强化数据逻辑独立性，如基表结构发生改变（增加新关系或新属性）时，可以通过视图重载用户数据而无须修改原有应用程序。

（4）提供安全保护：视图所有者只能看到视图中的数据，不能看到基表中的其他数据，这样就使机密性数据不会出现在无关用户视图中。另外，视图定义语句加上 with check option 子句，可以确保用户只能修改（insert、update 和 delete）视图中满足条件的数据，从而提高数据安全性。

8.1.2　创建视图

视图的创建有两种方式：使用 SSMS 和使用 T-SQL 语句。

1. 使用 SSMS 创建视图

【例 8-1】使用 SSMS 创建一个名为“View”的视图，数据来源于“学生”和“选修”表中的学号，姓名，性别，课程号，成绩，且课程号限定为“01”。

操作步骤如下。

（1）在“对象资源管理器”窗格中，展开用户数据库（JXGL）节点，右击“视图”节点，在弹出的快捷菜单中执行“新建视图”命令，弹出“查询设计器”窗口和“添加表”对话框，如图 8-1 所示。

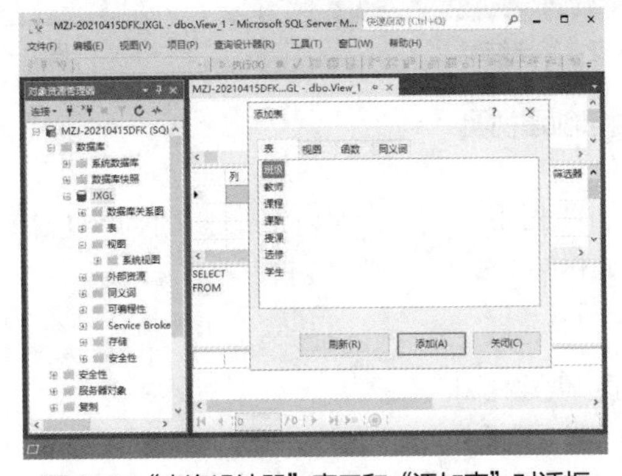

图 8-1　“查询设计器”窗口和“添加表”对话框

注意：

① 视图只能在当前数据库中创建，但可以引用其他数据库中的表和视图，甚至可以是其他服务器上的表和视图；

② “查询设计器”是创建“视图”的辅助工具，其窗口包括关系图（表）、条件（列）、SQL（代码）和结果（查询结果）4个窗格。

（2）首先，在“添加表”对话框中，选择要添加的表、视图、函数或同义词，单击“添加”按钮，将其添加到“查询设计器”窗口的“关系图”窗格中。这里添加“选修”和“学生”表，然后单击“关闭”按钮，返回“查询设计器”窗口。其次，在“关系图”窗格中，设置“学生”表和“选修”表的连接类型（默认为内连接）和输出列。再次，在“条件”窗格中设置列的输出、排序类型、排序顺序和筛选器等。最后，单击“查询设计器”→“执行SQL”命令，视图查询结果输出到“结果”窗格中，如图8-2所示。

注意：

① 如需添加新的表、视图或函数，则右击“关系图”窗格的空白区域，在弹出的快捷菜单中，执行“添加表”命令，弹出“添加表”对话框，即可继续添加；

② 如需移除已经添加的表、视图或函数，可以在“关系图”窗格中右击需要移除的表、视图或函数，在弹出的快捷菜单中，执行“移除”命令即可将其移除；

③ 如多表之间没有建立关系连接，则视图查询结果默认是交叉连接查询结果。

（3）单击“保存”按钮，弹出“选择名称”对话框，输入视图名“View”，如图8-3所示，单击“确定”按钮，完成视图创建。

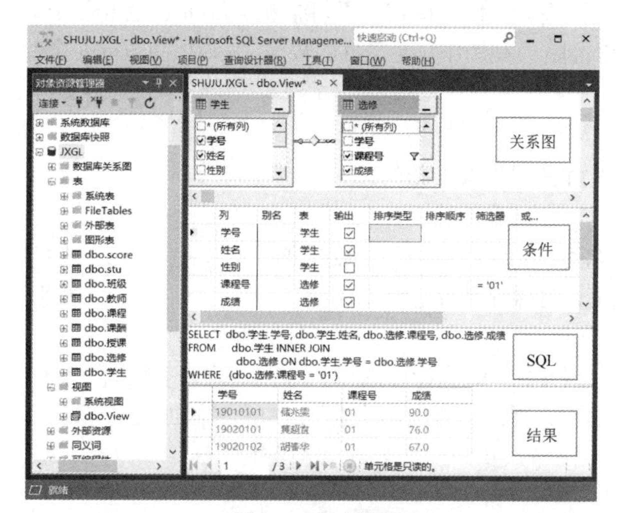

图8-2 输出结果

图8-3 “选择名称”对话框

2. 使用T-SQL语句创建视图

语法格式如下。

```
create view [架构名.]<视图名>[(列名1,列名2[,…n])]
[with {encryption|schemabinging|view_metadata}]
as sql-select语句
[with check option]
```

功能：在当前数据库中创建视图。

说明：

（1）[架构名.]<视图名>用于指明视图名称及其所属架构名称，默认是dbo架构；

（2）[(列名 1,列名 2[,…n])]用于在视图中指定 sql-select 子句中引用列的别名，如不设置则与 sql-select 子句中的列名同名；计算列表达式、函数或存在同名列时必须定义列别名；

（3）[with {encryption|schemabinging|view_metadata}]分别表示加密视图查询语句；视图与其所依赖的表或视图结构关联；只向 DBLIB、ODBC 或 OLEDB API 返回信息，而不是返回给基表或其他表；

（4）as sql-select 语句：指定视图的查询定义语句，且不能包含 into 子句、compute 子句和 compute by 子句，也不能包含 order by 子句，除非 select 子句中包含 top 子句；

（5）with check option：限制在视图上的修改都要符合 SQL 语句中设置的条件。

【例 8-2】创建一个视图，数据来源于“学生”表的列学号，姓名，性别，籍贯，总分数据，且学号前 6 位为“190201”：

```
use jxgl
go
create view Inform
as
select 学号,姓名,性别, 籍贯,总分
  from 学生
  where left(学号,6)='190201'
```

【例 8-3】创建一个包含了所有成绩不及格的学生的学号、姓名和课程名称等信息的视图。

```
use jxgl
go
create view v_不及格
as
select 学生.学号,姓名,课程名称,成绩
  from 学生,选修,课程
  where 学生.学号=选修.学号 and 选修.课程号=课程.课程号 and 成绩<60
```

8.1.3 管理视图

管理视图有两种操作方式：使用 SSMS 和使用 T-SQL 语句。使用 SMSS 管理视图可参照视图的创建，这里不再赘述。使用 T-SQL 语句管理视图有两种情形，分别为修改视图和删除视图，简要介绍如下。

1. 使用 T-SQL 语句修改视图

用 T-SQL 语句修改视图的语法格式如下。

```
alter view [架构名.]<视图名>
[with {encryption|schemabinging|view_metadata}]
as sql-select 语句
[with check option]
```

功能：修改指定视图的查询定义语句。

说明：

（1）不论视图是否加密，均可修改；

（2）各子句与创建视图的子句含义一样。

2. 使用 T-SQL 语句删除视图

语法格式如下。

```
drop view[架构名.]<视图名>
```

功能：删除指定名称的视图。

8.1.4 应用视图

使用视图不仅可以查询数据，还可以插入、更新和删除其中的数据，并将更改结果永久地存储在磁盘上的基表中。

1. 查询数据

【例 8-4】查询视图 inform 中的所有信息。

```
select * from inform
```

注意：使用视图查询数据时，若其引用的基表添加了新字段，则必须重建视图才能查询到新字段内容。

2. 插入数据

【例 8-5】向视图 inform 中插入一个新的学生记录。记录数据为学号：'19020104'，姓名：'马后炮'，性别：'男'。

```
insert into inform(学号,姓名,性别)values('19020104','马后炮','男')
```

运行后，表“学生”和视图 inform 中都会新增这条记录。

3. 更新数据

【例 8-6】使用视图 inform 将新增记录的“性别”信息更新为“女”。

```
update inform set 性别='女' where 学号='19020104'
```

4. 删除数据

【例 8-7】使用视图 inform 删除新增的学生记录。

```
delete inform where 学号='19020104'
```

注意：只能使用“可更新视图”修改基表数据。可更新视图的必备条件如下。

（1）任何修改（insert、update 和 delete）都只能引用一个基表中的列；

（2）任何修改的列不允许是基表中的聚集函数、计算列（集合运算也是计算列）；

（3）任何修改的列不受 group by、having 或 distinct 子句的影响；

（4）视图定义的 select 语句中不允许存在 top 与 with check option 联合使用的情况；

（5）使用视图修改基表列值时，必须符合基表列值的约束条件；

（6）创建的视图的 select 语句的 from 子句至少包含一个基表；

（7）若视图定义中使用了 with check option 子句，则对视图所执行的数据修改操作都必须符合视图中 select 语句所设定的条件。

8.2 索引

索引是对表中列值排序而创建的数据库对象，其作用类似于图书目录，通过索引键值（搜索码）和数据行映射指针来提高数据查询的响应速度（包括 group by 与 order by 子句）和加强行的唯一性。但在增加、删除和更新数据时会占用额外空间来维护索引，因此只有数据量大、更新较少和频繁搜索的数据列才有必要创建索引。

8.2.1 索引的分类

在 SQL Server 系统中，索引类型的分类有多种方法。

1. 聚集索引和非聚集索引

根据索引的存储结构来分，索引可划分为聚集索引和非聚集索引两大类。

（1）聚集索引：clustered，索引键值的顺序与数据表中记录的物理顺序相同，即聚集索引决定了数据表中记录行的存储顺序，一个表中最多只能存放一个聚集索引。

（2）非聚集索引：nonclustered，具有完全独立于数据行的结构，索引和数据分别存放在不同位置，索引中存有列的键值和指针，并通过指针指向键值对应的数据行，一个表可以有 0～249 个非聚集索引。

注意：如果既要创建聚集索引，又要创建非聚集索引，则应该先创建聚集索引，后创建非聚集索引。

2. 主键索引、唯一性索引和普通索引

根据索引的列值重复性质来分，索引可划分为主键索引、唯一性索引和普通索引。

（1）主键索引是一种特殊的唯一索引，是通过创建主键约束时自动建立的索引，主键索引默认是聚集索引，键值不允许重复值。一个表中最多只能存放一个主键索引，主键索引只能通过表的主键约束自动建立。

（2）唯一索引的列或列组合的值必须具有唯一性，即任何两条记录的索引值都不能相同（包括空值）。为表的某列建立唯一性约束时也会自动建立唯一索引。一个表可以有一个或多个唯一索引，唯一索引和普通索引默认是非聚集索引。

（3）普通索引允许键值有重复值。一个表可以有一个或多个普通索引，普通索引默认是非聚集索引。

8.2.2 创建索引

创建索引的过程实质上就是确立索引名、索引类型及其依赖的表名和列名的过程。除了主键索引必须通过主键约束建立以外，创建索引既可以使用 SSMS，也可以使用 T-SQL 语句。

1. 使用 SSMS 创建索引

【例 8-8】在“班级”表的班级名称列上建立一个名为“IX_班级”的唯一索引。

操作步骤如下。

（1）打开“班级”表的“表设计器”窗口，右击班级名称列，在弹出的快捷菜单中执行“索引/键”命令，如图 8-4 所示。

（2）弹出“索引/键”对话框，其中默认显示已有的索引信息，如图 8-5 所示。这里显示主键约束自动建立的“PK_班级”主键索引信息。

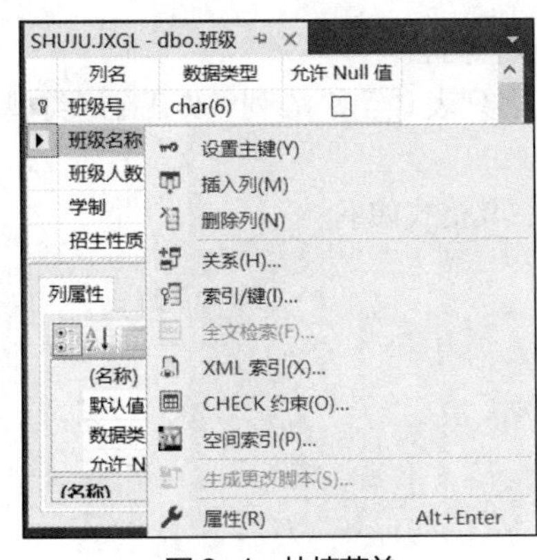

图 8-4　快捷菜单

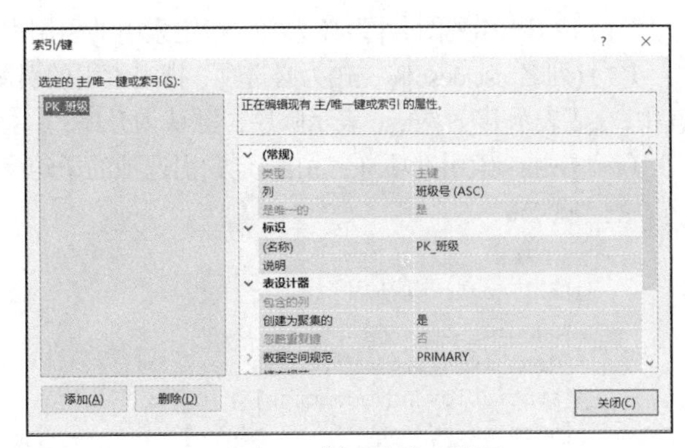

图 8-5　“索引/键”对话框

（3）单击“添加”按钮，系统自动在左侧窗格中建立一个名为“IX_班级”的索引，如图 8-6 所示，等待用户进一步修改。

（4）在右侧窗格中，用户可以设置索引属性，这里设置“类型”为“索引”、“列”为“班级名称（ASC）”、“是唯一的”为“是”，如图 8-7 所示。

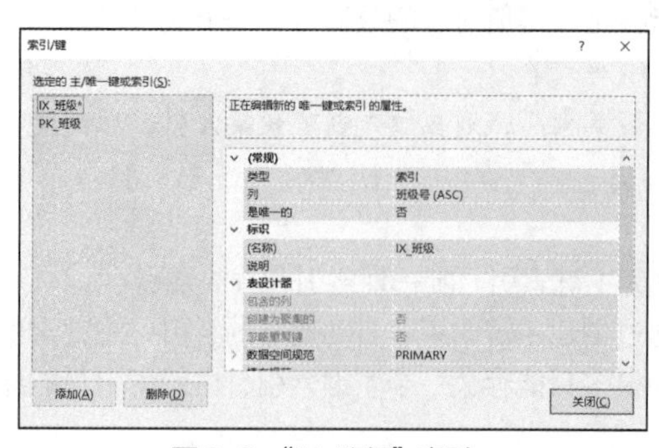

图 8-6 “IX_班级”索引

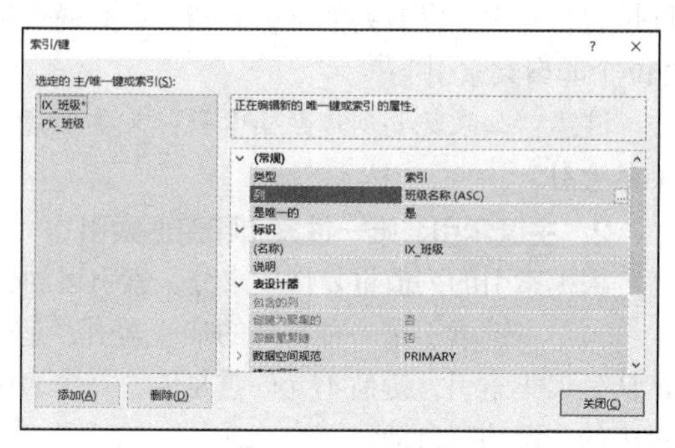

图 8-7 设置参数

（5）首先，单击“关闭”按钮，返回“表设计器”窗口；其次，单击工具栏中的“保存”按钮；最后，单击“表设计器”窗口的“关闭”按钮，返回 SSMS，完成当前索引的建立。

注意：创建主键约束时，如果表上还没有聚集索引，则自动在创建主键约束的列上建立主键聚集索引，主键列值不允许为空值；创建唯一约束时，默认情况下将自动在约束列上建立唯一非聚集索引。

2. 使用 T-SQL 语句创建索引

语法格式如下。

```
create [unique][clustered|nonclustered] index <索引名>
          on {表名|视图名}(列名[asc|desc][,…n])
           [with <索引选项>[,…n]]
           [on 文件组名]
```

功能：在指定表的指定列上创建指定类型的索引。

说明：

（1）unique 为可选项，指定创建索引的类型是唯一索引，默认为普通索引；

（2）clustered|nonclustered 为可选项，指定索引结构类别，默认为 nonclustered；

（3）index <索引名>为必选项，指定索引名称；

（4）on{表名|视图名}为必选项，指定索引的引用表名或视图名；

（5）(列名[asc|desc][,…n])为必选项，指定索引的引用列名列表（至多 16 列）及其排序类型，其中，asc 表示升序，desc 表示降序，默认为升序；

（6）[with <索引选项>[,…n]]指定索引选项的子句设置，其格式如下。

```
<索引选项>::={
 pad_index
     [fillfactor=填充因子]
     [ignore_dup_key]
     [drop_existing]
     [statistics_norecompute]
     [sort_in_tempdb] }
```

各选项含义如下。

① pad_index：指定索引中间级中每个页保持的开放空间，需要与 fillfactor 配合。

② fillfactor=填充因子：指定索引存储页的填充率。

③ ignore_dup_key：指定成批数据插入的重复键值处理方式，取值为 on 时，忽略重复数据

行的插入，继续下一行插入；取值为 off 时，返回错误提示信息，并回滚整个 insert 语句。

④ drop_existing：删除已存在的同名索引。

⑤ statistics_norecompute：不自动重新计算过期的索引统计信息。

⑥ sort_in_tempdb：将索引中排序结果存储在临时数据库 tempdb 中。

⑦ on 文件组名：指定存储索引文件的文件组名称。

【例 8-9】在“选修”表的成绩列上降序建立名为“IX_选修_成绩”的普通索引。

```
create index ix_选修_成绩 on 选修(成绩 desc)
```

8.2.3　删除索引

对于通过 primary key 约束或 unique 约束自动创建的主键索引或唯一索引，必须通过删除约束的方法来删除索引。对于用户创建的其他类型索引，既可以通过 SSMS 删除，也可以通过 T-SQL 语句删除。

1. 使用 SSMS 删除索引

在“对象资源管理器”窗格中，展开用户数据库的“表”节点，右击需要删除的索引，在弹出的快捷菜单中单击“删除”，即可完成索引的删除。

2. 使用 T-SQL 语句删除索引

语法格式如下。

```
drop index <表名.索引名>
```

功能：删除指定表的指定名称的索引。

注意：当删除聚集索引后，所有非聚集索引将被重建，另外系统表的索引不能被删除。

8.2.4　维护索引

随着更新操作频繁执行，数据存储空间会变得非常凌乱，这样会妨碍数据并行扫描，降低数据查询性能，因而必须维护索引统计信息，并对索引进行重建与管理。

（1）使用 dbcc show_statistics 命令显示指定索引的统计信息。

【例 8-10】显示“课程”表中“pk_课程_课程号”索引的统计信息。

```
use jxgl
go
dbcc show_statistics(课程,pk_课程_课程号)
```

（2）使用 update statistics 命令更新指定表或视图中索引的统计信息。

【例 8-11】更新“课程”表中所有索引的统计信息。

```
use jxgl
go
update statistics 课程
```

（3）使用 sp_updatestats 命令更新所有用户表的索引统计信息。

【例 8-12】更新 JXGL 数据库中所有用户表的索引统计信息。

```
use jxgl
go
excute sp_updatestats
```

（4）使用 dbcc showcontig 命令显示指定表或视图的数据和索引的碎片信息。

【例 8-13】显示“课程”表中“pk_课程_课程号”索引的碎片统计信息。

```
use jxgl
go
```

```
dbcc showcontig(课程,pk_课程_课程号)
```

（5）使用 dbcc indexdefrag 命令清理索引的碎片信息。

【例 8-14】清理“课程”表中“pk_课程_课程号”索引的碎片信息。

```
dbcc indexdefrag(jxgl,课程,pk_课程_课程号)
```

（6）使用 dbcc dbreindex(表名,索引名,填充因子)命令重建索引。

【例 8-15】重新创建“选修”表中成绩列的索引。

```
use jxgl
go
dbcc dbreindex(选修,IX_选修_成绩,90)                    --90 表示索引页 90%填满
```

8.3* 游标

关系数据库的查询是一种集合访问方式，而游标依靠特殊指针（数据行位置），提供一种逐行访问方式。在访问结果集时，使用游标不仅可以查询和定位特定数据行，还可以对当前数据行进行更新和删除操作，同时为脚本、存储过程和触发器提供不同级别的可见性支持。

8.3.1 游标概述

在打开游标时，查询结果集暂时存储在临时数据库 tempdb 中。根据游标结果集是否允许被修改，游标可以分为只读游标和可写游标；根据游标在结果集中的移动方式，SQL Server 将游标分为滚动游标和只进游标；根据游标实现方式（创建方式和执行位置），游标分为 T-SQL 游标、API（应用程序接口）游标和客户端游标；根据处理特性，API 游标分为只进游标、静态游标、键集游标、动态游标。下面介绍其中常用的几种。

1. 只进游标

既能从头到尾按顺序提取数据行，也能动态实时地显示 update、insert、delete 语句对结果集（数据值、顺序，下同）的影响。但是由于只进游标只向表尾移动，因此在行提取后对该行的修改不会实时显示。

只进游标指定为 forward_only 和 read_only 时不支持滚动。

2. 静态游标

只能原样显示游标打开时的初始结果集，不会动态实时显示 update、insert、delete 语句对结果集的影响，除非重新打开游标。

静态游标始终是只读的，因此不能更新基表数据。T-SQL 游标称为静态游标，为不敏感游标，而一些数据库 API 将静态游标识别为快照游标。

3. 键集游标

依赖键值提取行。当滚动游标时，能动态显示 update 语句对非键值列的更新。update 语句对键值列的更新，以及 insert 语句和 delete 语句对基表的操作均不可见，而游标 update 子句的更新则是可见的。如果查询引用了无唯一索引的表，则键集游标将转换为静态游标。

4. 动态游标

动态游标与静态游标相对，又称敏感游标。当滚动游标时，能动态实时反映 update、insert、delete 语句对结果集的影响，而无须重新打开游标。结果集中的行数据值、顺序和成员在每次提取时都会改变。

8.3.2 游标使用流程

游标使用流程包括 5 个步骤，分别是声明游标、打开游标、读取游标数据、关闭游标、释放游标。

1. 声明游标

声明游标有两种语法格式：一种是 ISO 标准的语法格式，另一种是 T-SQL 语句扩展的语法格式。其语法格式如下。

格式 1：

```
declare 游标名称 [insensitive][scroll] cursor
for select 语句                                              /*select 查询语句*/
[for{read only|update[of 列名[,...n]]}]                      /*只读或可修改的列*/
```

说明：

（1）游标名称必须遵从 SQL Server 标识符命名规则；

（2）insensitive 为不感知游标，隐性只读游标（不与 for update 同时使用），游标提取数据不反映基表数据的变化，且不允许通过游标修改数据，将其省略时，基表数据的变化会映射到游标的后续提取；

（3）scroll 为滚动游标，支持所有提取（fetch）选项，将其省略时，只支持 next 提取选项；

（4）select 语句定义游标结果集的标准 select 语句，其中不允许使用 compute、compute by、for browse 和 into 子句；

注意：

① 如果有下列 4 种情况之一，则系统自动将游标声明为静态游标。

- select 语句中包含 distinct、union、group by 子句或 having 选项。
- select 语句查询的一个或多个基表没有唯一性索引。
- select 子句的列名表中包含了常量表达式。
- 查询使用了外连接。

② 如果有下列两种情况之一，则系统自动将游标声明为只读游标。

- select 语句中包含 order by 子句。
- 声明游标时使用了 insensitive 选项。

③ fast_forward 不与 scroll、scroll_locks、optimistic、forward_only 和 for_update 同时使用。

（5）for{read only|update[of 列名[,...n]]}定义游标访问属性，read only 表示禁止更新，update 表示允许更新，其中 of 列名[,...n]列出可更新列，不设置的话则为所有列。

格式 2：

```
declare 游标名称 cursor
[local|global]                                               /*游标作用域*/
[scroll|forward_only]                                        /*游标移动方向*/
[static|keyset|dynamic|fast_forward]                         /*游标类型*/
[read_only|scroll_locks|optimistic]                          /*访问属性*/
[type_warning]                                               /*类型转换警告信息*/
for select 语句                                              /*select 查询语句*/
[for update[of 列名[,...n]]]                                 /*可修改的列*/
```

说明：

（1）游标名称必须遵从 SQL Server 标识符命名规则。

（2）local | global 为游标作用域，前者局限于创建它的批处理、存储过程或触发器中，后者作用于连接执行的任何存储过程或批处理中，默认值为 global。

（3）scroll | forward_only 为游标移动方向，前者前后滚动，支持所有提取（fetch）选项（first、last、prior、next、relative、absolute）；后者只向后滚动，只支持 next 选项。

注意：

① 指定游标类型为 static、keyset 和 dynamic 时，游标方向默认为 scroll；

② 未指定游标类型为 static、keyset、dynamic 时，游标方向默认为 forward_only；

③ 未指定游标类型为 static、keyset、dynamic，指定 forward_only 时，则游标类型为 dynamic 游标进行操作；

④ fast_forward 和 forward_only 是互斥的，如果指定一个，则不能指定另一个。

（4）static|keyset|dynamic|fast_forward 为游标类型，分别表示静态游标、键集游标、动态游标和快进游标，其中 dynamic 不支持 absolute 选项，fast_forward 可以理解为 forward_only、read_only 的优化版本（只进只读）。

注意：fast_forward 不与 scroll、scroll_locks、optimistic、forward_only 和 for_update 同时使用。

（5）read_only|scroll_locks|optimistic 为访问数据属性。

① read_only：只读游标数据，禁用游标修改基表数据，即 update 或 delete 语句的 where current of 子句中不能引用该游标，static 和 fast_forward 游标默认为 read_only。

② scroll_locks：锁定游标数据，防止其他程序修改基表数据，以确保游标的更新或删除的绝对成功，scroll_locks 和 fast_forward 不能同时使用。

③ optimistic：乐观游标数据。在游标中更新数据时，当基表数据更新时，则游标内数据更新不成功；当基表数据未更新时，则游标内表数据更新成功。keyset、dynamic 游标默认为 optimistic。

（6）type_warning，如果指定游标从所请求的类型隐性转换为另一种类型，则给客户端发送警告消息。

（7）select 语句用于定义游标结果集的标准 select 语句，其中不允许使用 compute、compute by、for browse 和 into 子句。

（8）for update [of 列名[,...n]]用于定义游标的可更新列名，其中 of 列名[,...n]表示可更新的列名，省略 of 列名[,...n]时表示可更新所有列，除非指定了 read_only 选项。

【例 8-16】 使用 ISO 标准方式声明一个只读游标，结果集为“学生”表中的所有男同学。

```
use jxgl
  declare boy insensitive cursor    /*insensitive 隐含只读游标*/
   for select * from 学生 where 性别='男'
  go
```

【例 8-17】 使用 T-SQL 扩展方式声明一个本地、只进、动态和只读游标，结果集为“学生”表中的所有女同学。

```
use jxgl
declare girl cursor
  local forward_only read_only dynamic
  for select * from 学生 where 性别='女'
```

2. 打开游标

语法格式如下。

```
open {{[global]游标名称}|游标变量的名称}
```

功能：打开已经声明的游标。

说明：

（1）global 表示存在同名全局游标和局部游标时，指定 global，则游标是全局游标，否则是局部游标；

（2）打开一个不存在的游标或者打开一个已经打开的游标，均会提示出错；

（3）游标打开后，可以使用全局变量@@cursor_rows 来返回游标中数据行的数量，该变量取值如下。

① -m：表示游标异步构造，其绝对值表示目前已读取的行数。

② -1：表示游标为动态游标。

③ 0：表示没有游标打开。

④ n：表示游标中含有 n 行数据。

【例 8-18】声明一个游标，结果集为“学生”表中的所有男同学，验证@@cursor_rows 全局变量在游标打开前后的状态值。

```
use jxgl
declare boy scroll cursor
  for select * from 学生 where 性别='男'
-- 没有打开游标时，@@cursor_rows 返回值为 0
print @@cursor_rows
open boy
-- 打开游标后,@@cursor_rows 返回当前游标的总行数
if @@cursor_rows > 0
  print @@cursor_rows
go
```

3. 读取游标数据

语法格式如下。

```
fetch [[next|prior|first|last|absolute {n|@nvar }|relative {n|@nvar}]
from] {{[global]游标名称}|@游标变量名称}
[into@变量名[,...n]]
```

功能：从打开的游标中提取数据。

说明：

（1）next|prior|first|last|absolute {n|@nvar }|relative {n|@nvar}用于从游标中提取下一行、上一行、第一行、最后一行、绝对第 n 行、相对第 n 行；

（2）{[global]游标名称}|@游标变量名称为引用的游标名称或游标变量名称，global 指定游标名称为全局游标，省略时为局部游标；

（3）into @变量名[,...n]指定提取的数据放到局部变量中，列表中的各个变量的顺序、数目、数据类型必须与结果列保持一致或匹配。

注意：

① 首次提取时，fetch next 返回第一行，fetch prior 则没有返回行且游标置于第一行之前；

② n|@nvar 可取值 smallint、tinyint 或 int 类型数据，若取值为正数时，表示从开头算起的第 n 行，若取值为负数时，表示从结尾算起的第 n 行，若取值为 0 时，absolute 不返回行，relative 返回当前行，首次提取时，relative 取值为负数或 0 时，则不返回行。

③ 可用@@fetch_status 来检测 fetch 语句的执行状态，取值为 0、−1 和−2，分别表示成功、失败（行不在结果集中）和被提取行不存在（已删除）。

【例 8-19】创建一个游标显示 190101 班的所有成绩及格的同学记录，并通过使用全局变量@@fetch_status 输出游标中的所有记录。

```
use jxgl
declare pass_score scroll cursor
```

```
   for
   select * from 选修 where 班级号='190101' and 成绩>=60 order by 学号
open pass_score                                          --打开游标
fetch next from pass_score                               --读取游标
--循环读取游标
while @@fetch_status=0
begin
 fetch next from pass_score
end
```

运行结果如图 8-8 所示。

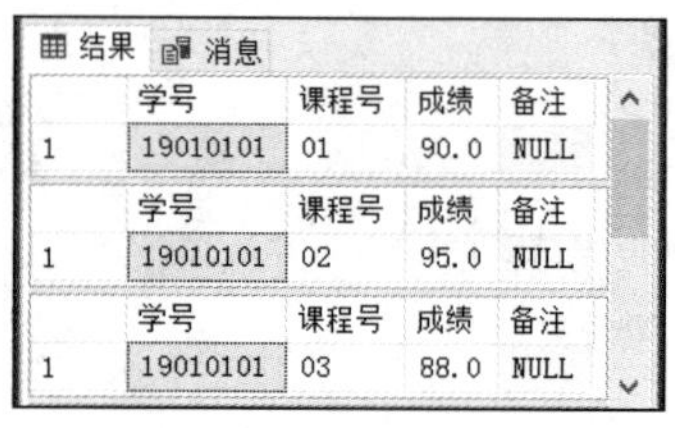

	学号	课程号	成绩	备注
1	19010101	01	90.0	NULL

	学号	课程号	成绩	备注
1	19010101	02	95.0	NULL

	学号	课程号	成绩	备注
1	19010101	03	88.0	NULL

图 8-8　例 8-19 运行结果

4. 关闭游标

语法格式如下。

```
close {{[global]游标名称}|@游标变量名称}
```

功能：关闭一个打开的游标，释放当前结果集，解除定位游标行上的游标锁定。

说明：

（1）关闭游标后，不允许提取定位和更新，除非重新打开游标；

（2）关闭游标后并不意味着释放资源，因此不能创建同名游标。

【例 8-20】关闭一个已经打开的游标，然后声明一个同名游标。

```
use jxgl
go
declare boy cursor
  for select * from 学生 where 性别='男' for read only
open boy                                           --打开游标
close boy                                          --关闭游标
declare boy scroll cursor   --声明同名游标
  for select * from 学生 where 性别='男' and 班级号='190101'
go
```

运行结果如下。

```
服务器：消息 16915，级别 16，状态 1，行 8
```

名为 'boy' 的游标已存在。

5. 释放游标

语法格式如下。

```
deallocate {{[global] 游标名称}|@游标变量名称}
```

功能：从系统资源中释放指定名称或变量名引用的游标。

说明：

（1）释放游标后，不能再用 open 语句打开游标；

（2）释放游标后，可以创建新的同名游标。

8.3.3 应用游标

若要使用游标更新或删除基表数据，则必须声明游标为可更新游标，即声明游标时，使用 update 关键字，然后利用 update 语句或 delete 语句来更新和删除游标中的数据行。操作完毕后，基表中相应的数据行也会得到更新或删除。

1. 更新数据

语法格式如下。

```
update <语句> where current of <游标名>
```

功能：更新游标中最近一次读取的记录。

【例 8-21】 声明可更新游标 up_score_cursor，游标数据来源于“选修”表中成绩小于 60 分的记录，并通过游标将这些记录的备注设置为“通知补考”。

```
use jxgl
go
declare up_score_cursor cursor
for
select 学号,课程号,成绩,备注 from 选修 where 成绩<60
   for update of 备注
open up_score_cursor                      --打开游标
fetch next from up_score_cursor           --读取游标
while @@fetch_status=0                    --循环更新和读取游标中的数据行
 begin
  update 选修 set 备注='通知补考'
   where current of up_score_cursor
  fetch next from up_score_cursor
 end
close up_score_cursor                     --关闭游标
deallocate up_score_cursor                --释放游标
--查询成绩中小于 60 的数据行
select 学号,课程号,成绩,备注 from 选修 where 成绩<60
```

2. 删除数据

语法格式如下。

```
delete <语句> where current of <游标名>
```

功能：删除游标最近一次读取的记录。

【例 8-22】 声明可更新游标 del_score_cursor，游标数据来源于“选修”表中成绩为空的记录，并通过游标删除成绩为空的记录。

```
use jxgl
go
declare del_score_cursor cursor
for
select 学号,课程号,成绩 from 选修 where 成绩 is null
 for update
open del_score_cursor                        --打开游标
fetch next from del_score_cursor             --读取游标
while @@fetch_status=0                       --循环删除和读取游标中的数据行
 begin
  delete from 选修
```

```
    where current of del_score_cursor
  fetch next from del_score_cursor
 end
close del_score_cursor                                  --关闭游标
deallocate del_score_cursor                             --释放游标
--查询成绩中为空的数据行
select 学号,课程号,成绩 from 选修 where 成绩 is null
```

8.3.4 游标状态

游标状态可以通过 cursor_status()函数检测出来，其返回值及其含义如表 8-1 所示。

表 8-1 cursor_status()函数返回值及其含义

返回值	含义	返回值	含义
1	游标的结果至少有一页	−2	游标不可用
0	游标的结果集为空	−3	游标名称不存在
−1	游标被关闭		

【例 8-23】测试游标的状态。

```
use jxgl
go
declare status_boy cursor scroll
 for select * from 学生 where 性别='男'
print cursor_status('global','status_boy')    --打开游标前  显示：-1
open status_boy                               --打开游标
print cursor_status('global','status_boy')    --打开游标后  显示：1
close status_boy                              --关闭游标
print cursor_status('global','status_boy')    --关闭游标后  显示：-1
deallocate status_boy                         --释放游标
print cursor_status('global','status_boy')    --释放游标后  显示：-3
```

本章小结

视图是一个虚拟表，只存放视图定义语句，而不存放视图引用数据，其数据仍然存放在基表中。视图就像一个窗口，透过它可以查看和修改用户需要的数据。索引的创建是由用户完成的，而索引的使用则由 SQL Server 的查询优化器自动实现。游标映射结果集并在结果集内的单个行上建立一个位置的实体，为用户提供定位、检索、修改结果集中单行数据的功能。

习题八

一、选择题

1. 以下关于视图的描述中，正确的是（　　）。

   A. 视图是一个虚表，并不存储数据　　B. 视图同基表一样可以导出

   C. 视图只能从基表导出　　D. 视图只能浏览，不能查询

2. 以下关于视图的描述中，错误的是（　　）。

   A. 视图是从一个或多个基表导出的虚表

B. 视图并不实际存储数据，只在数据字典中保存其逻辑定义

C. 在视图上定义新的基表

D. 查询、更新视图或在视图上定义新视图

3. 当视图所依赖的基表（　　）时，可以通过视图向基表插入记录。

A. 有多个　　B. 只有 1 个　　C. 只有 2 个　　D. 最多 5 个

4. 视图是从一个或多个表（或视图）中导出的虚表，但数据库中只存储视图的定义。视图可以进行（　　）的操作。

A. 删除和修改视图　　B. 建立索引　　C. 只有前二个　　D. 建立默认值

5. 以下（　　）不是可更新视图的必须满足的条件。

A. 创建视图的 select 语句中没有聚合函数

B. 创建视图的 select 语句中不包含通过计算从基表中的列推导出的列

C. 创建视图的 select 语句中没有 top、group by、union 子句

D. 创建视图的 selec 语句中包含 distinct 关键字

6. 删除一个视图会影响（　　）。

A. 基于该视图的视图　　B. 数据库

C. 基表　　D. 查询

7. 下面关于关系数据库视图的描述中不正确的是（　　）。

A. 视图是关系数据库三级模式中的内模式

B. 视图能够对机密数据提供安全保护

C. 视图对重构数据库提供了一定程度的逻辑独立性

D. 对视图的一切操作最终要转换为对基表的操作

8. 以下关于视图的描述中，错误的是（　　）。

A. 可以对任何视图进行任意修改操作

B. 能够简化用户的操作

C. 能够对数据库提供安全保护作用

D. 对重构数据库提供了一定程度的独立性

9. 在关系数据库中，为了简化用户的查询操作，而又不增加数据的存储空间，则应该创建的数据库对象是（　　）。

A. table（表）　　B. index（索引）　　C. cursor（游标）　　D. view（视图）

10. 向视图中插入一条记录，则（　　）。

A. 只有视图中会有（显示）这条记录

B. 只有基表中会有（显示）这条记录

C. 视图和基表中都有（显示）这条记录

D. 视图和基表中都没有（不显示）这条记录

11. 关于视图，以下说法中正确的是（　　）。

A. 视图与表都是一种数据库对象，查询视图与查询基表的方法是一样的

B. 与存储基表一样，系统会存储视图中每个记录的数据

C. 视图可屏蔽数据和表结构，简化了用户操作，方便用户查询和处理数据

D. 视图数据来源于基表，但独立于基表，当基表数据变化时，视图数据不变，当基表被删除后，视图数据仍可使用

12. 创建视图时，以下不能使用的关键字是（　　）。

A. order by　　B. compute　　C. where　　D. with check option

13. 下列哪种数据类型的列不能作为索引的列？（　　）

A. char　　B. image　　C. int　　D. datetime

14. 在哪种索引中，表中各行的物理顺序与键值的逻辑（索引）顺序相同（　　）。

A. 聚集索引　　B. 非聚集索引　　C. 两者都行　　D. 都不行

15. 关于 SQL Server 的索引，下列说法中不正确的是（　　）。

A. 使用索引能使数据库程序或用户快速查找需要的数据

B. 聚集索引是指表中数据行的物理存储顺序与索引顺序完全相同

C. SQL Server 为主键约束自动建立聚集索引

D. 聚集索引和非聚集索引均会影响表中记录的实际存放时间

16. 下列关于 SQL 语言中索引（index）的叙述中，不正确的是（　　）。

A. 索引是外模式

B. 一个基表上可以创建多个索引

C. 索引可以加快查询的执行速度

D. 系统在存取数据时会自动选择合适的索引作为存取路径

17. 要删除 mytable 表中的 myindex 索引，可以使用（　　）语句。

A. drop index mytable.myindex　　B. drop mytable.myindex

C. drop index　myindex　　D. drop myindex

18. 已知关系 student(sno,sname,grade)，以下关于命令“create cluster index s on student(grade)”的描述中，正确的是（　　）。

A. 按 grade 降序创建了一个聚簇索引　　B. 按 grade 升序创建了一个聚簇索引

C. 按 grade 降序创建了一个非聚簇索引　　D. 按 grade 升序创建了一个非聚簇索引

19. 下面不适合创建索引的情况是（　　）。

A. 列的取值范围很少　　B. 用作查询条件的列

C. 频繁范围搜索的列　　D. 连接中频繁使用的列

20. 下面关于索引的描述不正确的是（　　）。

A. 索引是一个指向表中数据的指针

B. 索引是在元组上建立的一种数据库对象

C. 索引的建立和撤销对表中数据毫无影响

D. 撤销表的同时撤销在其上建立的索引

21. 以下哪种情况应尽量创建索引？（　　）

A. 在 where 子句中出现频率较高的列　　B. 具有很多 NULL 值的列

C. 记录较少的基表　　D. 需要更新频繁的基表

22. 下面关于聚集索引和非聚集索引的说法正确的是（　　）。

A. 每个表只能建立一个非聚集索引

B. 非聚集索引需要较多的硬盘空间和内存

C. 一张表上不能同时建立聚集和非聚集索引

D. 一个复合索引只能是聚集索引

23. 在 SQL Server 系统中，索引的顺序和数据表的物理顺序相同的索引是（　　）。

A. 聚集索引　　B. 非聚集索引　　C. 主键索引　　D. 唯一索引

24. 假设“Students”表中有主键 SCode 列，Score 表中有外键 SID 列，SID 引用 SCode 列来设施引用完整性约束，此时如果使用 T-SQL 语句 Update Students set SCode="001201" where SCode="01201"来更新“Students”表的 SCode 列，可能的运行结果是（　　）。

A. 肯定会更新失败
B. 可能会更新“Students”表中的两行数据
C. 可能会更新“Score”表中的一行数据
D. 可能会更新“Students”表中的一行数据

25. 假设“Students”表中的 SEmail 列的默认值为“SVE@163.com”，同时还有 SAddress 列和 SSex 列，则执行 T-SQL 语句 Insert Students(Saddress,SSex) values (“SVE”,1)后，下列说法中正确的是（　　）。

A. SEmail 列的值为“SVE”　　B. SAddress 列的值为空
C. SSex 列的值为 1　　D. SEmail 列的值为空

26. （　　）不显示 update、insert 或 delete 操作对数据的影响。

A. 静态游标　　B. 动态游标　　C. 只进游标　　D. 键盘驱动游标

27. 关于通过游标操作数据库，以下说法中错误的是（　　）。

A. 在定义游标的查询语句时，必须加上 for update 从句
B. 使用 for update 从句没有加 of 表示通过游标可以修改表中的任何一列
C. 使用 for update 从句表示只能通过游标更新表数据，而不能删除表数据
D. for update of age 表示通过游标只能对 age 属性进行修改

28. 通过游标对表进行删除或者更新操作时，where current of 的作用是（　　）。

A. 提交请求　　B. 释放游标当前的操作记录
C. 允许更新或删除当前游标的记录　　D. 锁定游标当前的操作记录

29. 全局变量@@cursor_rows 的功能是（　　）。

A. 返回当前游标的所有行数　　B. 返回当前游标的当前行
C. 定位游标在当前结果集中的位置　　D. 返回当前游标中行的位置

30. 如果@@cursor_rows 返回 0，则表示（　　）。

A. 当前游标为动态游标　　B. 游标结果集为空
C. 游标已被完全填充　　D. 不存在被打开的游标

31. cursor_status 函数返回-1，表示（　　）。

A. 游标的结果集中至少存在一行　　B. 游标被关闭
C. 游标不可用　　D. 游标名称不存在

32. 定义了一个 forward_only 类型的游标，以下操作能正确执行的是（　　）。

A. fetch first from 游标　　B. fetch next from 游标
C. fetch prior from 游标　　D. fetch last from 游标

33. 在游标的 while 循环中，下列哪个值为 0 时，可以执行循环（　　）。

A. @@cursor_rows　　B. @@errors　　C. @@connections　　D. @@fetch_status

34. 使用游标操作数据时，全局变量@@fetch_status 用来检测 fetch 语句的执行状态，取值为-2 时的含义为（　　）。

A. fetch 语句执行成功　　B. etch 语句执行失败
C. 被提取行不存在（已删除）　　D. 被提取行存在（已读取）

二、填空题

1. 每次访问视图时，视图都是从（　　）提取所包含的行和列。
2. 视图是否可更新取决于在视图定义的（　　）语句。
3. 定义视图时，使用（　　）子句的目的是强迫对视图的修改符合视图定义时设置的条件。

4. 通过视图查询数据，引用的是在视图上定义的（　　）。

5. 如果视图是基于多个表使用连接操作而导出的，那么对视图执行（　　）操作时，每次只能影响其中一个表。

6. update 语句不能修改视图的（　　）数据，也不允许修改视图中的聚集函数列和内置函数的列。

7. 通过视图可以对基础表中的数据进行查询、添加、（　　）和删除操作。

8. 视图中只存放视图的（　　），而不存放视图的运行结果集——数据，这些数据仍然存放在视图所引用的基表中。

9. 在一个表上，最多可以定义（　　）个聚集索引。

10. 为了使索引键的值在基表中唯一，在创建索引的语句中应使用保留字（　　）。

11. 索引是在列上定义的数据库对象，索引最多包含（　　）个列。

12. 创建主键约束会自动创建（　　）索引。

13. （　　）是对数据库中一列或多列的值进行排序的一种逻辑结构。

14. 索引是在基表的列上建立的一种数据库对象，其作用是加快数据的（　　）速度。

15. 使用 create index 语句创建索引只能创建普通索引和（　　）索引。

16. SQL Server 中支持 3 种游标，即 T-SQL 游标、API 游标和（　　）。

17. SQL Server 支持 4 种 API 服务器游标类型，即静态游标、动态游标、（　　）和键盘驱动游标。

18. 打开游标的语句是（　　）。

19. 如果要显示游标结果集中的最后一行，必须在定义游标时使用（　　）关键字。

20. 读取游标数据的语句是（　　）。

三、实践题

1. 创建一个视图 inform，该视图引用“读者”表中女生的读者编号、姓名、性别、已借数量。

2. 查询视图 inform，并显示其中所有数据。然后与“select 读者编号,姓名,性别,已借数量 from 读者 where 性别='女'”的查询结果进行比较异同。

3. 向视图 inform 执行“insert into inform(读者编号,姓名,性别)values('1011','贾诸葛','女')”操作后，观察“select * from 读者”和“select * from Inform”的运行结果并解释异同。

4. 使用“学生”表，声明游标 mycursor，打开游标，并提取结果集的第一行和最后一行。

5. 验证@@cursor_rows 函数的作用。

（1）声明一个静态游标 mycursor2，结果集包含学生表的所有行，打开游标，用 select 显示@@cursor_rows 函数的值。

（2）声明一个键集游标 mycursor3，结果集包含学生表的所有行，打开游标，用 select 显示@@cursor_rows 函数的值。

（3）声明一个动态游标 mycursor4，结果集包含学生表的所有行，打开游标，用 select 显示@@cursor_rows 函数的值。

第 9 章*

存储过程和触发器

本章导读

存储过程是存储在服务器上的一组预编译好的 T-SQL 语句集合，是按名存储并运行于服务器上的数据库对象，其目的是减少网络通信流量，提高程序执行效率。触发器则是由事件触发而自动执行的一类特殊存储过程，其作用是监控用户数据状态变化，实现比较复杂的完整性约束，以及实现特定数据库对象的管控和对登录账户的跟踪、限制与锁定。

9.1 存储过程

存储过程是独立于表的一组 T-SQL 语句和可选控制语句的预编译集合，具有更强的适应性，允许在存储过程接口不变的情况下随意修改数据库，且不会影响应用程序的独立性。存储过程的执行是通过参数输入和输出实现数据的交换，从而减少网络传送流量，同时又因为省略了编译和执行 SQL 语句的时间，所以也提高了程序的运行效率。

9.1.1 存储过程的类型

在 SQL Server 系统中，存储过程分为系统、用户、临时、远程和扩展 5 种。

1. 系统存储过程

系统存储过程是指执行系统内置的存储过程。系统存储过程名称以 sp_为前缀，并存储于 master 数据库中。用户也可以在 master 数据中自定义 sp_为前缀的系统存储过程。

2. 用户存储过程

用户存储过程是用户创建的存储过程。用户存储过程名称不推荐使用 sp_为前缀，存储在用户数据库中。如果用户存储过程与系统存储过程同名，则用户存储过程失效。用户存储过程的名称存储在系统表 sysobjects 中，而其中定义的文本则存储在系统表 syscomments 中。

3. 临时存储过程

临时存储过程分为局部临时存储过程和全局临时存储过程。

（1）局部临时存储过程名称以#为前缀，存放在 tempdb 数据库中，只由创建并连接的用户使用，当该用户断开连接时将自动删除局部临时存储过程。

（2）全局临时存储过程名称以##为前缀，存放在 tempdb 数据库中，允许所有连接的用户使用，在所有用户断开连接时自动被删除。

4. 远程存储过程

远程存储过程是位于远程服务器上的存储过程。

5. 扩展存储过程

扩展存储过程是利用外部语言（如 C 语言）编写的存储过程，用于以弥补 SQL Server 的不足，并扩展新的功能。扩展存储过程名以 xp_为前缀。

9.1.2 存储过程的创建

存储过程的创建既可以使用 SSMS，也可以使用 T-SQL 语句。

1. 使用 SSMS 创建存储过程

【例 9-1】使用 SSMS 创建一个打印 9 乘 9 乘法表的存储过程。

```
create procedure multi
as
declare @i int,@j int,@out varchar(80)
set @i=1
while @i<=9
begin
 set @out =cast(@i as char(1))+')'
 set @j=1
 while @j<=@i
  begin
```

```
        set  @out=@out+cast(@i  as  char(1))+'*'+cast(@j  as  char(1))+'='+cast(@i*@j  as
char(2))+space(2)
        set @j=@j+1
       end
       print @out
       set @i=@i+1
    end
```

操作步骤如下：

（1）在“对象资源管理器”窗格中依次展开“数据库”→“JXGL”→“可编程性”节点，右击“存储过程”节点，在弹出的快捷菜单中执行“新建”→“存储过程”命令，如图 9-1 所示。弹出 SQL 语句编辑器窗格，输入上述代码，如图 9-2 所示。

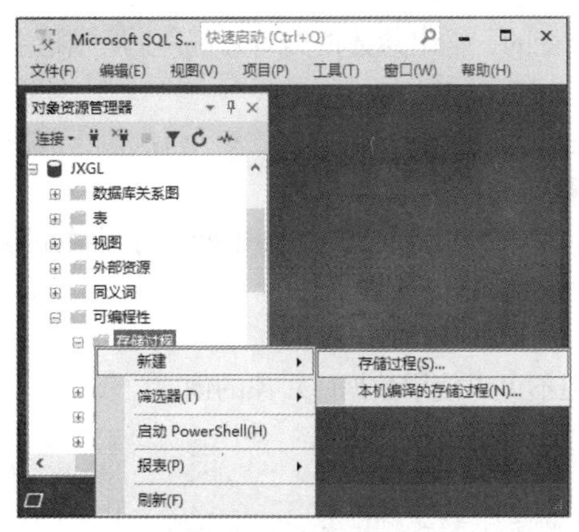

图 9-1 快捷菜单

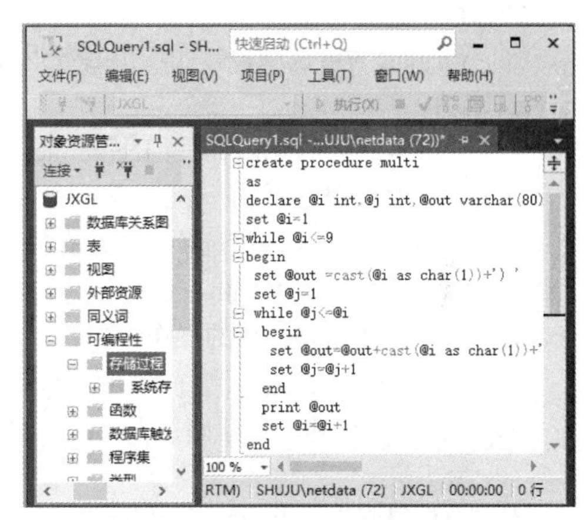

图 9-2 SQL 语句编辑器窗格

（2）单击工具栏中“执行”按钮并返回 SSMS 窗口，在左侧“对象资源管理器”窗格中可以发现完成存储过程 multi 的创建，如图 9-3 所示。

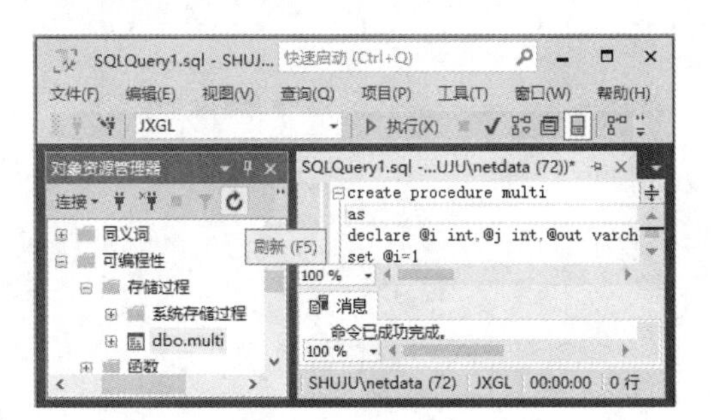

图 9-3 SSMS 窗口

注意：SSMS 只能辅助设计存储过程，其代码编写仍然依赖于开发人员的自身素养，因此后续存储过程的操作不再讲解 SSMS 方式。

2. 使用 T-SQL 语句创建存储过程

在 SQL Server 系统中，创建存储过程的语法格式如下。

```
create proc[edure] <存储过程名>[;分组编号]
   [{@形参 数据类型}[=默认值][output][varying]][,...n]
   [with {recompile|encryption|recompile,encryption}]
   [for replication]
as sql 语句[...n]
```

功能：在当前数据中创建指定名称的存储过程。

说明：

（1）存储过程名为必选项，指定存储过程名称；

（2）分组编号为可选项，整数，指定存储过程在同名存储过程中的分组编号；

（3）{@形参 数据类型}为可选项，指定形参名称及其数据类型，其中输入参数不能使用 cursor（游标）数据类型；

（4）[=默认值]为可选项，指定输入参数的默认值，可以是常量、NULL 或 like 表达式，为调用语句省略实参时赋值，否则必须提供实参；

（5）output 为可选项，指明形参是输出参数，形参有输入参数和输出参数之分，省略时为输入参数；

（6）varying 为可选项，指明输出参数返回值是可变的，输出参数据类型为 cursor 时须指定 varying 选项；

（7）with{recompile|encryption|recompile,encryption}为可选项，recompile 表示每次执行前都要重新编译存储过程，而 encryption 表示加密存储过程文本；

（8）for replication 为可选项，指定存储过程只能在复制过程中执行，而不能在订阅服务器上执行，for replication 和 with encryption 不能联合使用；

（9）as 表示指定要执行的操作；

（10）sql 语句[…n]为存储过程中的 SQL 语句，但不可以使用数据库对象的创建语句。

【例 9-2】创建一个存储过程，用来求任意一个数的阶乘。

```
use jxgl
if exists(select name from sysobjects where name='fact' and type='p')
drop proc fact  --删除已存在的同名存储过程
go
create procedure fact
 @n int,@f int output
 as
  if @n<0
   print '你输入了'+cast(@n as varchar(20))+'，请输入非负数'
  else
   begin
    declare @i int
    set @i=1
    set @f=1
    while @i<=@n
     begin
      set @f=@f*@i
      set @i=@i+1
     end
    print cast(@n as varchar(20))+'的阶乘是：'+cast(@f as varchar(20))
  end
```

9.1.3 存储过程的执行

存储过程的执行是使用 execute 语句实现的，其语法格式如下。

```
[exec[ute]]{[@返回状态值=]{
存储过程名[;分组编号]|@存储过程变量名}}
[[@形参=]{实参值|@实参变量[output]|[default]}][,...n ]
[with recompile]
```

说明：

（1）exec[ute]为可选项，执行存储过程的命令，省略时为当前批处理中的第一条语句；

（2）@返回状态值=为可选项，声明过的整型局部变量，接收存储过程的返回状态值；

（3）存储过程名[;分组编号]|@存储过程名变量}为必选项，调用存储过程的名称（分组编号）或者指定的存储过程变量名；

（4）@形参=为可选项，给形参传递实参值，省略时按顺序传递实参值；

（5）实参值|@实参变量[output]|[default]，实参可以是常量、变量或 default，其中 output 选项表示@实参变量是接收并返回输出参数的变量值；

（6）with recompile 为可选项，重新编译存储过程，不适用扩展存储过程。

【例 9-3】执行存储过程 fact。

```
declare @f as float
execute fact -3,@f output              --你输入了-3，请输入非负数
print''
execute fact 3,@f output               --3 的阶乘是：6
```

9.1.4 存储过程的修改

使用 T-SQL 语句修改存储过程的语法格式如下。

```
alter proc[edure] 存储过程名[;编号]
  [{@参数名 数据类型}[varying][= 默认值][output]][,...n]
  with recompile|encryption|recompile,encryption}]
  as
  sql 语句[...n]
```

说明：各参数含义与 create procedure 语句相同。

【例 9-4】修改存储过程 fact 的功能为判断一个数是否是水仙花数。

```
use jxgl
go
alter proc fact @n int
as
  if @n<100 or @n>999
   print '你输入了的'+cast(@n as varchar(20))+'，请输入 3 位正数'
  else
   begin
    declare @i int,@j int,@k int
    set @i=@n/100
    set @j=(@n-@I*100)/10
    set @k=@n%10
    if @n=@i*@i*@i+@j*@j*@j+@k*@k*@k
     print cast(@n as char(3))+'是水仙花数'
    else
     print cast(@n as char(3))+'不是水仙花数'
 end
```

9.1.5 存储过程的删除

使用 T-SQL 语句删除存储过程的语法格式如下。

```
drop procedure 存储过程名[;分组编号]
```

说明：

（1）存储过程名为必选项，删除指定名称的存储过程；

（2）分组编号为可选项，删除指定分组编号的存储过程，否则删除一组同名存储过程。

9.1.6 存储过程的应用

存储过程不仅可以封装处理数据，还可以通过参数实现数据的传入和传出，甚至还可以通过状态参数（int 类型的返回值）实现判断存储过程的执行成功与否。

1. 使用带输入/输出参数的存储过程

【例 9-5】创建一个存储过程，实现指定学生姓名（默认姓名是储兆雯）时，查询该生所有选修课程的平均成绩。

（1）创建存储过程代码如下。

```
use jxgl
go
create proc pro_avg_成绩
@xm char(6)='储兆雯',@avgscore float output
as
select @avgscore=avg(成绩)
 from 学生,选修
 where 学生.学号=选修.学号 and 姓名=@xm
go
```

（2）调用存储过程代码如下。

```
declare @xm char(6), @avgscore float
set @xm='汪诗微'
exec pro_avg_成绩 @xm,@avgscore output
print @avgscore
```

2. 使用带输出参数游标类型的存储过程

【例 9-6】创建一个存储过程，实现指定学生的“学号”时，逐行显示该生选修信息。

（1）创建存储过程代码如下。

```
use jxgl
if exists (select name from sysobjects where name='cursor_选修'and type='p')
drop proc cursor_选修     --删除已存在的同名存储过程
go
create proc cursor_选修
@xh char(8)='19010101',
@js_cursor cursor varying output
as
 set @js_cursor=cursor forward_only static for
 select * from 选修 where 学号=@xh
open @js_cursor
```

（2）调用存储过程代码如下。

```
declare @xh char(8),@my cursor
set @xh='19010101'
exec cursor_选修 @xh,@my output
fetch next from @my                   --提取数据
while(@@fetch_status=0)
 begin
  fetch next from @my             --提取数据
 end
```

```
close @my                              --关闭游标
deallocate @my                         --删除游标
```

运行结果逐行提取数据，如图 9-4 所示。

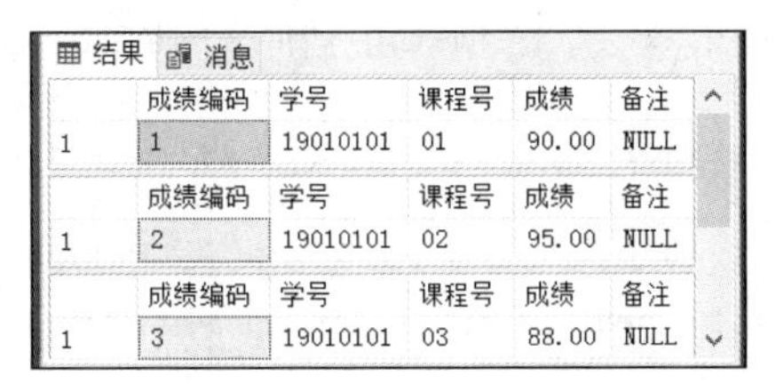

	成绩编码	学号	课程号	成绩	备注
1	1	19010101	01	90.00	NULL

	成绩编码	学号	课程号	成绩	备注
1	2	19010101	02	95.00	NULL

	成绩编码	学号	课程号	成绩	备注
1	3	19010101	03	88.00	NULL

图 9-4 例 9-6 运行结果

3. 使用带状态参数的存储过程

【例 9-7】创建存储过程 AvgScore，根据给定的班级名称计算该班级的平均成绩，并将结果使用输出参数返回。如果指定的班级名称存在，则返回 1，否则返回 0。

（1）创建存储过程代码如下。

```
use jxgl
go
create procedure avgscore
@classname varchar(20),@score float output
as
declare @classid int                   --返回值类型只能是 int 类型
set @classid = 0
--通过班级名称参数@classname，获取班级编号@classid
select @classid = 班级号 from 班级
  where 班级名称=@classname
if @classid=0                          --字符类型可转换为 int 类型
  return 0                             --设置返回值为 0
else
  begin
  select @score=avg(成绩) from 选修 where left(学号,6)=@classid
  return 1                             --设置返回值为 1
  end
```

（2）调用存储过程代码如下。

```
declare @score float
declare @status int
exec @status = avgscore '19 会计（1）班', @score output
-- 检查返回值
if @status = 1
   print'平均成绩:'+ cast(@score as varchar(20))
else
   print '没有对应的记录'
```

运行结果如下。

平均成绩:91

4. 使用用户自定义的系统存储过程

【例 9-8】创建一个自定义的系统存储过程，显示指定表名的索引，如果没有指定表名，则返回“学生”表的索引信息。

（1）创建存储过程代码如下。

```
use master
go
if exists(select name from sysobjects where name ='sp_showtableindex' and type='p')
drop proc sp_showtableindex      --删除已存在的同名存储过程
go
create proc sp_showtableindex @tablename varchar(30)='学生'
as
select tab.name as 表名,inx.name as 索引名,indid as 索引标识号
 from sysindexes inx join sysobjects tab on tab.id=inx.id
 where tab.name like @tablename
```

（2）调用存储过程代码如下。

```
use jxgl
go
exec sp_showtableindex
```

5. 使用带编号的存储过程

【例 9-9】创建一组存储过程 score，显示选修表中各班级的最高分和最低分。

（1）创建存储过程代码如下。

```
use jxgl
go
if exists(select name from sysobjects where name ='proc_score' and type ='p')
drop proc score      --删除已存在的同名存储过程
go
--创建存储过程分组编号 1
create procedure proc_score;1
as
select 班级号 as 班级号,max(成绩) as 最高分 from 选修 group by 班级号
go
--创建存储过程分组编号 2
create procedure proc_score;2
as
select 班级号 as 班级号,min(成绩) as 最低分 from 选修 group by 班级号
```

（2）调用存储过程代码如下。

```
exec proc_score;1
exec proc_score;2
```

9.2 触发器

触发器是由用户定义的一类特殊存储过程，常常用于对表实施复杂的完整性约束，以及实现数据库对象的创建与管理和对登录账户的管理。它不能被程序显式地调用，而是在相应事件发生时触发执行，并且不能传递参数和接受参数。

9.2.1 触发器的分类

触发器执行的前提条件是有相应事件发生，因此按照触发事件响应级别的不同，触发器可以分为 DML 触发器（定义于表上的数据操纵语言 DML 语句）、DDL 触发器（定义于数据库上的数据定义语言 DDL 语句）和 LOGON 触发器（定义于服务器上的登录触发器）。

1. DML 触发器

DML 触发器（表和视图级作用域）是由 DML 事件激活的触发器，DML 事件包括在表或视

图上进行的 insert、update、delete 3 种操作语句。其作用是保证表中数据变化遵循比较复杂的完整性约束规则。如当修改表数据时，联动调整关联表数据，以反映数据同步变化。

（1）DML 触发器分类。

根据触发器激活时机不同，DML 触发器又可分为 instead of 触发器和 after 触发器两类。

① instead of 触发器：在触发事件（insert、delete 和 update）之前激活触发器，其功能是不执行触发事件语句，而是执行 instead of 触发器本身，instead of 触发器可以在表和视图上定义，一个表或视图上的每一个 insert、delete 和 update 操作只能有一个 instead of 触发器。

② after 触发器：在触发事件（insert、delete 和 update）成功执行之后激活触发器，其功能是除非触发体中有回滚语句，否则即使触发事件违反约束规则，也不能阻止触发事件语句执行。after 触发器只能在表上定义，一个表上的每一个 insert、delete 和 update 操作都可以有多个 after 触发器。

（2）DML 触发器的临时表。

使用 DML 触发器时，SQL Server 会为每个触发器建立两个特殊的临时表：inserted 表和 deleted 表。这两个表存储在内存中，与被该触发器应用的表结构完全相同，而且由系统维护和管理，用户只能读取数据而不能修改数据。每个触发器只能访问自己的临时表，触发器执行完毕，两个临时表也会自动被释放。

① inserted 表：用于存储 insert 和 update 语句所影响的行副本，当执行 insert 和 update 操作时，新的数据行同时被添加到基表和 inserted 表中。

② deleted 表：用于存储 delete 和 update 语句所影响的行副本，当执行 delete 和 update 操作时，指定的原数据行被用户从基表中删除，然后被转移到 deleted 表中，一般来说，在基表和 deleted 表中不会存在相同的数据行。

注意： update 操作可以看成两个步骤，首先将基表中要更新的原数据行移到 deleted 表中，然后从 inserted 表中复制更新后的新数据行到基表中。

2. DDL 触发器

DDL 触发器（服务器或数据库级作用域）是由 DDL 事件（语句）激活的触发器，DDL 事件包括在服务器或数据库上进行的 create、alter 和 drop 3 类操作语句，以及权限操作相关的 grant、revoke 和 deny 语句，其作用是管控特定的数据库对象。DDL 触发器是在触发事件发生后执行的，因此只有 after 触发器。

3. LOGON 触发器

LOGON 触发器（服务器实例级作用域）是由登录事件（语句）激活的触发器，登录事件在登录账户身份验证完成后且用户会话未实际建立前触发，其作用是跟踪或限制登录账户的登录时间、IP 地址和特定登录账户的会话数量，以防止账户密码泄露或非法 IP 的登录。

9.2.2 触发器的创建

触发器有两种创建方法：使用 SSMS 和使用 T-SQL 语句。

1. 使用 SSMS 创建触发器

【例 9-10】 在"学生"表上创建一个 after 类型的插入触发器 ins_stu，当插入记录时，给予禁止插入记录的提示信息。

```
create trigger ins_stu
on 学生
for insert
as
raiserror('禁止插入记录',10,1)
```

操作步骤如下。

（1）启动 SSMS，在“对象资源管理器”窗格中依次展开“数据库”→“JXGL”→“表”→“学生”节点，右击“触发器”节点，弹出快捷菜单，执行“新建触发器”命令，如图 9-5 所示。

（2）单击任意位置后，弹出 SQL 语句编辑器窗格，如图 9-6 所示。

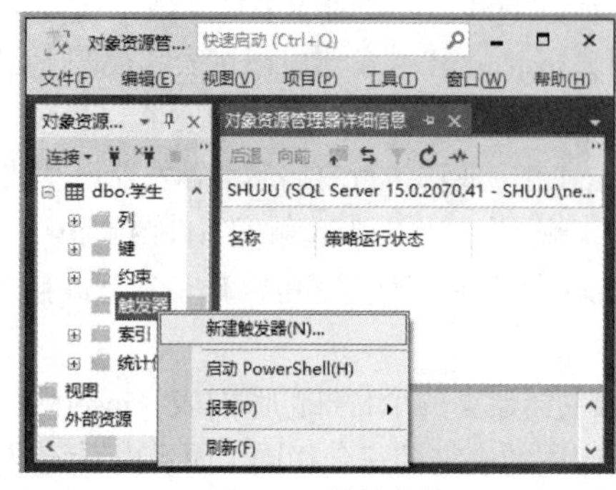

图 9-5 快捷菜单

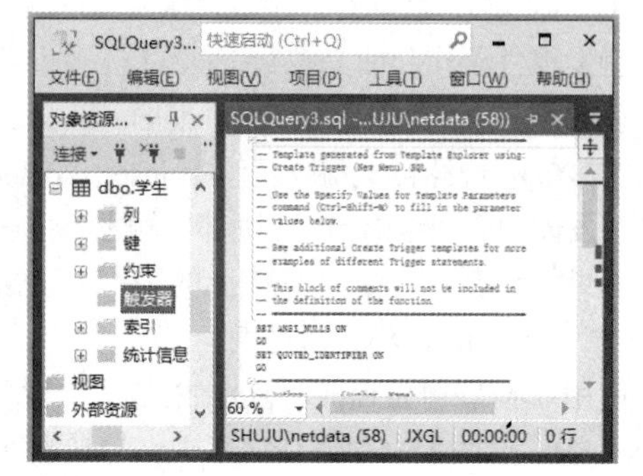

图 9-6 SQL 语句编辑器窗格

（3）在 SQL 语句编辑器窗格中，输入触发器代码，如图 9-7 所示。

（4）单击“执行”按钮，在“对象资源管理器”窗格中可查看（刷新）刚创建的触发器名称，如图 9-8 所示。

图 9-7 输入触发器代码

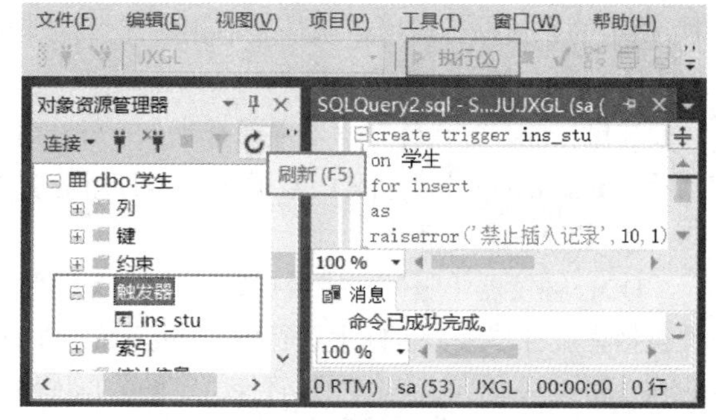

图 9-8 查看刚创建的触发器

（5）验证触发器，打开 SQL 语句编辑器输入以下代码，并单击“执行”按钮。

```
insert into 学生(学号,姓名,性别,出生日期)
 values('20050102','刘飞翔','男','2002-6-7')
```

运行结果如下。

```
禁止插入记录
 (1 行受影响)
```

思考：为什么上述记录会成功插入表中，且触发器并没有实现“禁止插入记录”功能？

2. 使用 T-SQL 语句创建 DML 触发器

使用 T-SQL 语句创建 DML 触发器的语法格式如下。

```
create trigger <触发器名>
 on {表名|视图名}
  [with encryption]{
      {for|after|instead of}{[delete][,][insert][,][update]}
      as[{
      if update(列)[{and|or}update(列)][...n]
```

```
    |if columns_updated(){逻辑运算符}二进制位掩码{比较运算符}运算结果[...n]}]
    sql 语句[...n]}
```

功能：在指定的表上创建一个指定名称的 DML 触发器。

说明：

（1）on{表名|视图名}用于指明触发器所依赖的表或视图；

（2）[with encryption]用于在 syscomments 表中加密 create trigger 语句的定义文本内容；

（3）{for|after|instead of}用于指明触发器类型，for 关键字等价于 after 触发器；

（4）{ [delete] [,] [insert] [,] [update] }用于指明激活触发器的触发事件；

（5）as 为引入触发器激活后要执行的语句；

（6）if update(列)[{and|or}update(列)][...n]用于判断指定列（计算列除外）是否执行了插入（insert）或更新（update）操作，返回值为 true 或 false；

（7）if columns_updated(){逻辑运算符}二进制位掩码{比较运算符}运算结果[...n]用于按位检查指定列是否执行了插入（insert）或更新（update）操作，其中逻辑运算符为二进制位逻辑运算符，二进制位掩码中的 1 表示执行，0 表示不执行，比较运算符一般是等号，运算结果是检查列的运算结果，当表超过 8 列，需借助 substring()函数来处理；

（8）sql 语句[...n]指定 delete、insert 或 update 操作事件触发时要执行的 SQL 语句。

【例 9-11】 在“选修”表上创建触发器 ins_choose，使之满足以下要求：实现向“选修”表插入某门课程的成绩时，检查课程表中是否存在该门课程，如果没有就显示提示信息并禁止插入该记录。

（1）创建触发器，输入并执行以下代码。

```
use jxgl
go
create trigger ins_choose
on 选修
after insert
as
if (select count(*) from 课程,inserted where 课程.课程号=inserted.课程号)=0
begin
  raiserror('没有此课程',16,1)
  rollback transaction
end
```

（2）验证触发器的作用，输入并执行以下记录。

```
Insert into 选修 (学号,课程号,成绩) values ('19010101','15',60)
```

（3）运行结果如下。

```
消息 50000，级别 16，状态 1，过程 ins_choose，行 7 [批起始行 0]
没有此课程
消息 3609，级别 16，状态 1，第 1 行
```

事务在触发器中结束。批处理已终止。

【例 9-12】 在“选修”表上创建一个 update 触发器，使用 update()函数测试：当更新学生成绩时，显示修改过的记录信息。

（1）创建触发器，输入并执行以下代码。

```
use jxgl
go
if exists(select * from sysobjects where name='up_选修' and type ='tr')
```

```
 drop trigger up_选修    --删除已存在的同名触发器
go
create trigger up_选修
on 选修
for update
as
if update(成绩)
begin
 select inserted.学号,inserted.课程号,deleted.成绩 原成绩,inserted.成绩 新成绩
 from deleted,inserted
 where deleted.学号= inserted.学号 and deleted.课程号= inserted.课程号
end
```

（2）验证触发器的作用，输入并执行以下记录。

```
update 选修 set 成绩=60 where 学号='20020102' and 课程号='06'
```

运行结果如图 9-9 所示。

【例 9-13】 在“选修”表上创建一个 update 触发器，使用 columns_updated()函数测试：当更新学生成绩时，显示修改过的记录信息。

分析：columns_updated()函数构造一个字节（8bit），倒序按位映射表中列的更新状态；当列更新时，对应位设 1，否则为 0，本例从左到右依次映射为成绩编号 bit0、学号 bit1、课程号 bit2、成绩 bit3 和备注列 bit4，当只更新成绩列，则需构造字节值为 01000。

（1）创建触发器，输入并执行以下代码。

```
use jxgl
go
if exists(select * from sysobjects where name='up_选修' and type ='tr')
drop trigger up_选修  --删除已存在的同名触发器
go
create trigger up_选修
on 选修
for update
as
if columns_updated()&01000=8
   begin
   select inserted.学号,inserted.课程号,deleted.成绩 原成绩,inserted.成绩 新成绩
     from deleted,inserted
     where deleted.学号= inserted.学号 and deleted.课程号= inserted.课程号
   end
```

（2）验证触发器的作用，输入并执行以下记录。

```
update 选修 set 成绩=85 where 学号='20020102' and 课程号='06'
```

运行结果如图 9-10 所示。

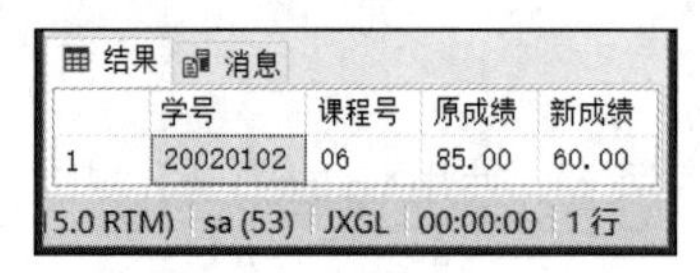

结果 消息

	学号	课程号	原成绩	新成绩
1	20020102	06	85.00	60.00

5.0 RTM) sa (53) JXGL 00:00:00 1 行

图 9-9 例 9-12 运行结果

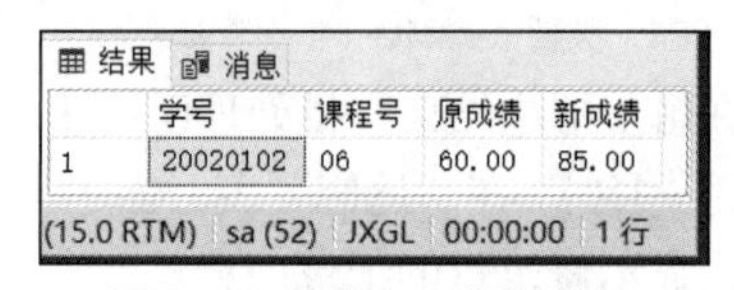

结果 消息

	学号	课程号	原成绩	新成绩
1	20020102	06	60.00	85.00

(15.0 RTM) sa (52) JXGL 00:00:00 1 行

图 9-10 例 9-13 运行结果

3. 使用 T-SQL 语句创建 DDL 触发器

使用 T-SQL 语句创建 DDL 触发器的语法格式如下。

```
create trigger <触发器名>
```

```
on {all server|database}
  [with encryption]{
    {for|after}{事件名称|事件分组名称}
    as sql 语句[;][...n]
```

功能：在服务器或数据库上创建一个指定名称的 DDL 触发器。

说明：

（1）on {all server|database}用于指明触发器作用域是整个服务器或当前数据库，其中 all server 触发器包括登录操作和对数据库的操作，database 触发器包括对 table、view、procedure、trigger 和权限的操作；

（2）[with encryption]为在 syscomments 表中加密 create trigger 语句的定义文本内容；

（3）{for|after }用于指明触发器类型，for 关键字等价于 after 触发器；

（4）{事件名称|事件分组名称}用于指定 DDL 触发事件的名称或事件分组名称；

（5）as 为引入触发器激活后要执行的语句。

【例 9-14】 在 JXGL 数据库上创建一个触发器 alt_jxgl，防止用户在该数据库中删除任一表或修改表结构。

（1）创建触发器，输入并执行以下代码。

```
use jxgl
go
if exists (select * from sys.triggers where parent_class=0 and name='alt_jxgl')
   drop trigger alt_jxgl on database   --删除已存在的同名触发器
go
create trigger alt_jxgl
  on database
  after drop_table,alter_table
  as
   begin
    print '禁止删除表和修改表结构'
    rollback transaction
   end
```

（2）验证触发器的作用，输入并执行以下记录。

```
alter table 学生 add 婚否 char(2)
```

验证结果：禁止删除表和修改表结构。

注意：

（1）服务器范围的 DDL 触发器位于“对象资源管理器”窗格的“服务器对象”→“触发器”节点，如图 9-11 所示；

（2）数据库范围的 DDL 触发器位于“对象资源管理器”窗格的“JXGL”→“可编程性”→“函数”→“数据库触发器”节点，如图 9-12 所示。

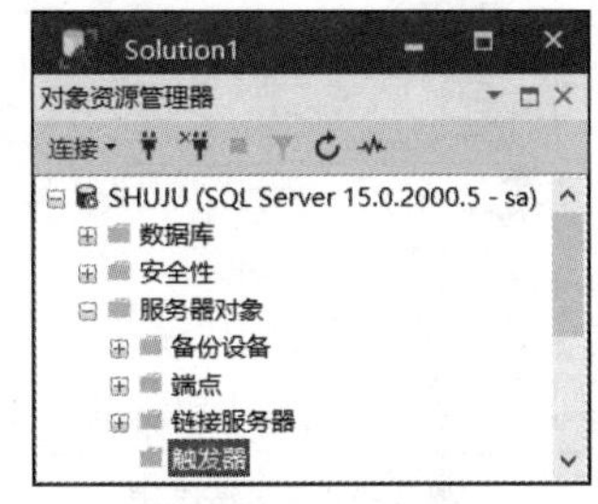

图 9-11　服务器范围的 DDL 触发器位置

图 9-12　数据库范围的 DDL 触发器位置

4. 使用T-SQL语句创建LOGON触发器

使用T-SQL语句创建LOGON触发器的语法格式如下。

```
create trigger <触发器名>
on all server
  [with [encryption] [execute as 登录名] [,...n]]
  { for|after } logon
  as SQL语句
```

功能：在服务器上创建一个指定名称的LOGON触发器。

说明：

（1）with [encryption] [execute as 登录名]用于指定触发器使用权限来源的登录账户，如不设置则为当前登录账户的权限；

（2）其他语句含义同上，这里不再赘述。

【例9-15】 限制登录账户Test_logon在8时至20时之间的服务器登录。

（1）创建登录账户Test_logon。以sa登录服务器，输入并执行以下代码。

```
create login Test_logon with password ='test'
```

（2）测试登录账户Test_logon连接权限。以Test_logon作为登录名进行连接登录。

运行结果显示登录成功，如图9-13所示。

（3）创建禁用Test_logon的LOGON触发器。以sa输入并执行以下代码。

```
use master
go
If exists(select * from sys.server_triggers where name=N'Tri_logon')
  drop trigger Tri_logon on all server     --删除已存在的同名触发器
go
create trigger Tri_logon
  on all server for logon
  as
  begin
  if original_login()='Test_logon'and datepart(hh,getdate()) between 8 and 20
   begin
    print N'限制登录用户Test_logon在8～20点登录数据库' ;
    rollback
   end
  end
```

运行结果显示登录触发器创建成功，如图9-14所示。

图9-13 运行结果

图9-14 运行结果

（4）再次测试登录账户 Test_logon 连接权限。以 Test_logon 作为登录名进行连接登录。运行结果显示登录失败，如图 9-15 所示。

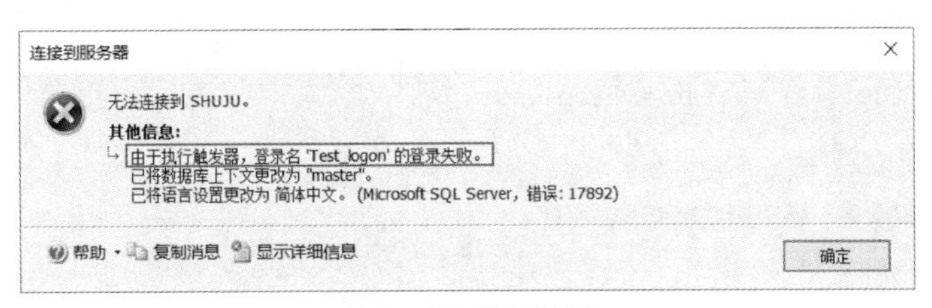

图 9-15 运行结果

9.2.3 触发器的修改

触发器的修改是通过 T-SQL 语句实现的，不同类型触发器的修改语句略有不同。

1. DML 触发器的修改

使用 T-SQL 语句修改 DML 触发器的语法格式如下。

```
alter trigger <触发器名> on {表名|视图名}
   [with encryption]{
   {for|after|instead of}{[delete][,][insert][,][update]}
    as
    [if update(列)[{and|or}update(列)][...n ]]
    |if columns_updated(){逻辑运算符}二进制位掩码{比较运算符}运算结果[...n]}]
    sql 语句[...n]}
```

说明：各子句的含义同创建触发器中的子句一样。

【例 9-16】 将“学生”表 ins_stu 触发器类型由 after 类型修改为 instead of 类型，当插入记录时，给予提示禁止插入记录的信息。

（1）创建触发器，输入并执行以下代码。

```
use jxgl
go
alter trigger ins_stu
on 学生
instead of insert
as
raiserror('禁止插入记录',10,1)
```

（2）验证触发器的作用，输入并执行以下记录。

```
insert into 学生(学号,姓名,性别,出生日期)
  values('20050103','刘飞娜','女','2003-7-17')
```

注意：用户打开“学生”表，可以发现上述记录并没有插入表中，这是由于 instead of 触发器替代执行了触发事件的操作，即不执行触发事件的操作，只执行触发器本身。

2. DDL 触发器的修改

使用 T-SQL 语句修改 DDL 触发器的语法格式如下。

```
alter trigger <触发器名> on {database|all server}
    [with encryption]{
    {for|after }{事件名称|事件分组名称}
        as sql 语句[;][...n]
```

说明：各子句的含义同创建触发器中的子句一样。

【例 9-17】修改触发器 alt_jxgl，使之由“禁止修改或删除表”变为“禁止删除表、修改表结构和修改表索引”。

```
alter trigger alt_jxgl
on database
after drop_table,alter_table,drop_index
as
begin
print '禁止删除表、修改表结构和删除索引'
rollback transaction
end
```

9.2.4 触发器的禁用和启用

在实际操作时，有时可能需要临时禁用某个触发器，使用完毕后可以继续启用触发器，这就需要禁用或启动触发器的命令。使用 T-SQL 语句禁用或启动触发器的语法格式如下。

格式 1：`alter table <表名>{enable|disable} trigger <all|触发器名>`

功能：启用或禁用 DML 触发器。

说明：

（1）enable 是启动触发器，而 disable 是禁用触发器；

（2）all 代表所有触发器，而触发器名则表示指定触发器。

格式 2：`{enable|disable} trigger{[架构名.]触发器名[,...n]|all}on {对象名|database|all server}`

功能：启用或禁用 DML 和 DDL 触发器（SQL server 2008 以上版本）。

说明：

（1）架构名不能指定 DDL 或登录触发器；

（2）对象名为创建 DML 触发器的数据库表或视图；

（3）DDL 触发器需要指定作用域（database|all server）。

9.2.5 触发器的删除

当不需要某个触发器的时候，可以删除它。触发器被删除后，触发器所在的表中数据不会因此而改变。另外，当某个表被删除时，定义与该表相关的所有触发器也会自动删除。

语法格式如下。

```
drop trigger <触发器名>[,...n] [on {database|all server}]
```

功能：删除指定名称的触发器。

说明：当删除 DDL 触发器时，需要指定作用域（database|all server）。

【例 9-18】如果服务器上存在触发器 alt_jxgl，则将其删除。

```
if exists (select * from sys.server_triggers where name='alt_jxgl')
  drop trigger alt_jxgl on all server      --删除已存在的同名触发器
```

9.2.6 DML 触发器的应用

DML 触发器是一个功能强大的工具，主要用于实现（主键和外键等约束所不能实现的）各种复杂业务的约束规则。DML 触发器具有以下几个功能。

（1）不允许删除或更新特定的数据记录。

（2）不允许插入不符合逻辑关系的记录。

（3）删除主表的一条记录的同时级联删除从表的相关记录。

（4）更新主表的一条记录的同时级联更新从表的相关记录。

注意： 如已在表的外键上定义了级联删除或级联更新，则不能在该表上定义 instead of delete 或 instead of update 触发器。

1. 级联更新

【例 9-19】 在“学生”表上创建一个 update 触发器，当更新学生学号时，同时更新“选修”表中的学生学号。

```
use jxgl
go
create trigger up_学生
on 学生
for update
as
declare @oldid char(8),@newid char(8)
select @oldid=deleted.学号,@newid=inserted.学号
  from deleted,inserted where deleted.姓名=inserted.姓名
update 选修 set 学号=@newid where 学号=@oldid
```

【例 9-20】 在“学生”表上创建一个 update 触发器，使用 update()函数测试，当更新学生、学号时，同时更新“选修”表中的学生学号。

```
use jxgl
go
if exists(select * from sysobjects where name='up_学生' and type ='tr')
drop trigger up_学生    --删除已存在的同名触发器
go
create trigger up_学生
on 学生
for update
as
if update(学号)
update 选修 set 选修.学号=inserted.学号        --选择 inserted 表
from 选修,inserted,deleted
where 选修.学号=deleted.学号                  --选择 deleted 表
```

2. 级联删除

【例 9-21】 在“学生”表上创建一个 delete 触发器，当删除学生记录时，同时删除“选修”表中对应的学生记录。

```
use jxgl
go
create trigger del_学生 on 学生
after delete
as
delete from 选修
where 学号 in (select 学号 from deleted)
```

3. 禁止插入（级联限制）

【例 9-22】 在“选修”表上创建一个触发器，当向“选修”表中插入学号时，同时检查“学生”表中是否存在该学号，若不存在，则不允许插入该记录。

```
use jxgl
go
```

```
create trigger ins_选修 on 选修
after insert
as
if (select count(*) from 学生,inserted where 学生.学号=inserted.学号)=0
begin
print '该学号不存在学生表中，不能插入该记录'
rollback transaction
end
```

4. 禁止更新特定列

【例 9-23】在“班级”表上创建一个 update 触发器，禁止对班级表中的班级号进行修改。

```
use jxgl
go
create trigger up_班级 on 班级
after update
as
if update(班级号)
begin
print '课程表的班级号不能修改'
rollback transaction
end
```

5. 禁止删除特定行

【例 9-24】在“选修”表上创建一个 delete 触发器，禁止删除选修表中的成绩大于 60 的记录。

```
use jxgl
go
create trigger del_删除
on 选修
for delete
as
declare @score int
select @score = 成绩 from deleted
if @score>60
begin
 rollback transaction
 raiserror('不允许删除成绩大于 60 的记录',16,1)
end
```

本章小结

存储过程是一段运行在服务器端的数据库对象，它可以提高程序代码的可重用性和执行效率，其运行必须由用户、应用程序或者触发器显式调用执行。触发器是加载到服务器、数据库或表上的特殊存储过程，它主要用于完成完整性约束，以及实现数据库的一些管理功能，其运行是由特定事件激活自动执行的，因此不同类型触发器的作用域和触发事件有所不同。

习题九

一、选择题

1. 在定义存储过程时，下面说法中不正确的是（　　）。
   A. output 关键词用于指定参数为输入参数类型
   B. 如果定义了默认值，执行存储过程时可以不提供实参
   C. varying 用于指定作为输出参数支持的结果集，且仅适用于定义 cursor 输出参数
   D. 不推荐使用 sp_为前缀创建用户自定义存储过程，因为 sp_前缀是用来命名系统存储过程的
2. 下面关于存储过程的描述中（　　）是错误的。
   A. 存储过程可用于实施企业业务规则
   B. 存储过程由数据库服务器自动执行
   C. 存储过程可以使用游标
   D. 存储过程可以使用输入输出参数
3. 下列选项中不属于存储过程的优点的是（　　）。
   A. 增强代码的重用性和共享性
   B. 可以加快运行速度，减少网络流量
   C. 阻挡没有权限的用户间接存取数据库，从而保证数据的安全性
   D. 使相关的动作在一起发生，从而可以维护数据的完整性
4. 以下触发器在对[表 1]进行（　　）操作时触发。

```
create trigger abc on 表1
for insert , update , delete
as
…
```

   A. 只是更新　　B. 更新、插入、删除
   C. 只是删除　　D. 只是插入
5. 在下列对触发器的操作语句描述中，不正确的是（　　）。
   A. 级联会修改数据库中所有相关表
   B. 撤销或回滚违反引用完整性的操作，防止非法修改数据
   C. 增强代码的重用性和共享性
   D. 查找在数据修改前后表状态之间的差别，并根据差别来采取相应的措施
6. 一个触发器可以定义在（　　）个表中。
   A. 只有 1 个　　B. 1 个或多个　　C. 1～3 个　　D. 任意多个
7. 下列条件中不能激活触发器的是（　　）。
   A. 更新数据　　B. 查询数据　　C. 删除数据　　D. 插入数据
8. 允许指定表列名的触发器是（　　）。
   A. 更新数据　　B. 查询数据　　C. 删除数据　　D. 插入数据
9. 下面关于触发器操作的语句中，不正确的是（　　）。
   A. create trigger　　B. alter trigger　　C. insert trigger　　D. drop trigger
10. （　　）表用于存储 delete 和 update 语句所影响的行的副本。
   A. deleted　　B. delete　　C. update　　D. updated

11. 下列关于存储过程的描述中正确的是（　　）。

A. 存储过程存在内存中，每次重新启动 DBMS 时，便会自动消失

B. 存储过程在每次调用时都会被编译一次

C. 执行一次存储过程所花的时间，比执行相同的 SQL 批处理的时间要长

D. 存储过程可以包含输入和输出函数，增加了调用时的灵活性

12. 在 SQL Server 服务器上，存储过程是一组预先定义并（　　）的 T-SQL 语句。

A. 保存　　B. 编译　　C. 解释　　D. 编写

13. 在 SQL Server 系统中，当数据表被修改时，系统自动执行的数据库对象是（　　）。

A. 存储过程　　B. 触发器　　C. 视图　　D. 索引

14. 存储过程是存储在数据库中的代码，下列陈述中不属于存储过程优点的是（　　）。

A. 可通过预编译机制提高数据操纵的性能　　B. 可方便地按用户视图表达数据

C. 可减少客户端和服务器端的网络流量　　D. 可实现一定的安全控制

15. 有“教师”表(教师号,教师名,职称,基本工资)，其中基本工资的取值与教师职称有关，实现这个约束的可行方案是（　　）。

A. 在“教师”表上定义一个视图

B. 在“教师”表上定义一个存储过程

C. 在“教师”表上定义插入和修改操作的触发器

D. 在“教师”表上定义一个标量函数

16. 下列关于触发器叙述中错误的是（　　）。

A. 触发器是不需要调用的，当触发事件发生时它就会被激活

B. 触发器不可以同步数据库的相关表进行级联更改

C. 当触发器的功能与表的约束条件发生冲突时，触发器将被停止

D. 触发器是一类特殊的存储过程

17. 下面关于触发器的描述中正确的是（　　）。

A. TRUCATE TALBE 语句虽然能够删除表记录，但它不会触发 DELETE 触发器

B. DML 触发器中可以包含 CREATE DATABASE、ALTER DATABASE 或 DROP DATABASE 语句

C. 只有执行 UPDATA 语句时 UPDATE()函数的返回值为真

D. 触发器只能作用在表上，不能作用在数据库或服务器上

18. 在 SQL SERVER 系统中，下列关于触发器的说法中错误的是（　　）。

A. 触发器是一种特殊的存储过程　　B. 可以向触发器传递参数

C. 可以在视图上定义触发器　　D. 触发器可以实现复杂的完整性规则

19. 关于触发器的描述，下列说法中正确的是（　　）。

A. 触发器是在数据修改前被触发，约束是在数据修改后被触发

B. 触发器是一个能自动执行的特殊的存储过程

C. 触发器作为一个独立的对象存在，与数据库中其他对象无关

D. inserted 表和 deleted 表是数据库中的物理表

20. 下列关于 after 触发器和 instead of 触发器说法中正确的是（　　）。

A. after 触发器和 instead of 触发器既执行触发器内的语句又执行触发事件

B. after 触发器只执行触发器内的语句不执行触发事件

C. instead of 触发器只执行触发器内的语句不执行触发事件

D. after 触发器和 instead of 触发器只执行触发器内的语句不执行触发事件

二、填空题

1. 存储过程运行在（　　）端并将数据处理结果返回给客户端。
2. 存储过程分为 5 种，其中（　　）存储过程以 sp_开头并存储在 master 数据库中。
3. 存储过程中输出参数游标时，必须同时指定关键字（　　）和 output。
4. 临时存储过程以#开头，而全局存储过程以（　　）开头。
5. 定义存储过程时可以定义形式参数，其中输出参数以关键字（　　）指定。
6. 触发器是在（　　）上定义的特殊存储过程。
7. after（for）和（　　）关键字可以用来规定触发 SQL 语句是在目标表的数据修改之前执行还是之后执行。
8. writetext 语句不会触发（　　）或 update 触发器。
9. 触发器执行时，会产生两个特殊的逻辑表，分别是 inserted 表和（　　）。
10. 执行（　　）触发器时，同时产生两个逻辑表。

三、实践题

1. 编写存储过程 Narcissus，实现输出所有水仙花数。
2. 在 library 数据库中，编写存储过程 reader_info，要求实现如下功能：输入读者编号，产生该读者的基本信息，调用存储过程，如果没有输入读者编号，则显示“1001”读者的信息。
3. 在 library 数据库中，编写存储过程 book_lend，要求实现以下功能：根据图书号输出该图书的借阅人数。
4. 在借阅表上创建 instead of 触发器 ins_借阅，检查插入读者编号是否存在于“读者”表中，否则禁止插入该记录，并给予提示信息。
5. 编写触发器 ins_借阅，使得在向借阅表上添加记录时，该读者的已借数量不能大于 20，并给出提示信息。
6. 创建触发器 up_图书，检查“图书”表中定价列，如果定价小于 20，则提示定价太低。
7. 创建触发器 del_读者，检查当删除“读者”表中记录时，删除“借阅”表相关记录。

第 10 章

备份和恢复

本章导读

在数据库的使用过程中，难免会由于软硬件故障、病毒入侵、操作不当等各种因素造成数据丢失或损坏。备份和恢复是保证数据库有效性、正确性和可靠性的重要措施。运用适当的备份策略，可以保证及时、有效地恢复数据库中的重要数据，将数据损失降到最低。

10.1* 故障概述

数据库运行中可能出现各种各样的故障，这些故障大致可分为 4 类：事务（内部）故障、系统故障、介质故障和计算机病毒故障。不同故障需要不同的恢复策略。

10.1.1 事务（内部）故障

事务（内部）故障，是指对数据库进行了违反了事务本身特性或人为设置规则的操作，使事务未能正常完成就终止的故障。事务故障又分为预期的和非预期的，其中大部分是非预期的。

（1）预期的事务故障指可以通过事务程序发现的事务故障，如网上购物时，客户账户余额减少，但是商家账户余额没有相应增加，解决方法是通过事务回滚，撤销系统对数据库的修改，从而使数据库恢复到一致状态。

（2）非预期的事务故障指不能由事务程序发现的事务故障，如溢出错误、并发死锁、违反了完整性约束等，解决方法是强行回滚事务，在保证该事务对其他事务没有影响的条件下，利用日志文件撤销其对数据库的修改，使数据库恢复到事务运行之前的状态。

10.1.2 系统故障

系统故障又称软故障，是指数据库在运行过程中，由于某种原因造成活动事务非正常中断的故障。如硬件故障、数据库软件及操作系统漏洞、突然停电等情况，这类故障不破坏数据库（硬盘等外设上的数据未受损失），但影响正在运行的事务（内存缓冲区中的数据丢失）。

（1）对于未完成的事务可能已经写入数据库的内容，其解决方法是在系统重新启动后，强行撤销（undo）所有未完成事务，以清除未完成事务的写结果，保证数据库中数据的一致性。

（2）对于已完成的事务可能部分或全部留在缓冲区的结果，其解决方法是在系统重新启动后，需要重做（redo）其所有已提交的事务，以保证数据库数据恢复到一致状态。

10.1.3 介质故障

介质故障又称硬故障，是指数据库在运行过程中，由于磁头碰撞、磁盘损坏、强磁干扰、不可抗力等情况，使存储介质上的数据部分或全部丢失的故障，这类故障可能因为物理存储设备损坏，导致数据文件及数据全部丢失，破坏性较大。其解决方法有两种：软件容错和硬件容错。

（1）软件容错是使用数据库备份和事务日志文件将数据库恢复到备份结束时的状态。软件容错有其局限性，不能完全恢复数据库，只能恢复到备份数据库的备份结束点。

（2）硬件容错是采用双物理存储设备，如双硬盘镜像，使两个硬盘容错存储内容相同，当一个硬盘出现介质故障时，另一个硬盘的数据没有被破坏，从而实现数据库完全恢复的效果。

10.1.4 计算机病毒故障

计算机病毒故障，是指计算机病毒对计算机系统破坏的同时也可能破坏数据库系统（主要是数据文件）。其解决方法是采用杀毒软件杀毒，如果查杀失败，则需用数据库备份文件，以软件容错的方式恢复数据文件，达到数据正常工作状态。

10.2 备份和恢复概述

备份和恢复是数据恢复的技术方法，能有效避免由各种故障造成的数据损坏或丢失。备份数据库时允许用户在线操作数据库，无须数据库离线，而恢复数据库时不允许在线操作数据库。SQL Server 提供了多种恢复模式，不同恢复模式下的数据库备份操作略有区别。

10.2.1 恢复模式

恢复就是利用数据库的备份将遭到破坏、丢失或出现重大错误的数据库还原到数据库备份时的数据状态。备份和还原操作是在给定恢复模式下完成的，恢复模式直接影响备份类型及其备份策略的选择。SQL Server 提供了 3 种恢复模式：简单恢复模式、完整恢复模式和大容量日志恢复模式。

1. 简单恢复模式

简单恢复模式无法将数据库恢复到故障点或特定时间点，但可以将数据库恢复到上次备份时刻。简单恢复模式简略地记录大多数事务，因此可能产生最多的数据丢失。简单恢复模式一般适用于测试、开发数据库，或者小型生产数据库（数据仓库）。简单恢复模式支持完整备份、差异备份（可选），不支持事务日志备份。当数据库出现故障时，其恢复过程如下。

（1）还原最新的完整备份。

（2）如果有差异备份，则还原最新的差异备份。

2. 完整恢复模式

完整恢复模式可以将数据库恢复到故障点或特定时间点。完整恢复模式下，包括大容量操作（如 select into、create index 和大容量装载数据）在内的所有操作都完整地记入事务日志中，因此可以使用事务日志迅速恢复数据库。不过由于事务日志占用空间较大，因此不建议使用事务日志备份，除非特别重要的数据库备份。但也有观点认为在该模式下，应该定期进行事务日志备份，否则日志文件将会变得很大。完整恢复模式适用于生产数据库。完整恢复模式支持所有备份类型。数据库出现故障时，其恢复过程如下。

（1）备份当前活动事务日志（尾日志备份，恢复操作之前对事务日志尾部执行的备份）。

（2）还原（最新）完整备份。

（3）如果有差异备份，则还原最新的差异备份。

（4）按时间还原自完整备份或差异备份后所有事务日志备份。

（5）应用尾日志备份。

3. 大容量日志恢复模式

大容量日志恢复模式为某些大规模或大容量复制操作提供最佳性能和最少日志使用空间，它是对完整恢复模式的补充。该种恢复模式只允许数据库恢复到事务日志备份的时刻，不支持即时点恢复，因此可能产生数据丢失，如非特别需要，也不建议使用。大容量日志恢复模式适用于生产数据库的补充，支持所有备份类型。数据库出现故障时，其恢复过程如下。

（1）备份当前活动事务日志（尾日志备份）。

（2）还原（最新）完整备份。

（3）如果有差异备份，则还原最新的差异备份。

（4）按时间还原自完整备份或差异备份后的所有事务日志备份。

（5）手工重做最新日志备份后的所有更改。

4. 设置恢复模式

SQL Server 提供了两种设置恢复模式的方法：使用 SSMS 和使用 T-SQL 语句。

（1）使用 SSMS 设置恢复模式。

在“对象资源管理器”窗格中，展开 SQL Server15.0→“数据库”节点，右击“设置恢复模式”的数据库节点，如 JXGL，在弹出的快捷菜单中执行“属性”命令，打开“数据库属性-jxgl”窗口，在其左侧窗格中选择“选择页”列表框中的“选项”选项，在其右侧“恢复模式”下拉列表框中可以自行设置恢复模式，如“完整”恢复模式，如图 10-1 所示。

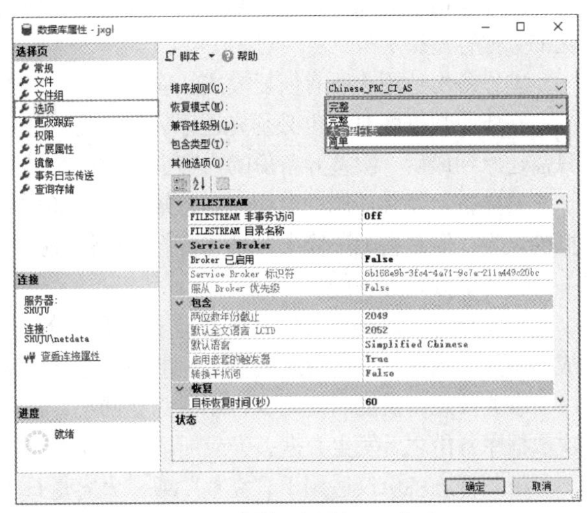

图 10-1 “数据库属性-jxgl”窗口

（2）使用 T-SQL 语句设置恢复模式。

语法格式如下。

```
alter database <数据库名> set recovery {simple|full|bulk_logged}
```

功能：设置数据库的恢复模式。

说明：simple 表示简单模式，full 表示完整模式，bulk_logged 表示大容量日志模式。

10.2.2 备份概述

备份是指对数据库全部或部分（文件和文件组）内容建立副本（冗余数据），以便数据库遭到破坏时能够利用副本恢复数据。备份是一种十分耗费时间和资源的操作，不宜频繁操作。因此，备份应该按需进行，并对备份内容、备份类型和备份策略等进行适当的安排。

1. 备份内容

数据库备份内容包括系统数据库、用户数据和事务日志。

（1）系统数据库（master、msdb 和 model）记录了系统配置参数、用户资料和用户数据库等重要信息，是系统正常运行的基础，因此必须备份。一般来说，对系统数据库采用修改后立即备份的策略，如存储过程修改了系统数据后需要立即备份。

（2）用户数据库记录了用户数据资源，具有很强的差异性，一旦损坏不易重建，因此必须进行备份。一般说来，对用户数据库采用定期备份的策略。当在用户数据库增加了新数据、创建索引等操作时，或者清除了事务日志，也应该备份数据库。

（3）事务日志记录了用户对数据库的各种事务操作。系统自动管理和维护所有数据库事务日志文件。相对于数据库备份，事务日志备份所需要的时间较少，但还原时间较长。

2. 备份类型

SQL Server 系统提供了 3 种备份类型：完整备份、差异备份、事务日志备份。

（1）完整备份。

完整备份是指备份数据库的全部或特定文件（组）的所有数据，以及用于恢复这些数据的日志信息。

完整备份的备份速度慢，时间长，占用磁盘空间大（完整备份时间和存储空间由数据容量决定），备份过程中忽略其他事务。完整备份通常安排在数据库系统的事务运行数目相对较少时（如晚间）进行，以避免对用户的影响和提高数据库备份的速度。

完整备份是恢复数据库的基础文件，适用于所有恢复模式，事务日志备份和差异备份都要依赖完整备份。如果完整备份进行得比较频繁，在备份文件中就有大量的数据是重复的。

（2）差异备份。

差异备份又称增量备份，是指备份自上次完整备份之后发生变化的数据（非所有数据）。

差异备份时间短，占用磁盘空间小（差异备份时间和存储空间由上次完整备份以来发生变化的数据容量决定）。

差异备份适用于所有恢复模式。应注意在差异备份之前，必须至少有一次完整备份。

在还原数据库时，也必须先还原完整备份，才能还原差异备份。在进行多次差异备份后，只需还原到最后一次差异备份的内容，无须还原早期差异备份。

差异备份及其还原的所用时间较短，因此通过增加差异备份的备份次数，可以降低丢失数据的风险，但是它无法像事务日志备份那样将数据库恢复到故障点或特定的即时点。

（3）事务日志备份。

事务日志备份是指备份上次备份（完整备份、差异备份或事务日志备份）之后所有已经完成的事务（数据库操作日志记录）。事务日志备份完成后一般要截断日志。

事务日志备份的时间短，占用磁盘空间小，适用于数据库变化较为频繁或不允许在最近一次数据库备份之后发生数据丢失或损坏的情况。

事务日志备份仅适用于“完整”或“大容量日志”模式。在进行事务日志备份之前，必须在完整备份或差异备份数据库之前设置数据库的恢复模式为“完整”或“大容量日志”模式，且至少有一次完整备份。还原数据库时，也必须先还原完整备份，然后才能按照事务日志备份时间的先后顺序，依次还原各次事务日志备份的内容。

事务日志备份又分为纯日志备份、大容量备份和尾日志备份。纯日志备份仅包含某一个时间段内的日志记录；大容量日志备份则主要用于记录大批量的批处理操作；尾日志备份主要用于捕获尚未备份的任何日志记录（结尾日志），包含数据库发生故障后到执行尾日志备份时的数据库操作，以防止故障后相关的修改工作丢失。如果数据库已损坏或者要还原数据库，则创建一个结尾日志备份，可以将数据库还原到当前时间点。

3. 备份策略

对数据库的备份是一个系列性的间断性行为，在实际应用中，用户往往根据不同的数据库业务特点，制定不同的备份策略（备份类型的组合），以最大限度地减少丢失的数据和加快恢复过程。常见备份策略如下。

（1）完整+差异：先进行完整备份，再进行差异备份，适用于数据更改不频繁的中小型数据库或能够容忍较长备份间隔内的数据丢失。

例如，利用已有的完整备份和差异备份，可以将数据库恢复到故障发生之前的差异备份。数据库备份策略如图 10-2 所示。

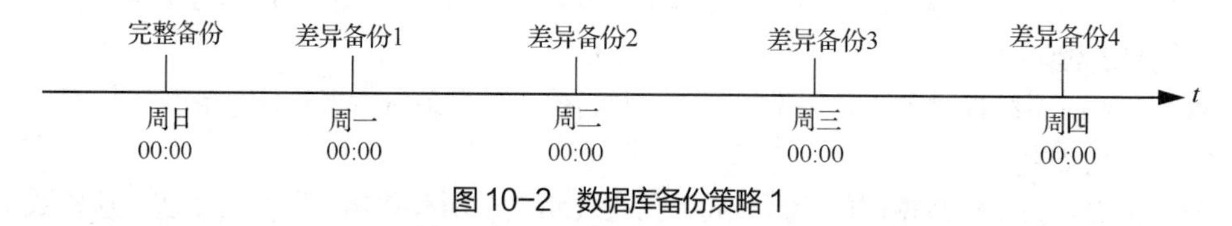

图 10-2 数据库备份策略 1

这样一来，如果周五数据库出现故障，将数据库恢复到周四差异备份时的状态，其方案如下。

① 创建当前活动事务日志的尾事务日志备份。

② 使用完整备份（周日创建的完整备份）+最新的差异备份（周四的差异备份）。

注意：使用完整备份（周日创建的完整备份）+各次的差异备份（周一到周四的某次差异备份）则可以恢复到各时间点。

（2）完整+日志：先进行完整备份，再进行事务日志备份，适用于数据更改频繁的中小型数据库，或不希望经常完整备份又不能容忍太多数据的丢失。

例如，利用已有的完整备份和事务日志备份，可以将数据库恢复到指定的时间点。数据库备份策略如图 10-3 所示。

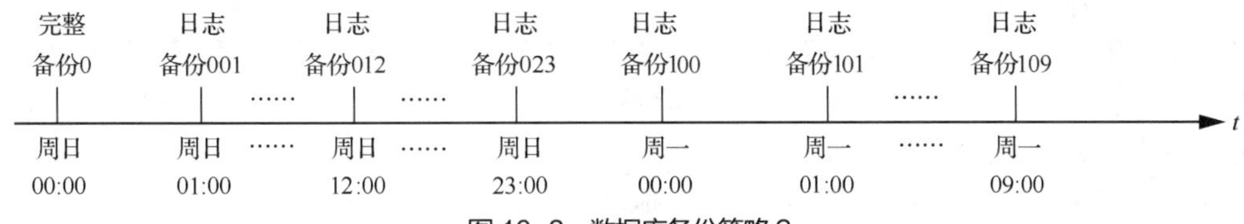

图 10-3　数据库备份策略 2

这样一来，如果周一上午 10:00 系统出现故障，则可以将数据库恢复到周一上午 10:00 时的状态（假定也没有备份从上次备份到当前故障时间所记录的日志），其方案如下。

① 创建当前活动事务日志的尾事务日志备份。

② 还原最新的完整备份（周日创建的完整备份 0），然后还原各次日志备份（周一的日志备份）和尾事务日志备份。

（3）完整+差异+日志：先进行完整备份，再进行差异备份，最后进行事务日志备份，适用于数据更改频繁的大型数据库。

例如，利用已有的完整备份、差异备份和事务日志备份，可以将数据库恢复到指定的时间点。可以减少所需还原事务日志备份的数量，缩短恢复数据库的时间。假定某单位每周日 00:00 对数据库进行一次全库完整备份，每天 00:00（周日全库完整备份除外）进行一次差异备份，每天每隔 4 小时进行一次日志备份。数据库备份策略如图 10-4 所示。

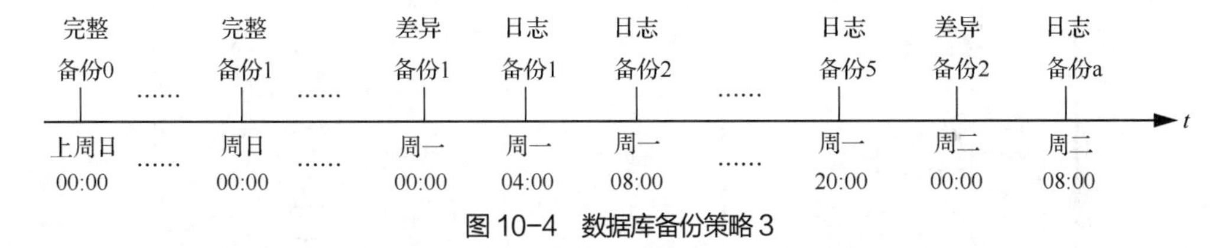

图 10-4　数据库备份策略 3

这样一来，如果周二上午 11:00 时，数据库出现故障，若对数据库恢复，可采用方案如下。

① 创建当前活动事务日志的尾事务日志备份。

② 还原最新的完整备份（周日 00:00 创建的完整备份 1），然后还原周二 00:00 的差异备份 2、周二 00:00 的日志备份 a 和尾事务日志备份。

10.2.3　备份设备

备份设备是指用来存储数据库、事务日志或文件（组）备份的存储介质。备份之前，必须先创建备份设备，备份设备可以是磁盘、磁带或命名管道（逻辑通道）。当备份设备不需要时，也可以将其删除。备份设备的创建和删除可以使用 SSMS 和系统存储过程两种形式。

1. 使用 SSMS 创建和删除备份设备

（1）在“对象资源管理器”窗格中，展开 SQL Server 15.0→“服务器对象”节点，右击“备份设备”节点，在弹出的快捷菜单中执行“新建备份设备”命令，打开“备份设备”窗口，在“设备名称”文本框中输入备份设备的逻辑名，如 myback_full，在“文件”文本框中设置备份设备的物理路径及名称，如 d:\backup2019\myback_full.bak，如图 10-5 所示。

注意：使用磁盘时，备份设备以文件形式存储在磁盘上，并同数据库一样具有物理设备名和逻辑设备名两种名称。

① 物理设备名是操作系统用来标识备份设备的名称，它标识了备份设备的物理存储路径和文件名。将可以使用物理设备名称访问的备份设备称为临时备份设备，其名称没有记录在系统设备表中，只能使用一次。

② 逻辑设备名是用来标识物理备份设备的别名或公用名称。将可以使用逻辑设备名称访问的备份设备称为命名（永久）备份设备，其名称永久地存储在 SQL Server 系统表中，可以多次使用。使用逻辑设备名称的优点是引用时相对简单，而引用物理设备名要引用路径及其物理文件名。

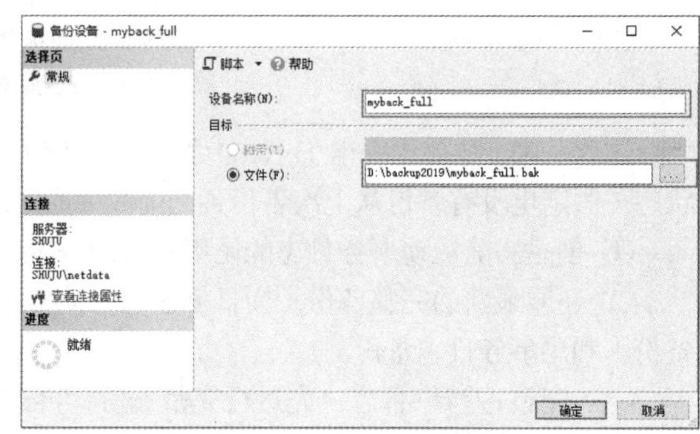

图 10-5 “备份设备”窗口

（2）单击“确定”按钮，返回 SSMS，可以看到已建好的备份设备，如图 10-6 所示。

（3）当不需要备份设备时，可以将其删除，在“对象资源管理器”窗格中右击要删除的备份设备节点，在弹出的快捷菜单中执行“删除”命令，则可删除该备份设备，如图 10-7 所示。

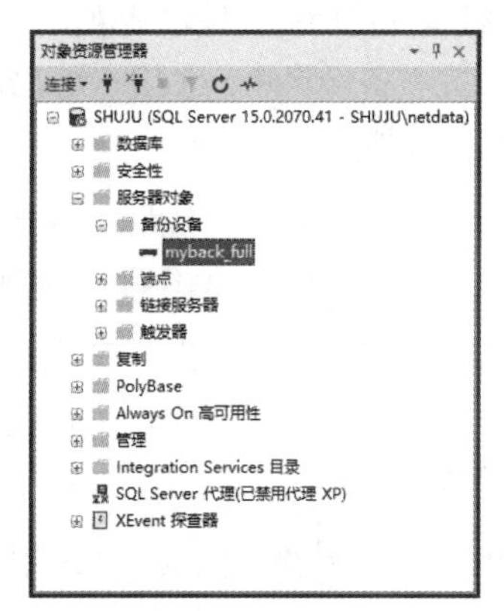

图 10-6 查阅备份设备

图 10-7 删除备份设备

2. 使用系统存储过程创建和删除备份设备

（1）创建备份设备的命令是 sp_addumpdevice，其语法格式如下。

```
sp_addumpdevice [@devtype = ]'类型',[@logicalname = ]'逻辑名',[@physicalname =]'物理名'
```

功能：创建备份设备。

说明：

① [@devtype =]'类型'用于指定备份设备类型，取值可以是 disk、tape、pipe；

② [@logicalname =]'逻辑名'用于指定备份设备逻辑名称；

③ [@physicalname =]'物理名'用于指定备份设备物理名称，物理名称遵照操作系统文件命名规则或者网络设备通用命名规则，并且必须包括完整路径，对于远程硬盘文件，可以使用格式“\\主机名\共享路径名\路径名\文件名”表示，对于磁带设备，用\\.\tape n 表示，其中 n 为磁带驱动器序列号。

【例 10-1】 创建一个备份设备，逻辑名为 mydisk，物理名为 d:\backup\my_disk.bak。

```
use jxgl
```

```
exec sp_addumpdevice 'disk','mydisk','d:\backup2019\my_disk.bak'
```

（2）删除备份设备的命令是 sp_dropdevice，其语法格式如下。

```
sp_dropdevice [@logicalname=]'逻辑名',[@delfile=]'delfile'
```

说明：

① [@logicalname =]'逻辑名'用于指定备份设备逻辑名称；

② [@delfile=]'delfile'用于指定参数时，将同时删除相应的物理文件。

10.3　备份操作

不同恢复模式下的数据库备份操作略有区别。在 SQL Server 系统中，备份数据库既可以使用 SSMS，也可以使用 T-SQL 语句。

10.3.1　使用 SSMS 执行备份操作

所有恢复模式都支持完整备份，这里介绍完整恢复模式下的数据库的完整备份操作。

【例 10-2】在完整恢复模式下对数据库 JXGL 进行完整备份操作。

（1）在“对象资源管理器”窗格中，依次展开 SQL Server 15.0→“数据库”节点，右击数据库 JXGL 节点，在弹出的快捷菜单中执行“任务”→“备份”命令，打开“备份数据库-JXGL”窗口，单击“常规”选项卡，如图 10-8 所示。

① 源。在“数据库”下拉列表框内选择要备份的数据库。在“备份类型”下拉列表框内选择备份类型（完整、差异、事务日志），默认选择完整备份。完整备份和差异备份状态下，“备份组件”选项可用，并提供数据库、文件和文件组两种备份组件。备份组件默认选择数据库，如果选择“文件和文件组”，则会打开“选择文件和文件组”窗口，如图 10-9 所示。

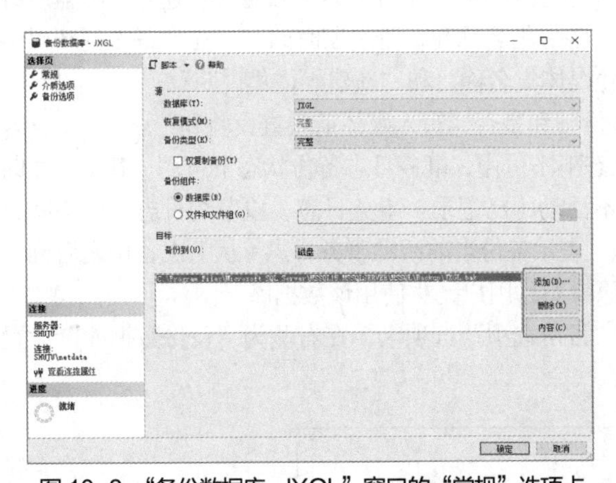

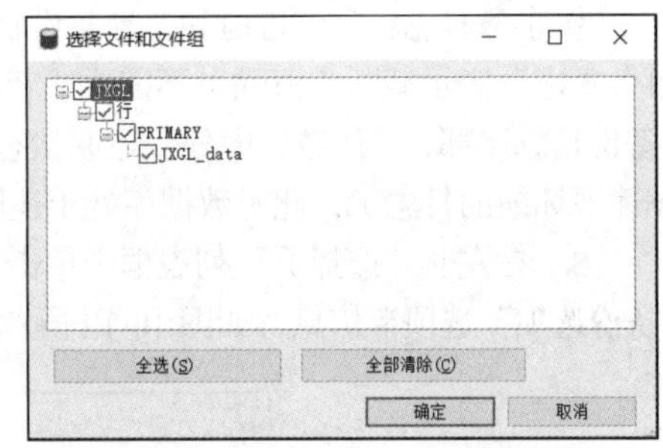

图 10-8　“备份数据库-JXGL”窗口的“常规”选项卡　　　图 10-9　“选择文件和文件组”窗口

② 目标。在“备份到”下拉列表框中选择备份目标类型（磁盘、URL），默认选择磁盘。“备份到”下拉列表框中会显示备份设备名称或备份设备文件名，默认 C:\Program Files\Microsoft SQL Server\MSSQL15.MSSQLSERVER\MSSQL\Backup\JXGL.bak。“添加”按钮用来添加或选择备份设备，单击“添加”按钮，弹出图 10-10 所示的“选择备份目标”对话框，从中可以选择备份设备，也可以指定备份文件名，这里选择备份设备 myback_full。“删除”按钮用来逻辑删除选中的备份设备。“内容”按钮用来查看备份设备的现有内容，如图 10-11 所示。

（2）在左侧“选择页”列表框中单击“介质选项”选项卡，在右侧为“备份数据库”设置

“介质选项”选项卡信息，如图 10-12 所示。

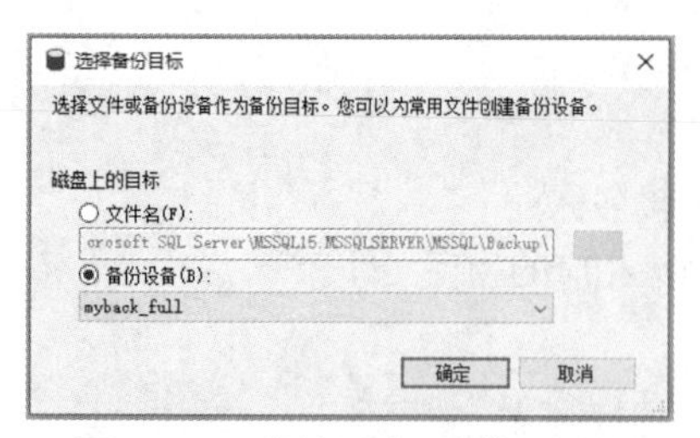

图 10-10 “选择设备目标”对话框

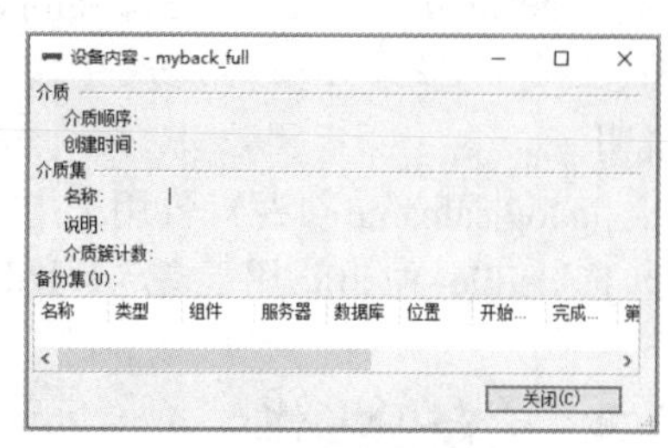

图 10-11 “设备内容”窗口

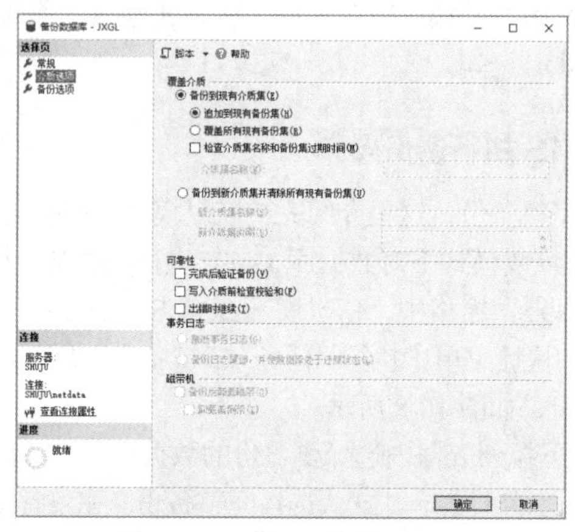

图 10-12 “介质选项”选项卡

① 覆盖介质：在“备份到现有备份集”选项中选择“追加到现有设备集”还是“覆盖所有现有备份集”单选按钮，并设置是否“检查备份集名称和备份过期时间”；在“备份到新媒体并清除现有备份集”选项中可以设置“新建媒体集名称”和“新建媒体集说明”。

② 可靠性：设置是否“完成后验证备份”和是否“写入媒体前检查校验和”。

③ 事务日志：完整备份和差异备份状态下不可用，事务日志备份状态下可用，其中“截断事务日志”表示截断（清除）不需要或者不活动（已记录）事务日志，以节约日志文件空间；“备份日志尾部，并使数据库处于还原状态”表示备份当前活动事务日志（从上次备份之后到数据库毁坏前的日志），此时数据库处于还原状态，用户无法使用该数据库。

（3）在左侧“选择页”列表框中单击“备份选项”选项卡，在右侧为“备份数据库”设置“备份选项”选项卡信息，如图 10-13 所示。

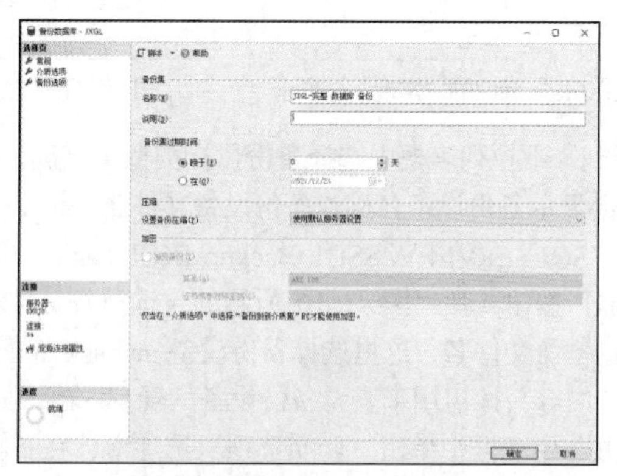

图 10-13 “备份选项”选项卡

① 在“名称”文本框中输入备份集名称。

② 在“说明”文本框中可以输入备份集描述（可选）。

③ 在“备份集过期时间”选项中选择过期方式，并设置过期时间，其中 0 表示永不过期。

（4）单击“确定”按钮，运行备份操作，完成后弹出完成提示对话框，如图 10-14 所示。

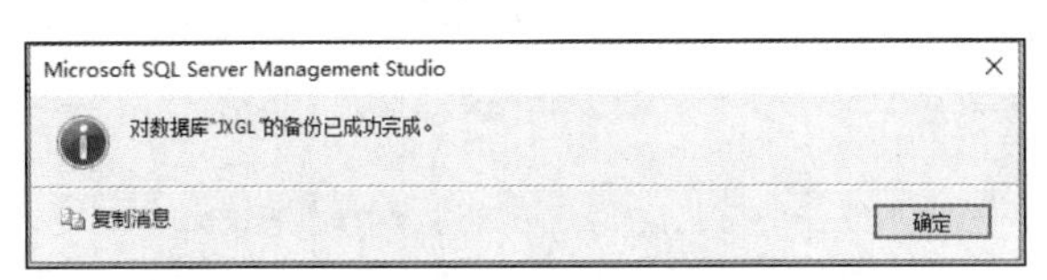

图 10-14　完成提示对话框

10.3.2　使用 T-SQL 语句执行备份操作

使用 backup 语句可以完成对整个数据库的备份，也可以完成对事务日志的备份，或者完成对数据库的某个文件或文件组的备份。

1. 完整备份

典型的完整备份语法格式如下。

```
backup database <数据库名称>[<文件或文件组>[,...n]] to <备份设备>[,...n]
[ with
[name=备份集名称]
[[,]description = '备份集描述文本']
[[,]{init|noinit}|{noformat|format}]]
```

其中：

```
<文件或文件组>::={file=逻辑文件名|filegroup=逻辑文件组名}
```

说明：

（1）<文件或文件组>指定备份组件是文件或文件组，省略时表示备份组件是数据库；

（2）<备份设备>用于指定备份要使用的逻辑或物理备份设备，可取值{逻辑备份设备名}|{disk|tape}='物理备份设备名'；

（3）init|noinit 中，init 表示重写备份集上所有数据，即抹去原有备份，写入现有数据库备份文件，noinit 表示追加备份到备份集上，即保留原有备份，追加现有数据库备份文件；

（4）noformat|format 中，noformat 表示保留现有的介质标头和备份集，format 表示创建新的介质标头和备份集；

（5）description 指定备份集的描述文本。

【例 10-3】 在完整备份模式下将 JXGL 数据库完整备份到 d:\backup\myfull.bak 文件中。

--切换到完整恢复模式下

```
alter database jxgl set recovery full
go
--创建一个备份设备
sp_addumpdevice 'disk','myfull','d:\backup\myfull.bak'
--用backup database 备份数据库 JXGL
backup database jxgl to myfull with name='jxgl 完整备份 1',description='完整备份 1',format
go
--查看备份集信息
restore headeronly from myfull
```

备份集信息结果如图 10-15 所示。

	BackupName	BackupDescription	BackupType	ExpirationDate	Compressed	Position	DeviceType	UserName	ServerName	DatabaseName	DatabaseVer...	DatabaseCreationDate
1	jxgl完整备份1	完整备份1	1	NULL	0	1	102	SHUJ...	SHUJU	jxgl	904	2020-12-17 10:52:43.000

图 10-15　备份集信息结果

（1）可以将数据库备份到不同备份设备上，如下所示。

```
--创建第一个备份设备
exec sp_addumpdevice 'disk','file1','d:\dbk\file1.bak'
--创建第二个备份设备
exec sp_addumpdevice 'disk','file2','d:\dbk\file2.bak'
--用backup database 备份数据库 JXGL
backup database jxgl to file1,file2 with name='dbbk'
```

（2）可以将数据库备份到网络备份设备上，如下所示。

```
--创建一个备份设备，其中网络备份设备一般形式为“:\\远程服务器名\共享目录名\文件名”
sp_addumpdevice 'disk','remotedisk',':\\data\backup\jxgl.dat'
--用backup database 备份数据库 JXGL
backup database jxgl to remotedisk
```

（3）可以备份数据库指定的文件或文件组，如下所示。

```
--将数据库mn4 的文件mn4a_data 备份到文件“d:\temp\mn4a_data.dat”中。
backup database mn4 file='mn4_data' to disk='d:\temp\mn4a_data.dat'
--将数据库mn4 的文件组group1 备份到文件“d:\temp\group1.dat”中。
backup database mn4 filegroup='group1' to disk='d:\temp\group1.dat'
  with name='文件组备份测试'
```

注意：文件和文件组备份通常需要事务日志备份来保证数据库的一致性，文件和文件组备份后还要进行事务日志备份，以反映文件或文件组备份后的数据变化。

2. 差异备份

典型的差异备份语法格式如下。

```
backup database <数据库名称> [<文件或文件组>[,...n]] to <备份设备>[,...n]
with differential
[[,]name=备份集名称]
[[,]description = '备份描述文本']
[[,]{init|noinit}]
```

说明：differential 表示进行差异备份，其他选项含义与完整备份类似。

【例 10-4】 在完整恢复模式下，假设在对数据库 JXGL 进行完整备份后又对数据库做了一些修改，然后再做一个差异备份。

```
    --切换到完整恢复模式下
    alter database jxgl set recovery full
    go
    --创建一个备份设备
    sp_addumpdevice 'disk','mydiff','d:\backup\mydiff.bak'
    go
    --完整备份数据库jxgl（基础部分）
    backup database jxgl to mydiff with name='jxgl 完整备份 2',description=' jxgl 完整备份',
format
    go
    --差异备份数据库jxgl
    backup database jxgl to mydiff
    with differential,
    noinit,
```

```
name='jxgl 差异备份 1',description='第 1 次差异备份'
go
backup database jxgl to mydiff
with differential,
noinit,
name='jxgl 差异备份 2',description='第 2 次差异备份'
go
--查看备份集信息
restore headeronly from mydiff
```

备份集信息结果如图 10-16 所示。

	BackupName	BackupDescription	BackupType	Expira...	Compressed	Position	Dev...	UserName	ServerName	Databa...	Database...	DatabaseCreationDate
1	jxgl完整备份2	jxgl完整备份	1	NULL	0	1	102	SHUJU...	SHUJU	jxgl	904	2020-12-29 15:49:23.000
2	jxgl差异备份1	第1次差异备份	5	NULL	0	2	102	SHUJU...	SHUJU	jxgl	904	2020-12-29 15:49:23.000
3	jxgl差异备份2	第2次差异备份	5	NULL	0	3	102	SHUJU...	SHUJU	jxgl	904	2020-12-29 15:49:23.000

图 10-16　备份集信息结果

注意：每次执行一次差异备份代码，建议修改一次其描述信息，以示不同的差异备份。

3. 事务日志备份

典型的事务日志备份语法格式如下。

```
backup log <数据库名称>to <备份设备>[,...n]
[with
[[,]name=备份集名称]
[[,]description='备份描述文本']
[[,]{init|noinit}]]
[[,] {norecovery|no_truncate}]]
```

说明：

（1）norecovery 指定备份尾事务日志并使数据库处于还原状态，在执行 restore 操作之前需要保存日志尾部；

（2）no_truncate 指定备份事务日志后不截断不活动日志，并使数据库尝试备份；

（3）norecovery 和 no_truncate 联合使用时，表示执行最大程度的日志备份（跳过日志截断），并自动将数据库置于正在还原状态。

（4）其他选项含义与完整备份类似。

【例 10-5】 完整恢复模式下将数据库 JXGL 的日志文件备份到文件 d:\backup\mylog.bak 中。

```
--切换到完整恢复模式下
alter database jxgl set recovery full
go              --创建一个备份设备
exec sp_addumpdevice 'disk','mylog','d:\backup\mylog.bak'
go              --完整备份数据库 jxgl（基础部分）
backup database jxgl to mylog with name='jxg 完整备份 3',description='完整备份 3',format
go              --创建事务日志备份 1
backup log jxgl to mylog with name='jxgl 日志备份 1',description='第 1 次日志'
go
--创建事务日志备份 2
backup log jxgl to mylog with name='jxgl 日志备份 2',description='第 2 次日志'
go
--查询备份集信息结果
restore headeronly from mylog
```

备份集信息结果如图 10-17 所示。

	BackupName	BackupDescription	BackupType	ExpirationDate	Compressed	Position	DeviceType	UserName	ServerName	DatabaseName	D...	DatabaseCreationDate
1	jxg完整备份3	完整备份3	1	NULL	0	1	102	SHUJU\netdata	SHUJU	jxgl	9..	2020-12-17 10:52:43.000
2	jxgl日志备份1	第1次日志	2	NULL	0	2	102	SHUJU\netdata	SHUJU	jxgl	9..	2020-12-17 10:52:43.000
3	jxgl日志备份2	第2次日志	2	NULL	0	3	102	SHUJU\netdata	SHUJU	jxgl	9..	2020-12-17 10:52:43.000

图 10-17　例 10-5 运行结果

10.4　恢复操作

恢复数据库存在两种情况：一种是数据库还存在于服务器上，只是出现了数据丢失（恢复数据库之前，应进行结尾日志备份）；另一种是数据库已经损坏或被删除（不需要进行尾日志备份）。恢复数据库既可以使用 SSMS，也可以使用 T-SQL 语句。

10.4.1　使用 SSMS 执行恢复操作

不同恢复模式下的数据库恢复操作略有区别，这里介绍完整恢复模式下对数据库执行的恢复操作。

【例 10-6】在“完整”恢复模式下使用完整备份来执行 JXGL 数据库的恢复操作（假定数据库没有损坏，只是部分数据存在丢失）。

（1）在“对象资源管理器”窗格中右击数据库节点，在弹出的快捷菜单中执行“还原数据库”命令，打开“还原数据库”窗口，单击“常规”选项卡，如图 10-18 所示。

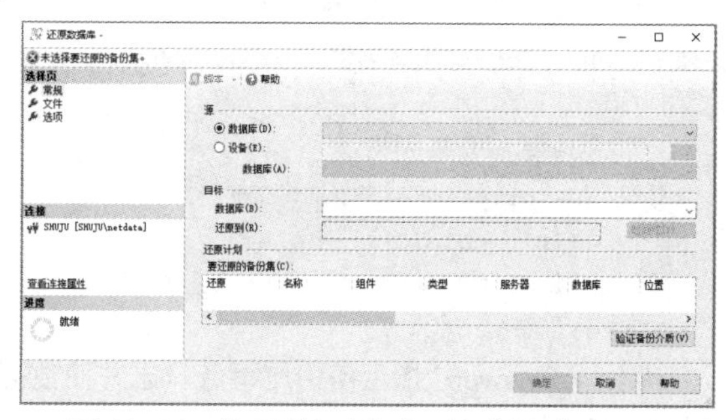

图 10-18　“还原数据库”窗口的“常规”选项卡

说明：

① 源指定还原数据库的来源，可以是数据库（服务器上现有的数据库）或备份设备；

② 目标指定数据库还原后的名称和还原到的时间点，默认最近一次备份状态；

③ 还原计划用于选择数据库还原的备份集名称，默认选择所有备份集。

（2）在“源”选项下选择“设备”单选按钮，单击其后“…”按钮，弹出“选择备份设备”对话框。在“备份介质类型”下拉列表框中选择“备份设备”选项，单击“备份介质”列表框右侧的“添加”按钮，弹出“选择备份设备”对话框。在“备份设备”下拉列表框中选择备份设备名称，这里选择 myback_full，如图 10-19 所示。设置完成后，连续单击“确定”按钮，直至返回“还原数据库-JXGL”窗口，如图 10-20 所示。

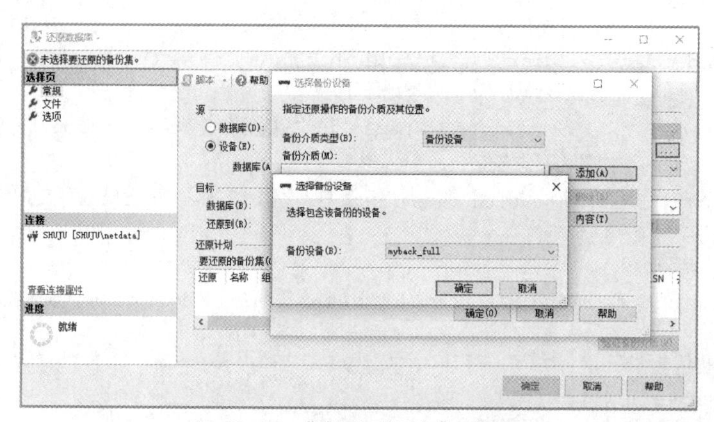

图 10-19　“选择备份设备”对话框

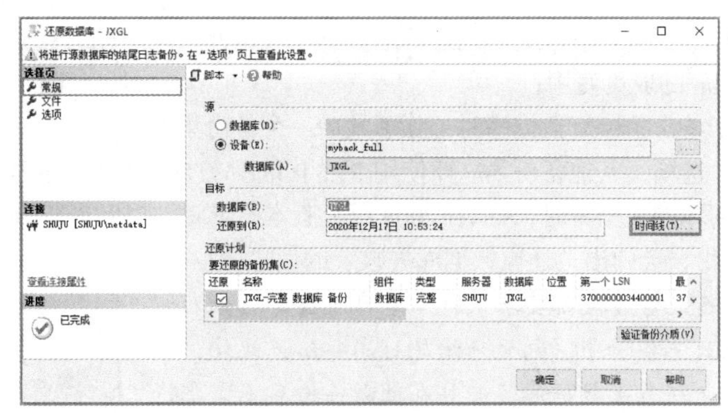

图 10-20 “还原数据库-JXGL”窗口

注意：恢复数据库可以恢复到指定时间点，单击“时间线”按钮，弹出“备份时间线：JXGL”对话框，如图 10-21 所示。用户可以根据需要选择数据库恢复到的时间点。

（3）在左侧“选择页”列表框中单击“文件”选项卡，在右侧窗格中设置数据库恢复的新路径（文件夹）及其文件名，如图 10-22 所示。

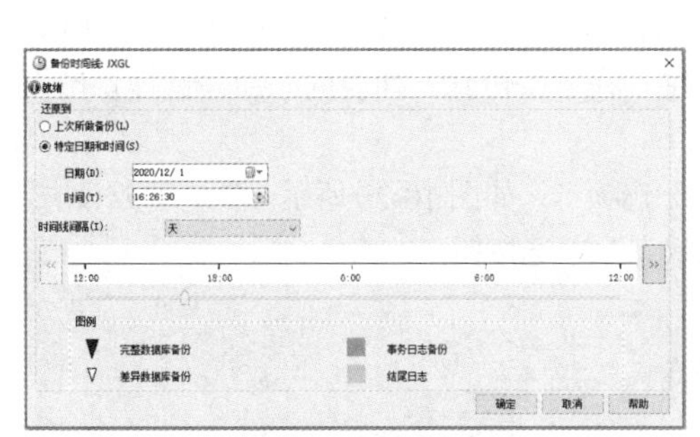

图 10-21 “备份时间线：JXGL”对话框

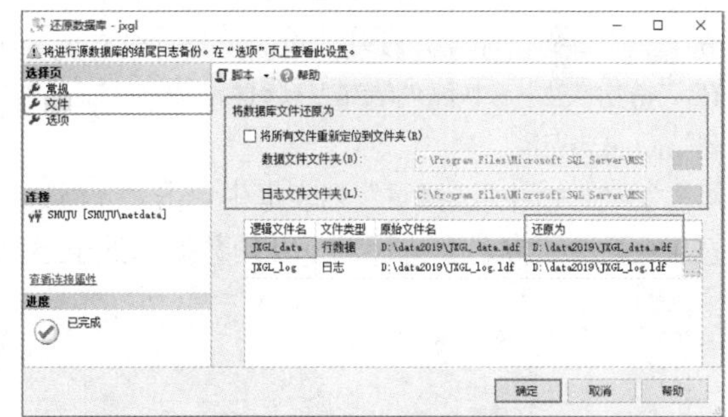

图 10-22 “文件”选项卡

（4）在左侧“选择页”列表框中单击“选项”选项卡，如图 10-23 所示，在右侧窗格中设置“结尾日志备份”的备份文件位置为 D:\backup2019\myback_full.bak。

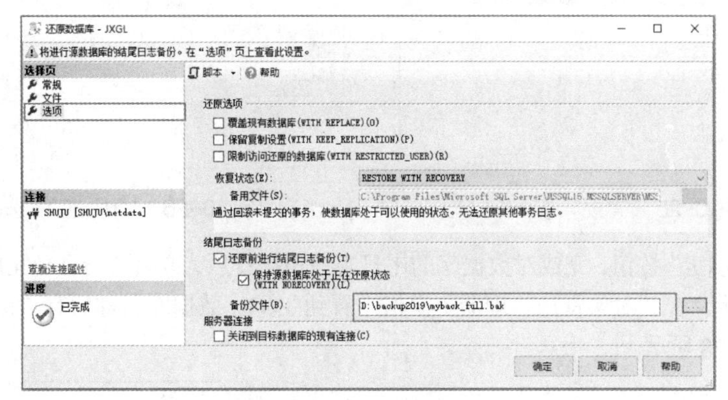

图 10-23 “选项”选项卡

说明：

①“还原选项”用于覆盖现有数据库表示覆盖服务器上的同名数据库，如果服务器上存在同名数据库且没有备份结尾日志，则必须选择该项，否则会弹出“还原数据库失败”信息；保留复制设置用于复制数据库（转移数据库到其他服务器上），恢复状态为 RESTORE WITH

NORECOVERY 选项时不可用；限制访问还原的数据库表示使正在还原的数据库仅供 db_owner、dbcreator 或 sysadmin 的成员使用；

② 在应用多个备份集恢复数据库时，除了最后一个备份集的“恢复状态”使用 RESTORE WITH RECOVERY 选项，其他备份集一律使用 RESTORE WITH NORECOVERY 选项；

③ 在恢复未损坏的数据库时，Server 2005 以上版本要求对数据库进行结尾日志备份，如果不执行结尾日志备份，会弹出“还原数据库失败”的信息。

注意：并非所有还原方案都要求执行结尾日志备份。如果恢复点包含在较早的日志备份中，则无须结尾日志备份，此外，如果准备移动或替换（覆盖）数据库，并且在最新备份后不需要将该数据库还原到某一时间点，则不需要结尾日志备份。

（5）单击“确定”按钮，稍后完成对数据库的尾日志备份操作，并弹出还原成功的提示对话框，如图 10-24 所示。

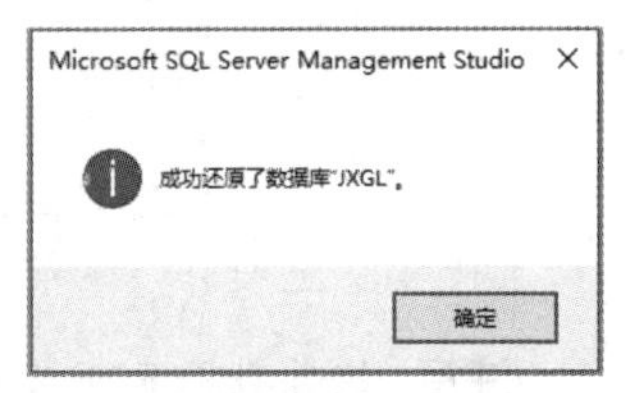

图 10-24 还原成功提示对话框

注意：本例也可以先进行尾日志备份，再进行数据库恢复。基本操作如下。

（1）尾日志备份。

① 在“对象资源管理器”窗格中右击数据库“JXGL”节点，在弹出快捷菜单中执行“任务”→“备份”命令，打开“备份数据库-JXGL”窗口，单击“常规”选项卡，如图 10-25 所示。在“备份类型”下拉列表框中选择“事务日志”选项。在“备份到”列表框添加并选择备份设备 mybak_full。

② 在左侧“选择页”列表框中单击“介质选项”选项卡，如图 10-26 所示。在“事务日志”选项中选中“备份日志尾部，并使数据库处于还原状态”单选按钮。

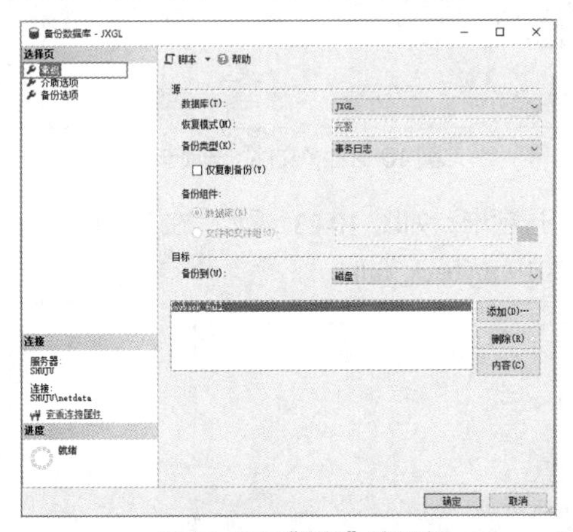

图 10-25 “常规”选项卡

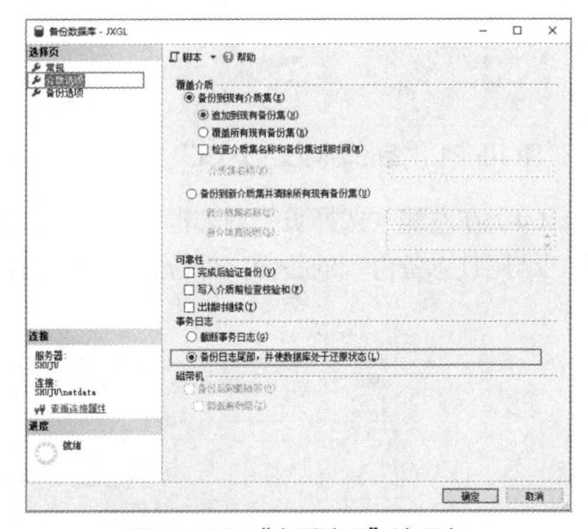

图 10-26 “介质选项”选项卡

③ 单击“确定”按钮，完成对数据库的尾日志备份操作后，弹出备份已经完成提示对话框，如图 10-27 所示。在“对象资源管理器”窗格中看到 JXGL 数据库名称后有“正在还原”提示信息，如图 10-28 所示。

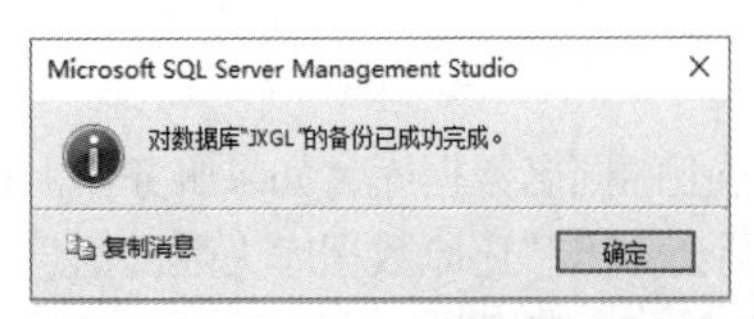

图 10-27 备份已经完成提示对话框

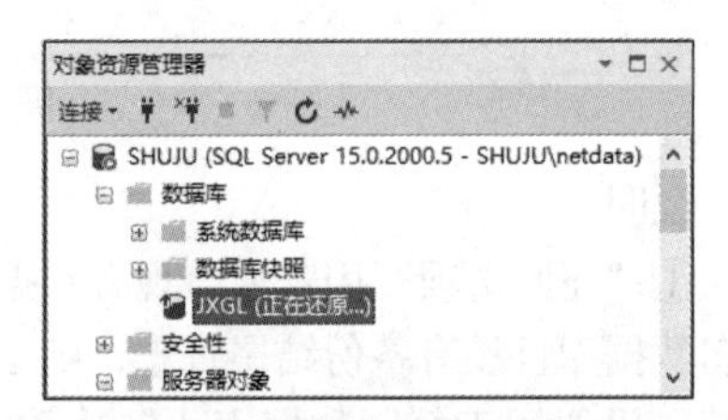

图 10-28 “正在还原”提示信息

（2）数据库恢复。在“对象资源管理器”窗格中右击“JXGL（正在还原）”节点，在弹出的快捷菜单中执行“任务”→“还原”→“数据库”命令，打开还原数据库窗口，单击“常规”选项卡，如图 10-29 所示。在“源”选项中选择“设备”单选按钮，其后续步骤同上，这里不再赘述。

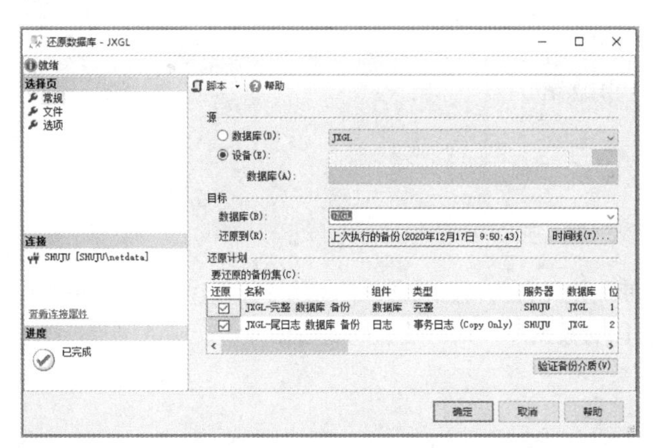

图 10-29 “常规”选项卡

10.4.2　使用 T-SQL 语句执行恢复操作

使用 restore 语句可以完成对整个数据库的还原，也可以完成事务日志的还原，或者完成还原数据库的某个文件或文件组。

1. 使用完整备份和差异备份恢复数据库

使用完整备份和差异备份恢复数据库的典型语法格式如下。

```
restore database 数据库名称
 [from <备份设备> [,...n]]
[with
[[,]replace]
[[,]file=文件号]
[[,]{norecovery|recovery| standby = {撤销文件名}}]
[[,]{stopat=时间和日期}]
[[,]move '逻辑文件名' to '物理文件名'][,...n] ]
```

说明：

① replace 用于指定将覆盖现有同名数据库及相关文件，应尽量避免使用；

② 文件号为要还原的备份集序号，如文件号 1 表示第 1 个备份集，文件号 2 表示第 2 个备份集，依此类推；

③ norecovery 表示数据库的恢复操作尚未完成，数据库处于不可用状态，需继续恢复其他后续的备份集；

④ recovery 表示数据库的恢复操作已经完成，数据库处于可用状态，最后一个备份集使用此选项，无法继续还原其他差异备份或事务日志备份集；

⑤ stopat 用于将数据库还原到指定日期和时间的状态；

⑥ move '逻辑文件名' to '物理文件名'用于将数据库副本还原到新位置。

【例 10-7】 利用 d:\backup\myfull.bak（完整备份）还原数据库 jxgl（结尾日志不恢复）。

```
use master
go
```

```
--切换到完整恢复模式下
if db_id('jxgl') is not null
 alter database jxgl set recovery full
go
--当数据库 JXGL 尚未破坏时，需要进行数据库尾部日志备份
if db_id('jxgl') is not null
 backup log jxgl to myfull with name='jxgl 尾日志备份',
  description='尾日志备份',
  norecovery
go
--恢复数据库
restore database jxgl from myfull with recovery
go
```

【例 10-8】使用差异备份可以将数据库恢复到指定状态下，如第 2 次差异备份时刻（如果当前服务器中存在同名数据库，则可覆盖同名数据库）。

```
use master
go
--切换到完整恢复模式下
if db_id('jxgl') is not null
    alter database jxgl set recovery full
go
--恢复数据库基础部分
restore database jxgl from mydiff
with replace,                                          --未备份结尾日志，覆盖同名数据库
file=1,                                                --完整备份序号
--数据库文件路径可以迁移到其他位置，如 e:\restore_data\
--move 'jxgl_data' to 'e:\restore_data\教学管理.mdf',
--move 'jxgl_log' to 'e:\restore_data\教学管理.ldf',
norecovery
go
--恢复数据库到指定时刻，如第 2 次差异数据库备份时刻
restore database jxgl from mydiff
with file=3,recovery
go
```

2. 使用事务日志备份恢复数据库

典型语法格式如下。

```
restore log 数据库名称
[from <备份设备> [,...n]]
[with
[[,]replace]
[[,]file=文件号]
[[,]move '逻辑文件名' to '物理文件名'][,...n]
[[,]{norecovery|recovery}]]
```

说明：各参数含义同前，这里不再赘述。

【例 10-9】使用事务日志备份恢复 JXGL 到指定的状态。

```
--关闭数据库 JXGL
use master
go
--切换到完整恢复模式下
```

```
if db_id('jxgl') is not null
 alter database jxgl set recovery full
go
--备份尾日志，进入还原状态
if db_id('jxgl') is not null
 backup log jxgl to mylog with norecovery
go
--还原完整备份
restore database jxgl from mylog
with replace,                              --覆盖现有的同名数据库
file=1,                                    --完整备份序号
norecovery                                 --注意，表示继续恢复
go
--这时数据库无法使用，继续恢复事务日志备份
restore log jxgl from mylog
with file=2,                               --日志备份序号
norecovery                                 --注意，表示继续恢复
go
--这时数据库仍然无法使用，继续恢复事务日志备份
restore log jxgl from mylog
with file=3,                               --日志备份序号
norecovery                                 --注意，表示继续恢复
go
 --应用尾日志
restore log jxgl from mylog
with file=4,                               --尾日志备份序号
recovery                                   --完成恢复，数据库可以使用
go
```

【例 10-10】 假设对数据库 JXGL 执行了完整备份、差异备份和事务日志备份，则可以使用这 3 个备份来恢复数据库。

```
--关闭数据库 JXGL
use master
go
--切换到完整恢复模式下
alter database jxgl set recovery full
go
--备份尾日志，进入还原状态
backup log jxgl to mydata with norecovery
go
--还原完整备份 3
restore database jxgl from mydata
With replace,                              --覆盖现有的同名数据库
file=1,                                    --完整备份序号
norecovery                                 --注意，表示继续恢复
go
--这时数据库无法使用，继续恢复差异备份
restore database jxgl from mydata
with file=2,                               --差异备份序号
norecovery                                 --注意，表示继续恢复
go
--这时数据库仍然无法使用，继续恢复事务日志备份
```

```
restore log jxgl from mydata
with file=3,                          --日志备份序号
norecovery                            --注意，表示继续恢复
go
 --应用尾日志
restore log jxgl from mydata
with file=4,                          --尾日志备份序号
recovery                              --完成恢复，数据库可以使用
go
```

本章小结

备份和恢复是 SQL Server 中两个最重要的组件，利用备份和恢复组件可以保护数据库中的关键数据。数据库备份方式只有 3 种：完整备份、差异备份和事务日志备份。对数据库进行备份的第一个备份集必须是完整备份，差异备份是备份数据库中相对完整备份之后的修改部分，日志备份则是备份前一次备份之后的新增日志内容，而且日志备份要求数据库的恢复模式不能是“简单”的模型。数据库的恢复则从完整备份开始，然后恢复最近的差异备份，最后再按照备份顺序恢复后续的日志备份。实施完善的备份和还原策略可以避免由于各种故障造成的数据丢失，从而有效地应对灾难的发生。

习题十

一、选择题

1. 当数据库损坏时，数据库管理员可通过（　　）恢复数据库。
   A. 事务日志文件　　B. 主数据库　　C. delete 语句　　D. 联机帮助文件
2. 对 SQL Server 系统采用的备份和恢复机制，下列说法中正确的是（　　）。
   A. 在备份和恢复数据库时用户都不能访问数据库
   B. 在备份和恢复数据库时用户都可以访问数据库
   C. 在备份时对数据库访问没有限制，但在恢复时只有系统管理员可以访问数据库
   D. 在备份时对数据库访问没有限制，但在恢复时任何人都不能访问数据库
3. 下面关于备份数据库的说法中，错误的是（　　）。
   A. 备份是数据可靠性的有效手段　　B. 备份数据库必须先关闭数据库
   C. 备份是为数据库建立一个副本　　D. 备份是数据安全性的有效措施
4. 在下列情况下，SQL Server 可以进行数据库备份的是（　　）。
   A. 创建或删除数据库文件时　　B. 创建索引时
   C. 执行非日志操作时　　D. 在非高峰活动时
5. 设有备份操作如图 10-30 所示。

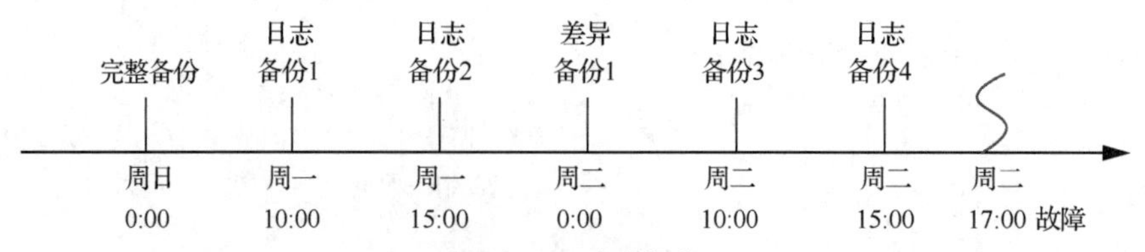

图 10-30　备份操作

现从备份中对数据库进行恢复，正确的恢复顺序为（　　）。

A. 完整备份 1，日志备份 1，日志备份 2，差异备份 1，日志备份 3，日志备份 4
B. 完整备份 1，差异备份 1，日志备份 3，日志备份 4
C. 完整备份 1，差异备份 1
D. 完全备份 1，日志备份 4

6. 在（　　）情况下，可以不使用日志备份的策略。
A. 数据非常重要，不允许任何数据丢失
B. 数据量很大，而提供备份的存储设备相对有限
C. 数据不是很重要，更新速度也不是很快
D. 数据更新速度很快，要求精确恢复到意外发生前几分钟

7. 通过构建永久备份设备可以对数据库进行备份，下列说法中正确的是（　　）。
A. 不需要指定备份设备的大小
B. 一个数据库一次只能备份在一个设备上
C. 只能将备份设备建立在磁盘上
D. 每个备份设备都是专属于一个数据库的

8. 下面关于完整备份的说法中错误的是（　　）。
A. 完整备份比较复杂，不易理解
B. 完整备份在备份大量数据时，所需时间会较长
C. 因为完整备份是备份所有的数据，所以每次备份的工作量很大
D. 频繁完整备份时，在备份文件中有大量的数据是重复的

9. 在 SQL Server 系统提供的几种备份方法中，差异备份备份的内容是（　　）。
A. 上次差异备份之后修改的数据库全部内容
B. 上次完整备份之后修改的数据库全部内容
C. 上次日志备份之后修改的数据库全部内容
D. 上次完整备份之后修改的数据库内容，但不包括日志等其他内容

10. 在 SQL Server 系统中，下面关于事务日志备份说法中正确的是（　　）。
A. 对故障还原模型没有要求　　B. 要求故障还原模型必须是完全的
C. 要求故障还原模型必须是简单的　　D. 要求故障还原模型不能是简单的

11. 小王从 04:00 开始每隔 4 小时对数据库执行一次差异备份，每天 00:00 执行一次完整备份。在 12:00 执行的差异备份中包含的数据有（　　）。
A. 自 00:00 以来发生变化的数据页　　B. 自 00:00 以来发生变化的存储区
C. 自 08:00 以来发生变化的数据页　　D. 自 08:00 以来发生变化的存储区

12. （　　）可以实现数据库之间的数据的转换和转移。
A. 对数据库进行备份操作　　B. 对数据库进行还原操作
C. 对数据库的导入与导出操作　　D. 更改数据库文件的后缀

13. 假定某数据库使用完全恢复模型，在不影响数据库中其他数据的情况下，现要恢复事务处理过程中涉及的关键表，应当（　　）。
A. 备份当前事务日志。以一个不同的名字恢复数据库，恢复到数据丢失前的时间点上，把表格备份复制到原始数据库中
B. 备份当前事务日志。把数据库恢复到数据丢失前的时间点上
C. 从现有的备份文件中将数据库恢复到数据丢失前的时间点上
D. 把数据库恢复到最后完整备份的时间点上

14. 下面关于数据库系统基于日志的恢复的叙述中，（　　）是可以实现的。

A. 利用更新日志记录的改前值进行 undo，利用更新日志记录的改前值进行 redo

B. 利用更新日志记录的改前值进行 undo，利用更新日志记录的改后值进行 redo

C. 利用更新日志记录的改后值进行 undo，利用更新日志记录的改前值进行 redo

D. 利用更新日志记录的改后值进行 undo，利用更新日志记录的改后值进行 redo

15. 发生（　　）情况时，通常从完整数据库备份中还原。

A. 数据库的物理磁盘损坏　　B. 整个数据库被损坏或删除

C. 恢复被删除的行或撤销更新　　D. 同一副本还原到不同 SQL Server 实例

二、填空题

1. （　　）是制作数据库结构、对象和数据的副本，以便在数据库遭到破坏的时候能够修复数据库。

2. SQL Server 系统使用（　　）或物理名称两种方式来标识备份设备。

3. 常见的备份设备类型有（　　）、磁带和命名管道。

4. SQL Server 系统支持 3 种基本类型的备份：完整备份、差异备份和（　　）。

5. 数据库的恢复模式包括简单模式、完整模式和（　　）3 种类型。

6. 在 SQL Server 系统中进行数据库备份时，用户（　　）操作系统数据库（选填可以/不可以）。

7. （　　）是用来标识物理备份设备的别名或公用名称。

8. 第一次对数据库进行的备份必须是（　　）备份。

9. 在 SQL Server 系统中，当恢复模式为简单恢复模式时不能进行（　　）备份。

10. 在对数据库备份时，一般不备份（　　）系统数据库。

三、实践题

1. 创建一个逻辑名为 mydump 的磁盘备份设备，其物理名称为 e:\dump\dump.bak。

2. 将数据库 library 中的文件组 group2 和 group3 设为只读，然后对数据库 library 进行完整备份，将备份存储到名为 mydump 的备份设备上，并且覆盖所有备份集。

3. 对数据库 library 进行差异备份。将备份存储到名为 mydump 的备份设备上，并将本次备份追加到指定的媒体集上。将日志备份到名为磁盘 e:\dump\dumplog.bak 文件上，并且覆盖所有的备份集。

4. 对数据库 library 中的文件组 group1 进行备份。将备份存储到磁盘 e:\dump\dump1.bak 文件上，并且覆盖所有的备份集。将日志备份到名为 mydumplog 的备份设备上，其物理名称为 e:\dump\dumplog1.bak，并且覆盖所有的备份集。

5. 利用备份设备 mydump 中的“library 完整备份”进行数据库完整恢复，恢复后的数据库名为 library；利用备份设备 mydump 中的“library 差异备份”进行数据库差异恢复，恢复后的数据库名为 library，同时利用磁盘 e:\dump\dumplog.bak 文件进行数据库 library 的日志恢复。

6. 利用备份设备 mydump 中的“library 完整备份”进行文件组 group1 的部分恢复，还原后的数据库名为 library1。

第 11 章

数据库安全性管理

本章导读

合理有效的数据库安全机制不仅可以保证合法用户的有效访问，还能够防止非法用户的入侵。数据库安全性管理是建立在主体（请求资源的实体、登录账户及其服务器角色，以及数据库用户及其数据库角色）、权限和安全对象的基础上，并通过登录名、数据库用户、角色与权限许可等机制来实现。

11.1 安全性概述

安全性问题不是数据库系统所独有的，而是所有计算机系统都必须面对的问题。只是在数据库系统中，由于大量数据的集中存放，且被许多最终用户共享，因此安全性问题更为突出。可以说，安全性控制措施的是否有效是数据库系统安全的重要因素。

11.1.1* 计算机安全性概述

数据库的安全性和计算机系统的安全性（包括计算机硬件、操作系统、网络系统的安全性等）是紧密联系的，计算机系统的安全性是数据库系统安全性的前提。

1. 安全概述

计算机系统安全性是指为计算机系统建立和采取的各种安全保护措施，以保护计算机系统硬件、软件及数据，防止因偶然因素导致的系统破坏，或数据遭到更改或泄露。

影响计算机系统安全性的因素有很多，不仅有硬件因素，还有环境和人的因素；不仅涉及技术方面，还涉及管理规范、政策法律方面等。计算机安全性包括计算机安全理论、策略、技术，计算机安全管理、评价、监督，计算机安全犯罪、侦察、法律等。概括起来，计算机系统的安全性分为三大类：技术安全类、管理安全类和政策法律类。这里只介绍技术安全类。

2. 安全标准

为了准确地测定和评估计算机系统的安全性，规范和指导计算机系统的生产，各国逐步建立和发展了一套可信计算机系统安全性的评测标准。其中，1985 年美国国防部颁布的《DoD 可信计算机系统评估标准》（Trusted Computer System Evaluation Critical，TCSEC）和 1991 年美国国家计算机安全中心颁发的《可信计算机系统评估标准 关于可信数据库系统的解释》（Trusted Database Interpretation，TDI）最为重要。TDI 将 TCSEC 扩展到数据库管理系统，定义了数据库系统设计与实现中需要满足及其评估的安全等级标准。

3. 安全等级

TCSEC/TDI 将系统划分为 DCBA 4 组 7 个等级，从低到高依次为 D、C1、C2、B1、B2、B3、A1。较高的安全等级提供的安全保护要包含较低等级的所有保护要求，同时提供更多完善的保护。7 个安全等级的基本要求如下。

（1）D 级：提供最小保护，只为文件和用户提供安全保护。系统的访问控制没有限制，无须登录系统就可以访问数据，这个级别的系统包括 DOS、Windows 98 等。

（2）C1 级：提供自主安全保护，通过 TCB（Trusted Computing Base，可信任运算基础体制）实现用户与数据的分离，在 C1 系统中，用户认为所有文档都具有相同的机密性，因此以同样的灵敏度来处理数据，进行自主存取控制，保护或限制用户权限的传播。

（3）C2 级：提供权限受控的存取保护，加强了可调的审慎控制。在连接网络时，C2 系统的用户分别对各自行为负责，通过身份验证、安全审计和资源隔离将 C1 级的自主存取控制进一步细化，是安全产品的最低档次，这个级别的系统包括 UNIX、Linux 和 Windows NT 等。

（4）B1 级：标记安全保护。对系统的数据加以标记，对标记的主体和客体实施强制存取控制，B1 级能较好地满足大型企业或一般政府部门对数据的安全需求，这一级别的产品才是真正意义上的安全产品，满足 B1 级的产品允许冠以 security 或 trusted 字样。

（5）B2 级：结构化保护，建立形式化的安全策略模型并对系统的所有主体和客体实施自主存取控制和强制存取控制。达到 B2 级的系统非常稀少，在数据库方面没有此级别的产品。

（6）B3 级：安全域保护，要求可信任的运算基础必须满足访问监控器的要求，审计跟踪能力更强，并提供系统恢复过程。

（7）A1 级：验证设计，提供 B3 级保护的同时给出系统形式化设计说明和验证，以确保各安全保护的真正实现。

11.1.2　数据库安全性概述

在规划和设计数据库的安全性时，一般要从系统角度整体考虑网络系统、操作系统和数据管理系统 3 个层次的支持和配合，从外到内保证数据的安全。这里只讨论数据库管理系统的安全体系结构，如图 11-1 所示。

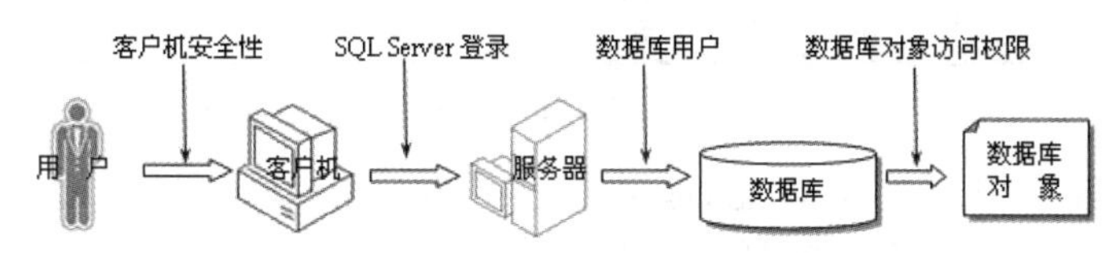

图 11-1　SQL Server 安全体系结构

1. 登录账户

登录账户属于服务器级别主体，是 SQL Server 安全体系中的第一道防线。SQL Server 服务器（数据库引擎）负责验证登录账户的身份（SID 是登录账户的唯一标识，用于区分同名登录账户），核查其是否具有连接（connect）服务器实例的权限。

2. 数据库用户

数据库用户属于数据库级别主体，是 SQL Server 安全体系中的第二道防线。登录账户通过服务器的验证后，将委托数据库用户访问权限映射下的数据库。默认情况下，如果未为登录账户映射数据库及其数据库用户，其权限映射为 master 数据库内的数据库用户的 guest 权限。

3. 操作权限

操作权限是主体对特定安全对象的操作权力，也可以理解为诸多操作权力的集合。每个安全对象都有授予主体访问的关联权限，数据库引擎通过授权，使得主体拥有安全对象的访问与操作权力。如无特殊说明，操作权限是指数据库级别主体的关联权限。

4. 安全对象

安全对象是数据库引擎授权主体（登录账户和数据库用户）可以访问的资源。狭义的安全对象是指数据库中能被访问的数据库对象，如表、视图、存储过程等。广义安全对象涵盖了服务器、数据库和架构 3 层安全对象范围。

11.2　登录账户

登录是指服务器级别主体向数据库引擎发出连接（connect）请求和身份验证的过程。

11.2.1　登录账户概述

服务器级别主体连接到数据库引擎的账号均为登录账户。登录账户只有成功连接上 SQL Server 服务器实例，才有访问整个 SQL Server 服务器资源的可能性。

1. 登录账户分类

SQL Server 系统支持两类登录账户：Windows 登录账户和 SQL Server 登录账户。

打开 SSMS，在“对象资源管理器”窗格中展开服务器实例名（SHUJU）→“安全性”→“登录名”节点，其中显示了系统内置账户信息，如图 11-2 所示。

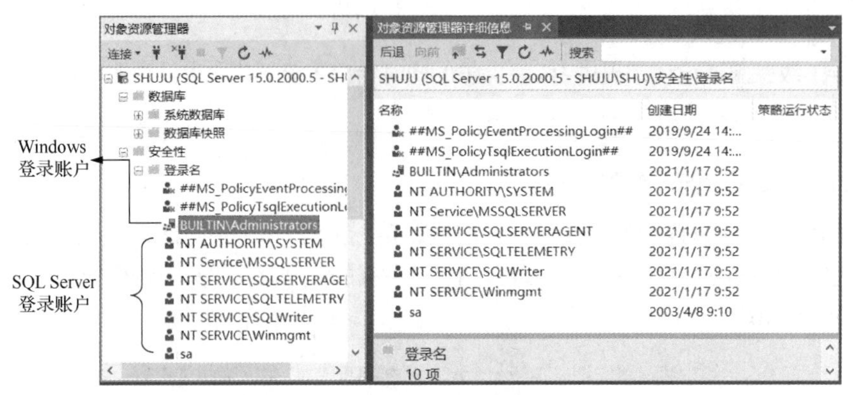

图 11-2　系统内置账户

（1）Windows 登录账户：由 Windows 系统负责身份验证和账户管理的登录账户。数据库引擎授权 Windows 系统拥有第三方身份验证权限，只要用户通过 Windows 系统身份认证并成功登录 Windows 系统，就可以登录 SQL Server 系统。其中，Windows 系统[BULTIN\Administrators]组的成员都允许登录 SQL Server 系统，与 sa 权限等价。

（2）SQL Server 登录账户：由 SQL Server 系统负责身份验证和账户管理的登录账户。其中，内置系统账户 sa 属于服务器角色 sysadmin 成员，账户拥有系统所有权限，可以创建和管理其他登录账户。

2. 服务器身份验证模式

SQL Server 提供了两种身份验证模式，其功能分别如下。

（1）仅 Windows 模式：只允许使用 Windows 登录账户连接 SQL Server 服务器实例。

（2）混合模式（SQL Server 和 Windows）：既可以使用 Windows 登录账户，也可以使用 SQL Server 登录账户，当使用 SQL Server 登录账户时，还需要为其提供相应密码。

3. 服务器身份验证模式设置

登录账户能不能登录 SQL Server 服务器实例，还要看 SQL Server 系统中身份验证模式的具体设置。身份验证模式的设置是在“服务器属性”窗口中进行的，操作步骤如下。

（1）启动 SSMS，在“对象资源管理器”窗格中右击服务器“SHUJU”节点，在弹出的快捷菜单中执行“属性”命令，打开“服务器属性-SHUJU”窗口的“常规”选项卡，如图 11-3 所示。

（2）在左侧“选择页”列表框中单击“安全性”选项卡，右侧可以设置服务器身份验证模式，如图 11-4 所示。

图 11-3　“常规”选项卡

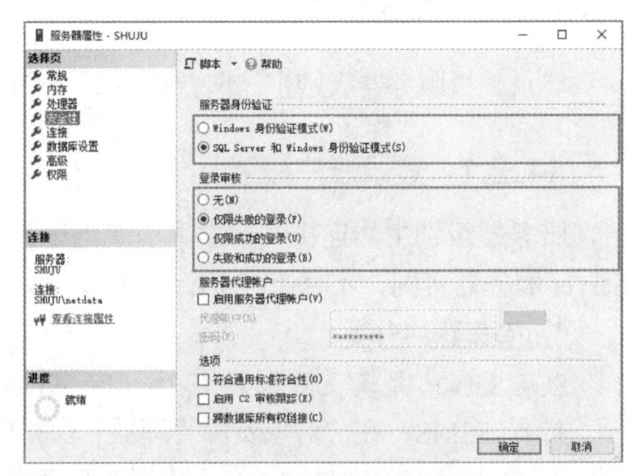

图 11-4　“安全性”选项卡

注意：在“登录审核”选项中，“无”指不审核、不记录日志；“仅限成功的登录”指审核成功的登录并记录日志；“仅限失败的登录”指审核失败的登录并记录日志；“失败和成功的登录”指审核所有登录并记录日志。

11.2.2　创建登录账户

创建登录账户既可以使用 SSMS，也可以使用 T-SQL 语句。

1. 使用 SSMS 创建登录账户

【例 11-1】利用 SSMS 创建登录账户。

具体操作步骤如下。

（1）启动 SSMS，在“对象资源管理器”窗格中展开“安全性”目录，右击“登录”节点，在弹出的快捷菜单中执行“新建”→“登录”命令，打开“登录名-新建”窗口，单击“常规”选项卡，可以设置登录名及其身份验证模式、默认数据库（默认为 master），如图 11-5 所示。

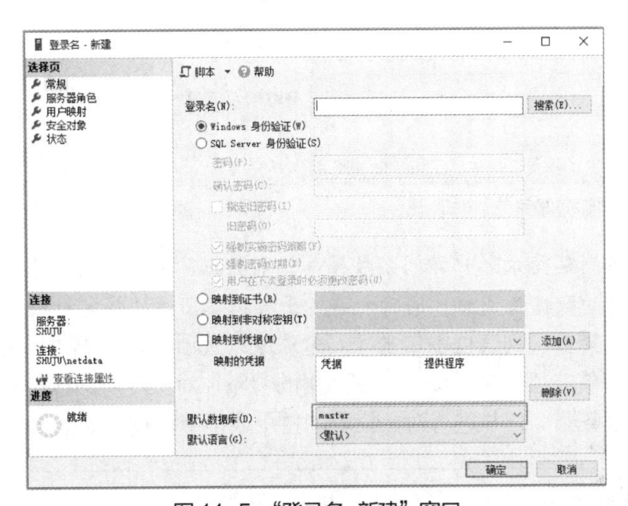

图 11-5　“登录名-新建”窗口

① 如选择 Windows 身份验证，则需单击“登录名”文本框后的“搜索”按钮，在打开的“选择用户或组”对话框中选择用户（如 SHUJU\win_regA）映射为登录账户，如图 11-6 所示。用户可以借助“高级”和“检查名称”按钮来检查用户名的有效性。

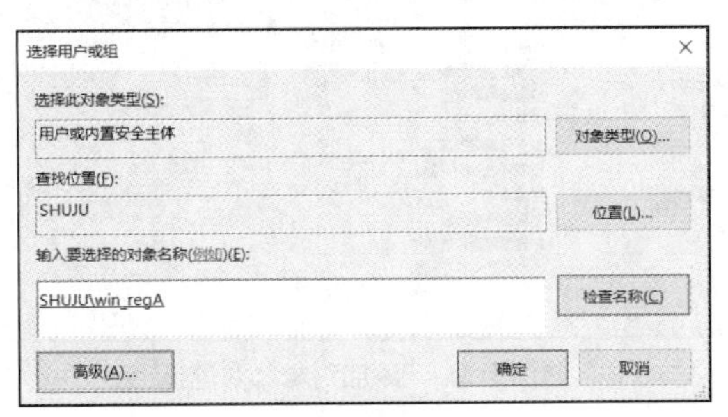

图 11-6　“选择用户或组”对话框

② 如选择 SQL Server 身份验证，则按提示输入密码并确认密码（建议将登录名和密码分别设置为 sql_loginA 和 test）。

注意：SQL Server 密码复杂度策略是基于 Windows 管理工具的“本地安全策略”设置的。

（2）在左侧“选择页”列表框中单击“服务器角色”选项卡，右侧可以为登录名授予服务器角色，如图 11-7 所示。新建登录名自动成为服务器角色 public 的成员（只有公众访问权限，没有任何操作权限）。

（3）在左侧“选择页”列表框中单击“用户映射”选项卡，右侧可以为登录名映射数据库用户及其数据库角色，如图 11-8 所示。其中，“映射到此登录名的用户”表示为登录账户设置可访问的数据库及其在数据库中映射的数据库用户；“数据库角色成员身份”表示数据库用户拥有的数据库角色。

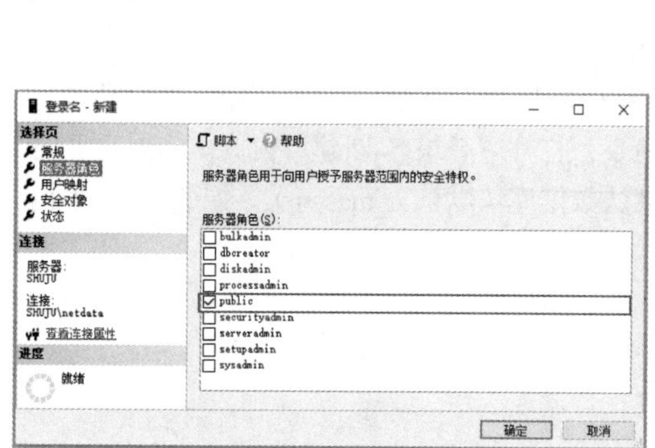

图 11-7　“服务器角色”选项卡

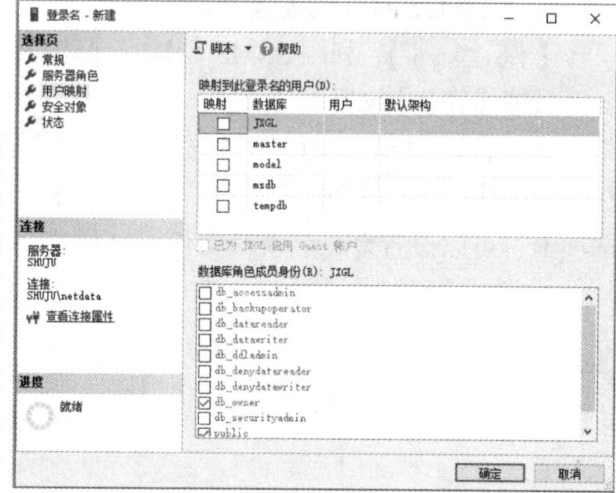

图 11-8　“用户映射”选项卡

注意： 如果许可新建登录账户访问某数据库，则数据库引擎会自动在该数据库中创建（映射）与登录账户同名的数据库用户，同时允许授予数据库用户的特定数据库角色身份。

（4）在左侧“选择页”列表框中单击“安全对象”选项卡，右侧可以为登录名设置“安全对象”及相关权限，单击“搜索”按钮，在弹出的“添加对象”对话框中可进一步选择不同类型的安全对象（如服务器），并进行对象权限的授予或拒绝操作，如图 11-9 所示。

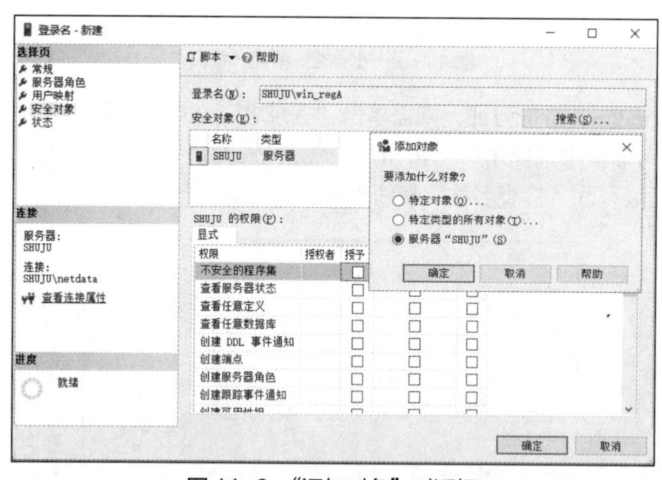

图 11-9　“添加对象”对话框

注意： 登录账户属于服务器主体，其请求的安全对象包括端点、登录名、服务器、可用性组和数据库等。

（5）在左侧“选择页”列表框中单击“状态”选项卡，右侧可以设置“是否允许连接数据库引擎”，以及“登录名”的启用或禁用，如图 11-10 所示。

（6）单击“确定”按钮，返回 SSMS，完成登录账户的创建，如图 11-11 所示。

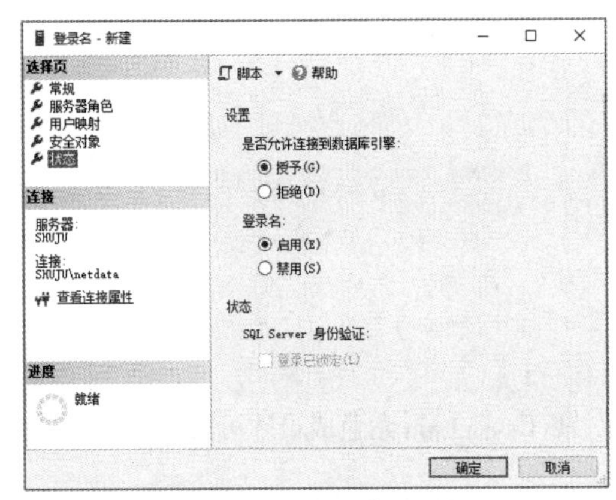

图 11-10 “状态”选项卡

图 11-11 完成登录账户的创建

2. 使用 T-SQL 语句创建登录账户

语法格式如下。

```
create login 登录名 [with
[password= '登录密码'][must_change]          /*设置账户密码及首次登录提示输入新密码*/
[[,]default_database=默认数据库名]            /*设置默认数据库*/
[[,]default_language=默认语言名称]            /*设置字符集语言*/
[[,]check_policy=on|off]                      /*是否强制实施密码策略*/
[[,]check_expiration=off|on]                  /*是否强制密码过期*/
]
```

说明：

（1）当登录名是 Windows 身份验证模式的登录名，登录名的格式是[域名\登录名] from windows 且不能省略定界符[ ]；

（2）当登录名是 SQL Server 身份验证模式的登录名，需指定 password、check_expiration、check_policy 等子句。

【例 11-2】将本地 Windows 系统用户 SHUJU\win_regB 映射为 SQL Server 登录账户。

```
create login [SHUJU\win_regB] from windows
```

【例 11-3】创建 SQL Server 登录账户 sql_loginB，密码为 test，默认数据库为 JXGL。

```
create login sql_loginB with password ='test',default_database=jxgl
```

思考：成功执行后，为什么 sql_loginB 还是无法打开默认数据库并显示登录失败？

11.2.3 管理登录账户

1. 使用 SSMS 修改登录账户

参照查看 11.2.2 小节中登录账户的创建，打开“登录属性”窗口，即可自行修改。

2. 使用 T-SQL 语句修改登录账户

（1）使用 alter login 启用或禁用登录名。

语法格式如下。

```
alter login 登录名 enable|disable
```

说明：启用或禁用指定的登录名。

（2）使用 drop login 删除登录名。

语法格式如下。

```
drop login 登录名
```

说明：删除指定的登录名。

（3）修改登录名

语法格式如下。

```
alter login 旧登录名 with name=新登录名
```

说明：修改登录账户名。

（4）修改登录账户的密码。

语法格式如下。

```
alter login 登录名 with password='新密码'
```

说明：登录用户只可修改自己的密码，而只有 sysadmin 角色成员才可修改其他账户密码。

11.2.4* 查看登录账户

1. 使用 SSMS 查看登录账户

参照查看 11.2.1 小节中登录账户分类，查看所有登录账户，这里不再赘述。

2. 使用存储过程查看登录账户

语法格式如下。

```
sp_helplogins[[@loginnamepattern=]'登录名']
```

说明：

（1）只有 sysadmin 和 securityadmin 固定服务器角色的成员才可以执行 sp_helplogins 命令，并检查服务器上的所有登录账户；

（2）如果指定登录名（必须已存在），则查看指定登录名的相关登录信息，否则查看所有登录名的相关信息。

3. 使用查询语句在 sys.server_principals 中查看登录账户

```
select name,type_desc,is_disabled
 from sys.server_principals where type='s' or type='u'
```

4. 使用 print system_user 命令查看当前登录账户名

```
print system_user
```

11.3 数据库用户

一个合法登录账户能够连接到数据库引擎，只表明其通过了服务器身份验证，并不表明其可以访问数据库及操作数据库对象。登录账户只有在映射（指派）数据库用户后，才能够通过（委托）数据库用户来访问数据库及操作数据库对象（表、视图、存储过程等）。换句话说，登录账户对数据库的访问和对数据库对象的管控都是委托数据库用户来实现的。

11.3.1 数据库用户概述

一个登录账户可以映射多个数据库用户，但在每个数据库中，至多有一个数据库用户与之映射（接受其委托）。数据库用户最低权限是连接（connect）权限，最高权限是控制（control）权限。另外，用户数据库中始终存在以下 4 个特殊的内置数据库用户且不能被删除。

（1）dbo：数据库所有者，拥有对本数据库的所有操作权限。创建数据库的数据库用户是该数据库的 dbo，固定服务器角色 sysadmin 和 dbcreater 的任何成员（如 sa）都会自动映射（指派）dbo 为数据库用户。

（2）guest：游客，拥有对数据库基本的查看权限。如果数据库启用了数据库用户 guest（grant

connect to guest），未映射数据库用户的登录账户可委托 guest 来访问该数据库。

注意：数据库 msdb 允许删除和禁用 guest，数据库 master 和 tempdb 中不允许禁用 guest。

（3）information_schema：信息架构，拥有对“信息架构”下对象元数据的访问权限。

（4）sys：系统，拥有对“系统架构”下对象元数据的访问权限。

注意：guest、information_schema 和 sys 默认是数据库角色 public 的成员且被禁用。

11.3.2　创建数据库用户

创建数据库用户有两种方式：使用 SSMS 和使用 T-SQL 语句。

1. 使用 SSMS 创建数据库用户

【例 11-4】在数据库 JXGL 中，为登录名 SHUJU\win_regA 映射（指派）可以访问（连接）当前数据库的数据库用户 win_regA_U。

（1）启动 SSMS，在“对象资源管理器”窗格中，逐级展开“JXGL”→“安全性”→“用户”节点，右击“用户”节点，在弹出的快捷菜单中执行“新建用户”命令，弹出“数据库用户-新建”窗口，如图 11-12 所示。在“用户类型”下拉列表框中选择“Windows 用户”选项；在“用户名”文本框中输入数据库用户名“win_regA_U”；在“登录名”文本框中选择登录账户“SHUJU\win_regA”；在“默认架构”文本框中选择默认架构，默认为系统架构 dbo。

（2）在左侧“选择页”列表框中单击“拥有的架构”选项卡，右侧可以为数据库用户授予拥有的架构，这里不勾选任何架构，如图 11-13 所示。

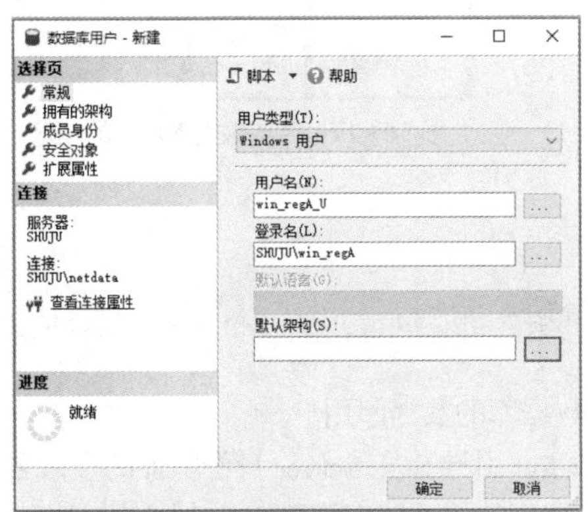

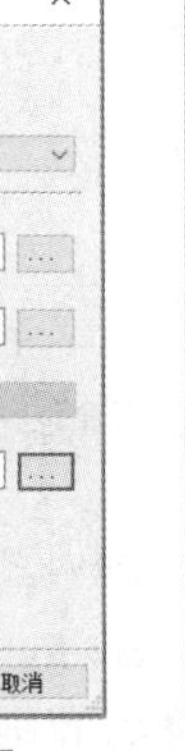

图 11-12　“数据库用户-新建”窗口　　图 11-13　设置用户拥有的架构

注意：架构是数据库对象（表、视图和存储过程等）的容器，授予数据库用户对架构访问的权限，就是授予数据库用户对架构下所有对象的访问权限。

（3）在左侧“选择页”列表框中单击“成员身份”选项卡，右侧可以为数据库用户授予具体的数据库角色身份，如图 11-14 所示。

（4）在左侧“选择页”列表框中单击“安全对象”选项卡，右侧可以为数据库用户授予可以访问的安全对象及访问安全对象时的具体权限，如图 11-15 所示。具体设置可通过单击“搜索”按钮打开后续对话框完成，这里暂不做处理。

注意：数据库用户属于数据库级主体，其请求的安全对象包括用户、角色、应用程序角色、程序集、消息类型、路由、服务、远程服务绑定、全文目录、证书、非对称密钥等。

（5）在左侧“选择页”列表框中单击“扩展属性”选项卡，右侧可以为数据库用户授予扩展属性，如图 11-16 所示。

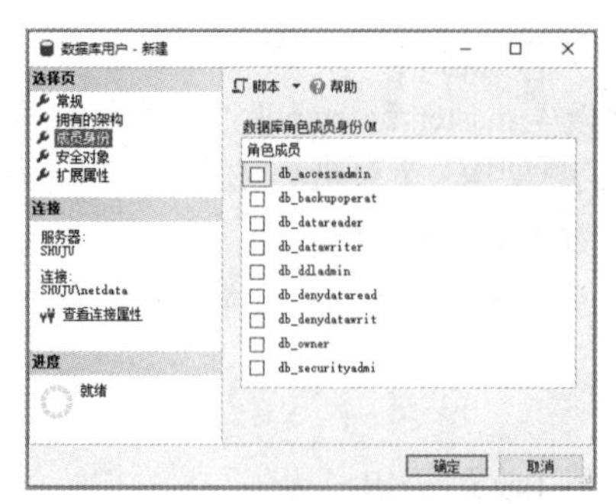

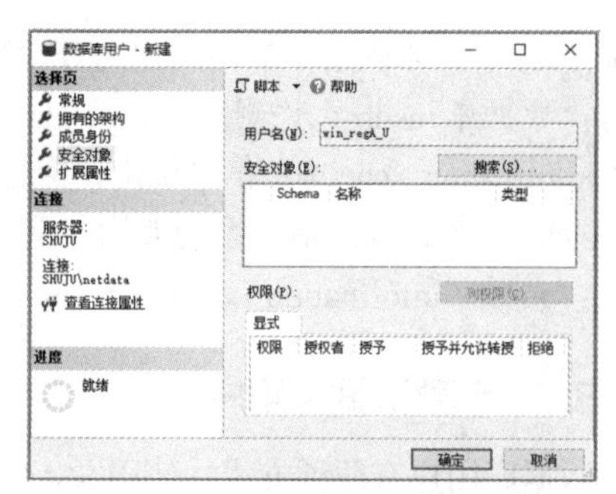

图 11-14 “成员身份”选项卡　　　　图 11-15 “安全对象”选项卡

（6）单击“确定”按钮，返回 SSMS，完成数据库用户的创建，如图 11-17 所示。

注意：数据库用户总是基于数据库的，一般都与某个登录名映射。因此，在新建数据库用户时，除了事先准备好一个等待映射的登录名外，还需要选定一个数据库。

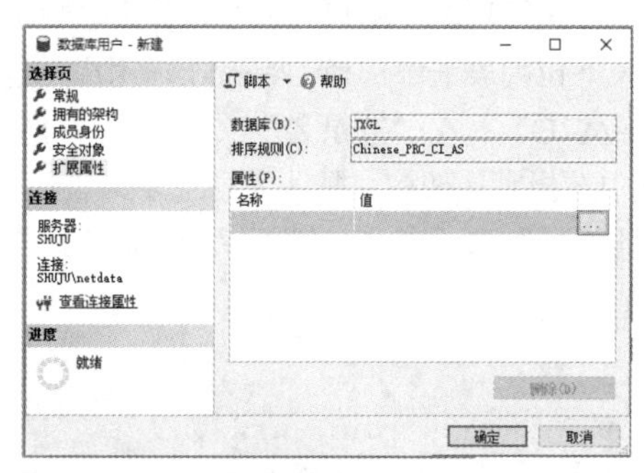

图 11-16 “扩展属性”选项卡　　　　图 11-17 完成数据库用户的创建

2. 使用 T-SQL 语句创建数据库用户

语法格式如下。

```
create user 数据库用户 {[{from|for} login 登录账户]|[without login]} [with default_schema
=默认架构]
```

功能：在当前数据库中指派连接（connect）数据库的数据库用户。

说明：from 引导 Windows 身份验证的登录名；for 引导 SQL Server 身份验证的登录名；with default_schema 指定（必须）默认架构名，如不设置则选择系统架构名 dbo 为默认架构。

【例 11-5】 为登录账户 win_regB 在数据库 JXGL 中创建一个数据库用户 win_regB_U。

```
use jxgl
go
create user win_regB_U from login [shuju\win_regB]
```

【例 11-6】 在数据库 JXGL 中为登录账户 sql_loginA 创建数据库用户 sql_loginA_U，同时为登录账户 sql_loginB 创建数据库用户 sql_loginB_U。

```
use jxgl
go
create user sql_loginA_U for login sql_loginA        --关联例 11-1
create user sql_loginB_U for login sql_loginB        --关联例 11-3
```

11.3.3 管理数据库用户

1. 使用 SSMS 管理数据库用户

启动 SSMS，在“对象资源管理器”窗格中展开目标数据库（JXGL）目录，直至“用户”

节点，右击“用户”节点，在弹出的快捷菜单中执行“属性”命令，打开“数据库用户”窗口，即可自行修改；或者在弹出的快捷菜单中执行“删除”命令，即可删除当前数据库用户。

2. 使用 T-SQL 语句管理数据库用户

（1）使用 alter user 语句修改数据库用户。

语法格式如下。

```
alter user 数据库用户 with <name=新用户|default_schema=新架构|login=新登录>
```

功能：修改数据库用户名称、默认架构名称和所依赖的登录名。

（2）禁用和启用数据库用户。

语法格式如下。

```
grant|revoke connect to 数据库用户
```

功能：启用或禁用数据库用户。

（3）使用 drop user 语句删除数据库用户

语法格式如下。

```
drop user 数据库用户名
```

功能：从当前数据库中删除指定的数据库用户。

说明：不能删除拥有架构的数据库用户，除非先删除或转移其架构所有权。

11.3.4*　查看数据库用户

1. 使用 SSMS 查看数据库用户

启动 SSMS，在“对象资源管理器”窗格中展开数据库（JXGL）目录，单击“用户”节点，右侧“对象资源管理器详细信息”窗格中将显示当前数据库的数据库用户，如图 11-18 所示。

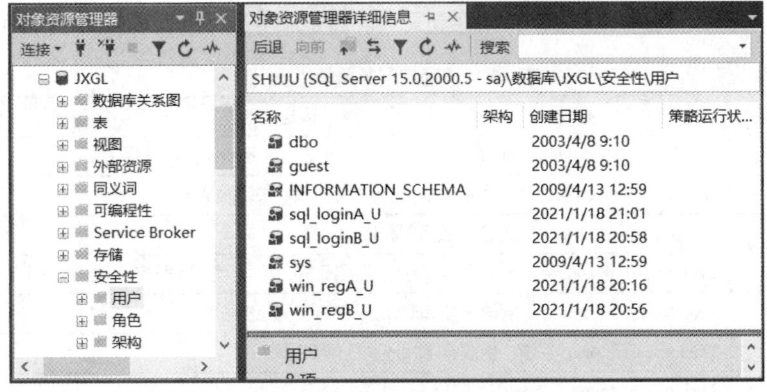

图 11-18　“对象资源管理器详细信息”窗格

2. 使用系统存储过程 sp_helpuser 查看数据库用户

语法格式如下。

```
exec sp_helpuser [数据库用户名]
```

说明：查看当前数据库中指定数据库用户名的信息，如果不设置数据库用户名，则显示当前数据库中所有数据库的用户信息。

【例 11-7】 使用存储过程 sp_helpuser 查看当前数据库（JXGL）中数据库的用户信息。

```
use jxgl
exec sp_helpuser
```

运行结果如图 11-19 所示。

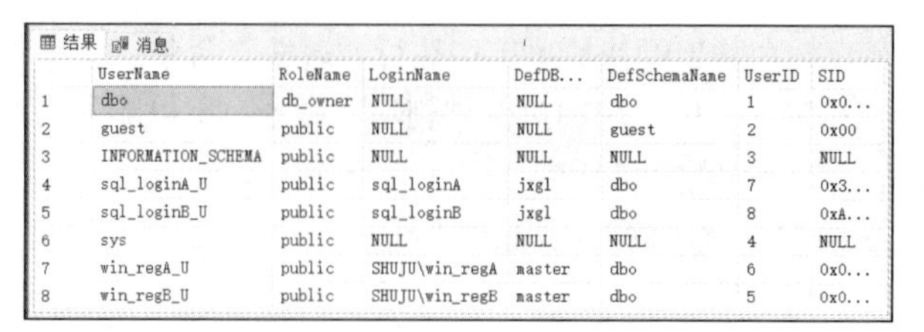

结果 消息

	UserName	RoleName	LoginName	DefDB...	DefSchemaName	UserID	SID
1	dbo	db_owner	NULL	NULL	dbo	1	0x0...
2	guest	public	NULL	NULL	guest	2	0x00
3	INFORMATION_SCHEMA	public	NULL	NULL	NULL	3	NULL
4	sql_loginA_U	public	sql_loginA	jxgl	dbo	7	0x3...
5	sql_loginB_U	public	sql_loginB	jxgl	dbo	8	0xA...
6	sys	public	NULL	NULL	NULL	4	NULL
7	win_regA_U	public	SHUJU\win_regA	master	dbo	6	0x0...
8	win_regB_U	public	SHUJU\win_regB	master	dbo	5	0x0...

图 11-19　例 11-7 运行结果

11.4　角色

角色是操作权限的分类描述和相同权限用户的逻辑分组。角色是为了管理权限而引入的技术，角色是权限的载体，不同角色被定义了不同的权限。一个角色可以赋予多个用户（登录名或数据库用户），一个用户也可以承载多重角色。将用户添加为角色成员，用户就拥有了该角色的所有权限；反之，将用户从某角色成员中删除，用户就失去了该角色的所有权限。

11.4.1　角色类型概述

按照主体适用性划分，角色分可为 3 种：服务器角色、数据库角色和应用程序角色。服务器角色对应登录账户，数据库角色对应数据库用户，应用程序角色对应应用程序。

1. 服务器角色

服务器角色是指操作服务器实例权限的分类描述和登录账户的逻辑分组。服务器角色在服务器级别定义并存储于每个服务器实例中。服务器角色又分为如下两类。

（1）固定服务器角色。

固定服务器角色是系统内置、固定的服务器角色。管理员不能添加、修改和删除固定服务器角色类别，只能为其添加、修改和删除登录名。固定服务器角色及权限如表 11-1 所示。

表 11-1　固定服务器角色及权限

固定服务器角色	权限描述
sysadmin	全称为 System Administrators（下同），在 SQL Server 系统中执行任何活动
serveradmin	Server Administrators，设置服务器范围的配置选项，关闭服务器
setupadmin	Setup Administrators，管理链接服务器和启动过程
securityadmin	Security Administrators，管理登录和创建数据库的权限，读取错误日志和更改密码
processadmin	Process Administrators，管理 SQL Server 系统中运行的进程
dbcreator	Database Creators，创建、更改删除和还原任何数据库
diskadmin	Disk Adminstrators，管理磁盘文件
bulkadmin	Bulk Insert Adminstrators，执行 bulk insert（大容量插入）语句
public	最基本的服务器角色，每个登录名都是 public 服务器角色成员，拥有 connect 权限

（2）用户自定义服务器角色。

用户自定义服务器角色是指由用户创建并定义权限的服务器角色，用于集中管理同等操作权限的登录名。

2. 数据库角色

数据库角色是操作数据库对象权限的分类描述和数据库用户的逻辑分组。数据库角色在数据库级别定义并存储于每个数据库中。数据库角色又分为固定数据库角色和用户自定义数据库角色两类。

（1）固定数据库角色。

固定数据库角色是系统内置、固定的数据库角色。管理员不能添加、修改和删除固定数据库角色类别，只能为其添加、修改和删除数据库用户。固定数据库角色及权限如表 11-2 所示。

表 11-2　固定数据库角色及权限

固定数据库角色	权限描述
public	最基本的数据库角色，每个数据库用户都属于 public 角色，不能删除
db_owner	在数据库中拥有全部权限，包括配置、维护和删除数据库
db_accessadmin	可以添加或删除数据库用户的访问权限
db_datareader	可以查看所有数据库中所有用户表的全部数据
db_datawriter	可以添加、更新和删除所有数据库中所有用户表的全部数据
db_ddladmin	可以添加、修改或删除数据库中的对象
db_securityadmin	可以管理数据库角色和成员，并管理数据库中的语句和对象权限
db_backupoperator	可以对数据库进行备份
db_denydatareader	可以拒绝查看所有数据库中所有用户表的任何数据
db_denydatawriter	可以拒绝添加、更新和删除所有数据库中所有用户表的任何数据
public	最基本的数据库角色，每个数据库用户都是 public 角色成员，拥有查看权限

（2）用户自定义数据库角色。

用户自定义数据库角色是指由用户创建并定义权限的数据库角色。

3. 应用程序角色

应用程序角色是不含任何成员的数据库级主体，只允许通过特定应用程序连接的数据库用户访问特定数据。用户使用应用程序角色进行连接时，便自动放弃了所有数据库角色的权限。

11.4.2　创建服务器角色

服务器角色创建有两种方法：使用 SSMS 和使用 T-SQL 语句。

1. 使用 SSMS 创建用户自定义服务器角色

【例 11-8】使用 SSMS 创建用户自定义的服务器角色 ServerRole-ssms。

具体操作步骤如下。

（1）在“对象资源管理器”窗格中依次展开服务器实例（SHUJU）→“安全性”，右击“服务器角色”节点，在弹出的快捷菜单中执行“新建服务器角色”命令，如图 11-20 所示。

（2）弹出“新建服务器角色”窗口的“常规”选项卡。在“服务器角色名称”文本框中输入名称“ServerRole_ssms”，如图 11-21 所示。

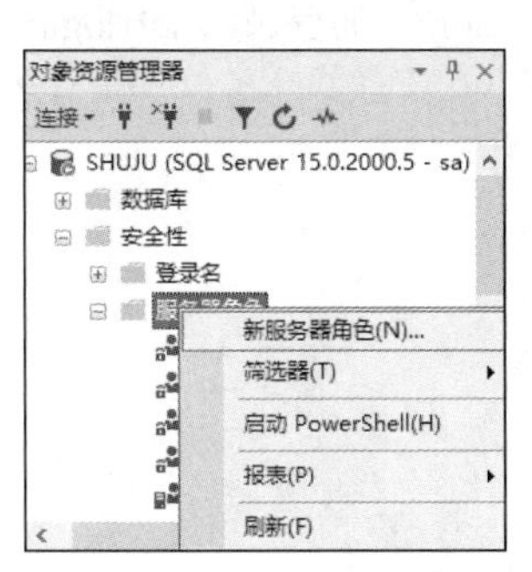

图 11-20　“新建服务器角色”命令

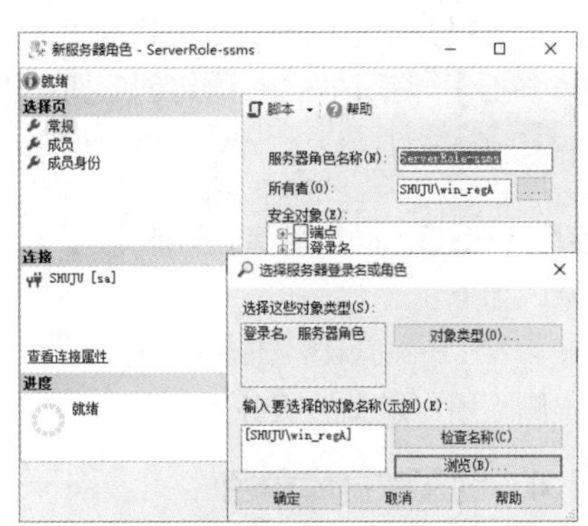

图 11-21　“常规”选项卡

（3）在左侧“选择页”列表框中单击“成员”选项卡，右侧可以设置“此角色的成员”，如图 11-22 所示。

（4）在左侧“选择页”列表框中单击“成员身份”选项卡，右侧可以设置“服务器角色成员身份”，如图 11-23 所示。

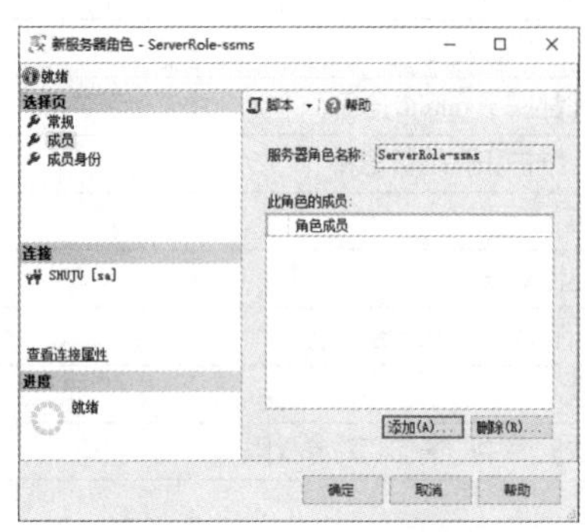

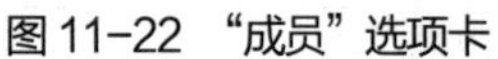
图 11-22 “成员”选项卡

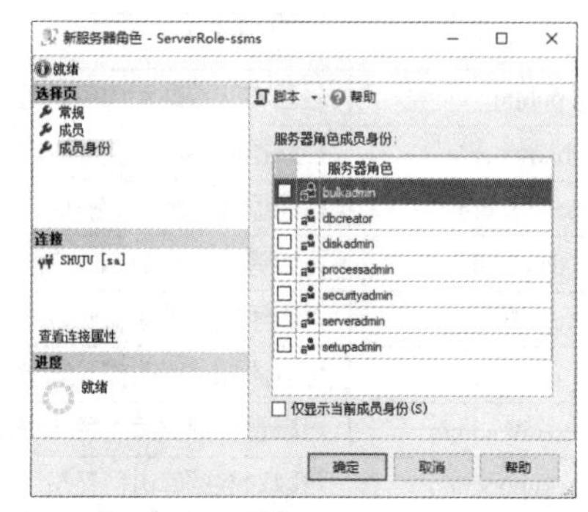

图 11-23 “成员身份”选项卡

（5）单击“完成”按钮，返回 SSMS，完成自定义服务器角色的创建。

2. 使用 T-SQL 语句创建服务器角色

语法格式如下。

```
create server role <用户自定义服务器角色> [authorization <登录名>]
```

功能：创建用户自定义服务器角色。

说明：authorization 是指定拥有此服务器角色的登录名，默认为当前登录名。

11.4.3 管理服务器角色

服务器角色的管理既可以使用 SSMS，又可以使用 T-SQL 语句。

1. 使用 SSMS 管理服务器角色

在“对象资源管理器”窗格中依次展开服务器实例→“安全性”→“服务器角色”节点，右击需要修改的“服务器角色”，在弹出快捷菜单中执行“属性”命令，打开“服务器角色”窗口，即可为其添加成员或删除成员；或者在弹出的快捷菜单中执行“删除”命令，即可删除用户自定义的服务器角色。

2. 使用 T-SQL 语句修改服务器角色

语法格式如下。

```
alter server role <服务器角色> {with name=新角色名|{add|drop} member 服务器级主体}
```

功能：更改服务器角色的成员关系或更改用户定义的服务器角色的名称。

【例 11-9】 使用 T-SQL 语句创建拥有服务器角色 sysadmin 的登录名 sql_login_sys。

```
create login sql_login_sys with password ='123456'
alter server role sysadmin add  member sql_login_sys
```

3. 使用 T-SQL 语句删除服务器角色

语法格式如下。

```
drop server role <服务器角色>
```

功能：删除用户定义的服务器角色。

11.4.4 创建数据库角色

数据库角色的创建有两种方法：使用 SSMS 和使用 T-SQL 语句。

1. 使用 SSMS 创建用户自定义数据库角色

【例 11-10】使用 SSMS 创建用户自定义数据库角色 user_role_ssms，授予 db_accessadmin 架构，并添加数据库用户 win_regA_U 为其成员。

具体操作步骤如下。

（1）启动 SSMS，在“对象资源管理器”窗格中依次展开服务器实例（SHUJU）→“数据库”→JXGL→“安全性”→“角色”节点，右击“数据库角色”节点，在弹出的快捷菜单中执行“新建数据库角色”命令，如图 11-24 所示。

（2）弹出图 11-25 所示的“数据库角色-新建”窗口。在“角色名称”文本框中输入名称“user_role_ssms”，并勾选“此角色拥有的架构”列表框中的“db_accessadmin”复选框。

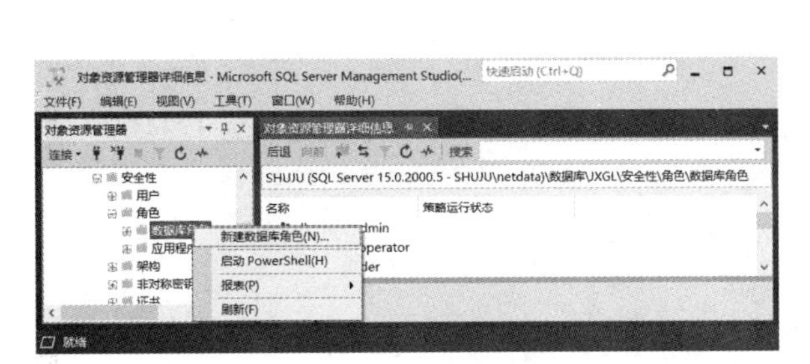

图 11-24　快捷菜单

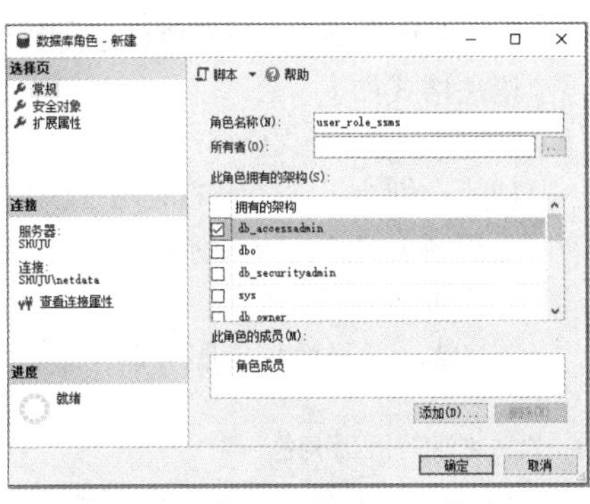

图 11-25　“数据库角色-新建”窗口 1

（3）单击“添加”按钮，弹出“选择数据库用户或角色”对话框，如图 11-26 所示。在此对话框中单击“浏览”按钮，弹出“查找对象”对话框，如图 11-27 所示。

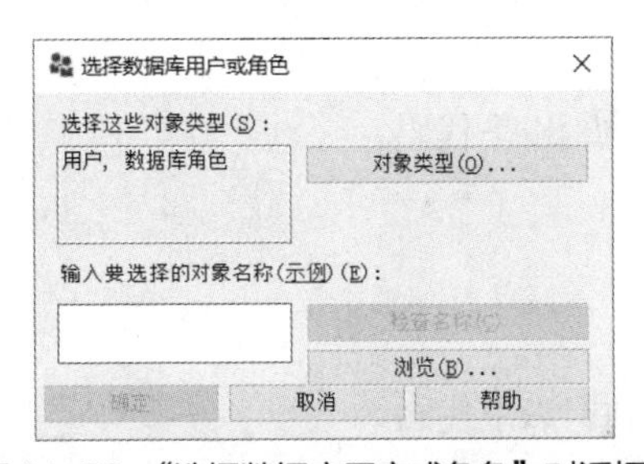

图 11-26　“选择数据库用户或角色”对话框 1

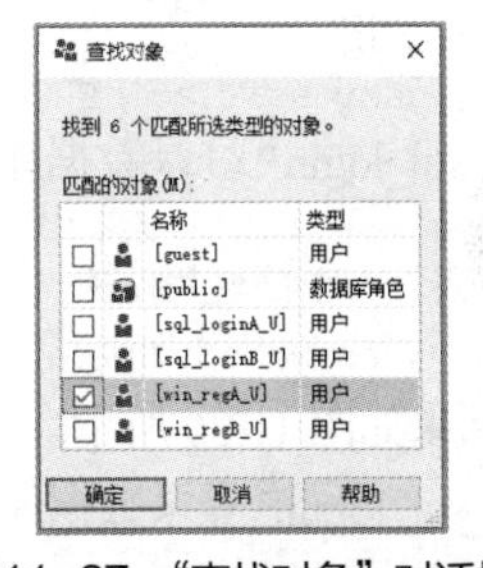

图 11-27　“查找对象”对话框

（4）选择一个或多个数据库用户（如 win_regA_U），单击“确定”按钮，返回“选择数据库用户或角色”对话框，如图 11-28 所示。

（5）单击“确定”按钮，返回“数据库角色-新建”窗口，如图 11-29 所示。

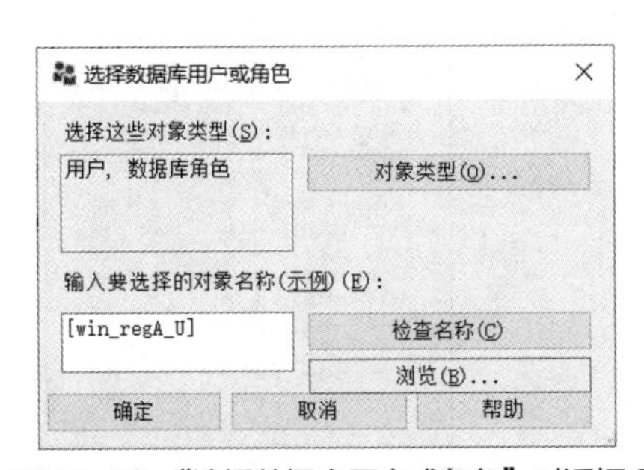

图 11-28　“选择数据库用户或角色”对话框 2

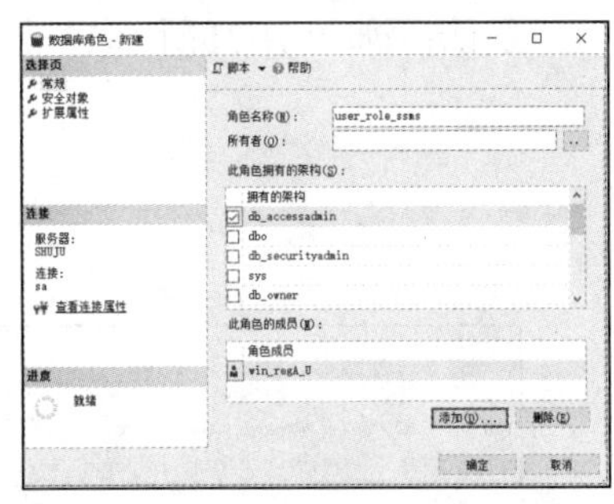

图 11-29　“数据库角色-新建”窗口 2

（6）单击“确定”按钮，返回 SSMS，完成数据库角色的创建及其成员的添加。

2. 使用 T-SQL 语句创建自定义数据库角色

语法格式如下。

```
create role<用户自定义数据库角色名>[authorization<数据库级主体>]
```

功能：在当前数据库中创建用户自定义数据库角色。

说明：authorization 指定拥有此数据库角色的主体，默认为当前数据库用户。

【例 11-11】 使用 T-SQL 语句创建用户自定义数据库角色 user_role_tsql（关联【例 11-14】）。

```
use jxgl
go
create role user_role_tsql
```

3. 使用 T-SQL 语句创建应用程序角色

语法格式如下。

```
create application role 角色名 with password='密码'
```

功能：创建包含密码的应用程序角色。

【例 11-12】 在数据库 JXGL 中创建应用程序角色 approle，并指定密码为 123456。

操作步骤如下。

① 以 sa 登录数据库服务器，输入并执行以下代码。

```
use jxgl
--创建应用程序角色
create application role approle with password='123456'
--授予应用程序角色 select 权限
grant select on object::dbo.班级 to approle
--创建登录账户
create login sql_loginP with password ='test',default_database=jxgl
--创建数据用户
create user sql_loginP_U for login sql_loginP
```

② 以 sql_loginP 登录数据库服务器，输入并执行以下代码。

```
use jxgl
--查询表，可理解为应用程序
select * from dbo.班级
```

运行结果如图 11-30 所示。

③ 以 sql_loginP 登录数据库服务器，输入并执行以下代码。

```
use jxgl
declare @cookie varbinary(8000);                    --初始化变量
exec sys.sp_setapprole 'approle','123456',
   @fCreateCookie=true,@cookie=@cookie output;    --激活应用程序角色
select * from dbo.班级                              --查询 dbo 架构下的表
exec sys.sp_unsetapprole @cookie;                  --解除应用程序角色
```

运行结果如图 11-31 所示。

图 11-30　步骤②运行结果

结果　消息

	班级号	班级名称	班级人数	学制	招生性质
1	190101	19会计（1）班	50	4	统招
2	190102	19会计（2）班	50	4	委托
3	190201	19信管（1）班	50	4	统招
4	190301	19财管（1）班	48	4	委托
5	190401	19网工（1）班	58	4	统招
6	200101	20会计（1）班	60	4	统招
7	200201	20信管（1）班	60	4	统招
8	200301	20财管（1）班	48	4	统招
9	200401	20网工（1）班	40	4	合作
1.	200402	20网工（2）班	40	4	合作
1.	200501	20数科（1）班	35	4	统招
1.	200601	20统计（1）班	50	4	合作

J (15.0 RTM)　sql_loginP (63)　JXGL　00:00:00　12 行

图 11-31　例 11-12 运行结果

11.4.5　管理数据库角色

数据库角色的管理既可以使用 SSMS 方式，又可以使用 T-SQL 语句。

1. 使用 SSMS 管理数据库角色

在“对象资源管理器”窗格中依次展开服务器实例→JXGL→“安全性”→“角色”节点，右击需要修改的“数据库角色”，在弹出快捷菜单中执行“属性”命令，打开“数据库角色”窗口，即可为其添加成员或删除成员；或者在弹出的快捷菜单中执行“删除”命令，即可删除用户自定义的数据库角色。

2. 使用 T-SQL 语句修改数据库角色

语法格式如下。

```
alter role <数据库角色> {with name=新角色名|{add|drop} member 数据库级主体}
```

功能：为数据库角色添加或删除成员，或更改用户定义的数据库角色的名称。

【例 11-13】 在数据库 JXGL 中，验证数据库用户 sql_loginB_U 在获得数据库角色 db_owner 前后的权限变化（关联【例 11-6】，并与【例 11-21】比较）。

操作步骤如下。

① 以 sql_loginB 登录数据库服务器，输入并执行以下代码。

```
use jxgl
go
create view sql_loginB_V as select count(*) as 招生总数 from 学生
```

运行结果如图 11-32 所示。

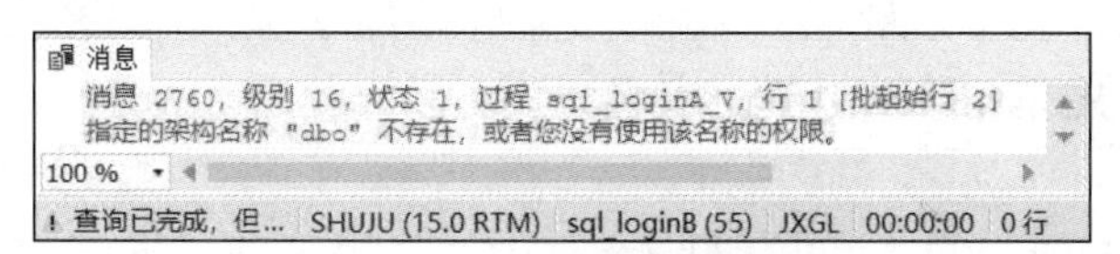

图 11-32　未授权前的运行结果

② 以 sa 或者等价 sa 的登录账户登录数据库服务器，输入并执行以下代码。

```
use jxgl
go
alter role db_owner add member sql_loginB_U
```

在“数据库角色属性-db_owner”窗口中，可以查看到数据库角色 db_owner 的成员中新增了数据库用户 sql_loginB_U，如图 11-33 所示。

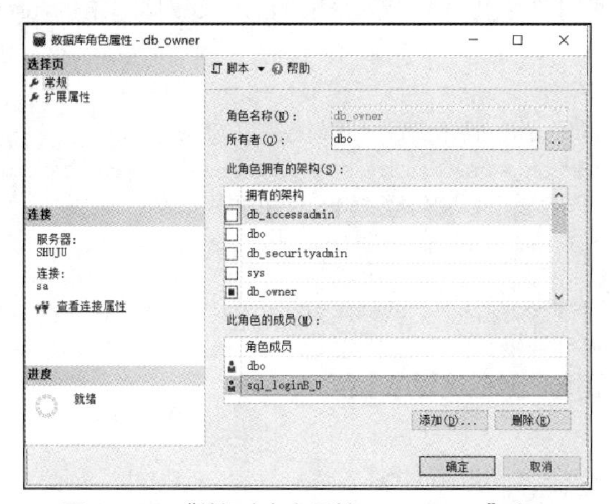

图 11-33　“数据库角色属性-db_owner”窗口

③ 以 sql_loginB 登录数据库服务器，再次执行步骤①中的代码。

```
use jxgl
go
create view sql_loginB_V as select count(*) as 招生总数 from 学生
```

运行结果如下：

```
命令成功完成。
```

注意：视图节点下出现名为 dbo.sql_loginB_V 的视图。

【例 11-14】 在数据库（JXGL）中，使用 T-SQL 语句将数据库用户 sql_loginA_U 和 sql_loginB_U 添加到用户自定义数据库角色 user_role_tsql 中（关联【例 11-11】）。

```
use jxgl
go
alter role user_role_tsql add member sql_loginA_U
alter role user_role_tsql add member sql_loginB_U
```

3. 使用 T-SQL 语句删除数据库角色成员

语法格式如下。

```
alter role 数据库角色 drop member 数据库用户名
```

功能：将指定名称的数据库用户名从数据库角色中删除。

【例 11-15】 在数据库（JXGL）中，使用 T-SQL 语句将数据库用户 sql_loginB_U 从用户自定义数据库角色 user_role_tsql 中删除。

```
use jxgl
go
alter role user_role_tsql drop member sql_loginB_U
```

4. 使用 T-SQL 语句修改应用程序角色

语法格式如下。

```
alter application role <应用程序角色名> {with
[name=新角色名][ [, ] password='新密码'][ [,] default_schema=新架构名]}
```

功能：修改应用程序角色的名称、密码或者默认架构的名称。

5. 使用 T-SQL 语句删除用户自定义的数据库角色

语法格式如下。

```
drop role <用户自定义的数据库角色名>
```

功能：删除指定名称的数据库角色。

【例 11-16】 使用 T-SQL 语句删除用户自定义数据库角色 user_role_ssms（关联【例 11-10】）。

```
use jxgl
go      --删除数据库角色之前，需转移此数据库角色拥有的架构
alter authorization on schema::db_accessadmin to db_accessadmin
go      --删除数据库角色之前，需删除此数据库角色中的成员
alter role user_role_ssms drop member win_regA_U
go
if exists(select * from sys.database_principals where name='user_role_ssms')
drop role user_role_ssms
```

6. 使用 T-SQL 语句删除应用程序角色

语法格式如下。

```
drop application role <应用程序角色名>
```

功能：删除指定的应用程序角色。

11.5　架构

架构是数据库对象的命名空间和数据库主体的操作平台。架构所有者拥有对架构下对象的所有权。一个数据库主体可以不拥有架构，也可以拥有多个架构。架构所有者可以将架构使用权转让给其他数据库主体，但始终保留对该架构内对象的控制（control）权限。

11.5.1　架构概述

从管理者角度来看，架构是数据库对象管理的逻辑单位。架构下每个对象的完全限定名都是唯一的，其命名格式为“服务器名.数据库名.架构名.对象名”。在每个数据库中，系统都提供了一系列内置架构，如图 11-34 所示。这些架构中有 4 个特殊的架构：dbo、guest、sys 和 INFORMATION_SCHEMA。

图 11-34　系统内置架构

（1）dbo 是数据库对象默认架构，其拥有者是数据库用户 dbo。

（2）guest 是访客的默认架构，其拥有者是数据库用户 guest。

（3）sys 是系统对象（系统元数据、视图、函数）的默认架构。

（4）INFORMATION_SCHEMA 是数据库引擎内部的架构，用户不能删除和修改。

11.5.2　创建架构

创建架构有两种方式：使用 SSMS 和使用 T-SQL 语句。

1. 使用 SSMS 创建架构

【例 11-17】 使用 SSMS 创建架构 user_schema_ssms，所有者是 win_regB_U，并授权 win_regA_U 拥有访问架构的权限。

（1）启动 SSMS，在“对象资源管理器”窗格中展开数据 JXGJ 的“安全性”节点，右击“架构”节点，在弹出的快捷菜单中执行“新建架构”命令，打开“架构-新建”窗口，单击“常规”选项卡，输入架构名称“user_schema_ssms”和架构所有者“win_regB_U”，如图 11-35 所示。

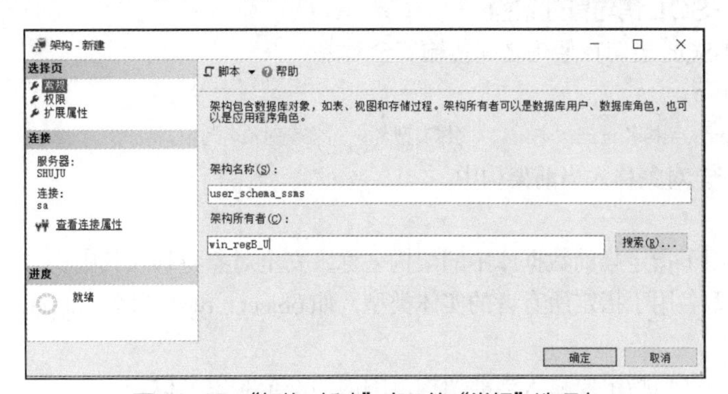

图 11-35　“架构-新建”窗口的“常规”选项卡

（2）在左侧“选择页”列表框中选择“权限”选项，打开“权限”界面，在“用户或角色”栏中选择数据库用户 win_regA_U，在“显示”列表框中显式授予插入、更新、选择和删除权限，如图 11-36 所示。

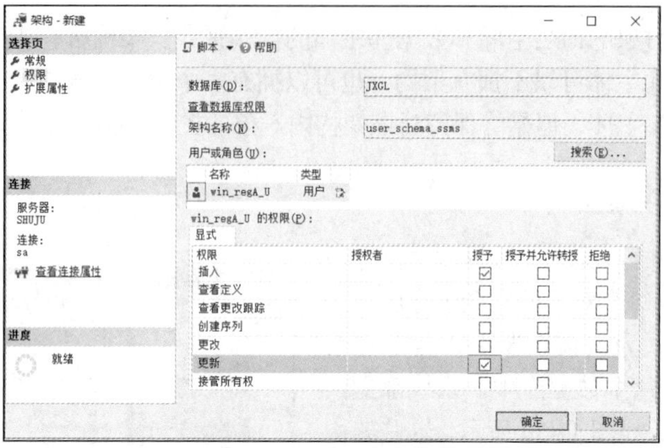

图 11-36 “权限”选项卡

（3）单击“确定”按钮，返回 SSMS，完成架构的创建及其成员权限的授予。

2. 使用 T-SQL 语句创建架构

语法格式如下。

```
create schema 架构名 [authorization <数据库角色|数据库用户>]
```

功能：创建用户自定义架构。

说明：

（1）authorization 用来指定架构的所有者，不设置则当前数据库用户为所有者。

（2）多个数据库用户可以通过角色成员或 Windows 组成员来拥有同一个架构。

【例 11-18】 创建架构 user_schema_sql，并指定 sql_loginA_U 为架构所有者。

```
use jxgl
go
create schema user_schema_sql authorization sql_loginA_U
```

11.5.3 管理架构

1. 使用 SSMS 管理架构

方法参照 11.5.2 小节，用户可以查看、修改架构名称及其拥有者，这里不再赘述。

2. 使用 T-SQL 语句管理架构

（1）使用 T-SQL 语句在架构之间传输安全对象。

语法格式如下。

```
alter schema 架构名 transfer [<实体类型名>::]安全对象名
```

功能：将安全对象移入当前架构中。

说明：

① 架构名用于指定当前数据库中的架构名称，安全对象将移入其中；

② 实体类型名用于指定所有者的实体类型，如 object、type 或者 xml schema collection，默认值为 object。

③ 安全对象名：指定要移入当前架构范围内的安全对象名称。

【例 11-19】 将数据库 JXGL 中的安全对象 dbo.学生移入架构 user_schema_sql 中。

```
use jxgl
alter schema user_schema_sql transfer object::dbo.学生
```

（2）使用 T-SQL 语句授予数据库用户访问架构的权限。

语法格式如下。

```
grant {架构权限}[,...n] on schema::架构名 to <数据库主体>[,...n] [with grant option][as
组|角色]
```

功能：将架构权限授予指定数据库主体。

（3）使用 T-SQL 语句变更架构所有者。

语法格式如下。

```
alter authorization on schema::架构名 to 数据库主体
```

功能：修改架构的所有者，当数据库主体为 dbo 则表示撤销架构所有者的权限。

（4）使用 T-SQL 语句删除架构。

语法格式如下。

```
drop schema 架构
```

功能：删除指定名称的架构，删除架构不影响架构所有者。

说明：要删除的架构不能包含任何对象。

11.6 操作权限

数据库的安全管理最终都是通过权限许可来实现的，前文所讨论的登录账户、数据库用户和角色都是围绕权限来实现的。登录账户能够登录服务器实例而不能访问和操作数据库对象，就是因为其映射数据库用户没有获得访问和操作数据库对象的权限许可。

11.6.1 权限概述

在 SQL Servr 系统中，权限具有父/子层次结构，且是可传递的和可嵌套的，是一个比较复杂的系统。主体权限来源于两方面：一是继承所属角色的权限，二是接受其他主体的权限许可。数据库级别主体的权限特指其访问、控制和创建的数据库对象，以及对具体数据库对象拥有特定操作行为的权力。这里所讨论的权限都是基于数据库级别的安全对象和主体。

1. 权限操作类型

权限操作是指对主体授予（grant）、拒绝（deny）和废除（revoke）安全对象的权限。数据库引擎实行权限分层管理，服务器主体管理服务器级别权限，数据库主体管理数据库级别的权限。主体的许可权限以记录形式存储在对应数据库的系统表 sysprotects 中。

（1）授予权限：授予数据库用户或角色的语句权限和对象权限，使数据库用户在当前数据库中具有执行活动和处理数据的权限。

（2）拒绝权限：删除以前授予数据库用户或角色的语句权限和对象权限，并拒绝其通过其他组或数据库角色继承权限，确保其将来不继承更高级别组或数据库角色的权限。

（3）废除权限：收回（撤销）以前授予或拒绝的权限，但不妨碍数据库用户或角色从更高级别继承已授予的权限。

2. 权限类型

SQL Server 2019 (15.x)定义了分属 19 种类别的 248 个权限，详细信息请参阅官方的在线文档，这里只讨论数据库用户的基本权限：隐含权限、语句权限和对象权限。

（1）隐含权限。

隐含权限是指数据库用户拥有的系统内置权限。数据库用户的隐含权限不能明确地被授予和撤销。其中，数据库用户 dbo 拥有本地数据库的全部操作权限。

（2）语句权限。

语句权限（数据库权限）是指数据库用户拥有创建数据库对象（表、视图、自定义函数、存储过程等）的行为。语句权限及其含义如表 11-3 所示。

表 11-3　语句权限及含义

语句权限	语句权限含义	语句权限	语句权限含义
create table	创建表	create function	创建自定义函数
create view	创建视图	create procedure	创建存储过程
create default	创建默认值对象	backup database	备份数据库
create rule	创建规则对象	backup log	备份事务日志

注意： 数据库角色 db_owner 和 db_securityadmin 的成员才能授予其他数据库用户的语句权限。

（3）对象权限。

对象权限是指数据库用户拥有操作（已存在）数据库对象（表、视图、列、存储过程等）的行为。不同数据库对象支持的对象权限如表 11-4 所示。

表 11-4　对象及其支持的对象权限

数据库对象	支持的对象权限	数据库对象	支持的对象权限
表	select、insert、delete、update、references	列	select、update、references
视图	select、insert、delete、update、references	存储过程	execute
表值函数	select、insert、delete、update、references	标量值函数	execute、references

11.6.2　权限管理

只有拥有控制（control）权限的主体才能进行权限管理，权限管理既可以使用 SSMS 方式，也可以使用 T-SQL 语句。

1. 使用 SSMS 管理对象权限

使用 SSMS 管理对象权限有两种途径：面向单一用户的对象权限管理和面向数据库对象的对象权限管理。

（1）面向单一用户的对象权限管理。

【例 11-20】 使用 SSMS 对数据库用户 win_regA_U 进行对象权限管理。

具体操作步骤如下。

① 参照 11.3.4 小节，打开 SSMS，右击一个用户（如 win_regA_U）节点，在弹出的快捷菜单中执行“属性”命令，如图 11-37 所示。

图 11-37　快捷菜单

② 弹出“数据库用户”窗口，在“选择页”列表框中单击“安全对象”选项卡，进行权限设置，如图 11-38 所示。

③ 单击“搜索”按钮，弹出“添加对象”对话框，选择对象类别，如图 11-39 所示。

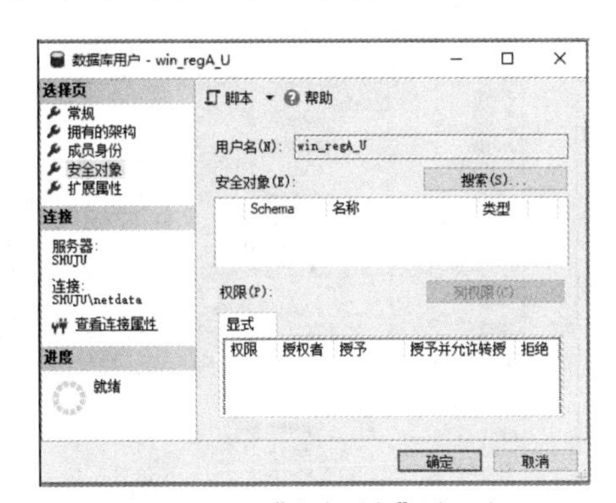

图 11-38　“安全对象”选项卡

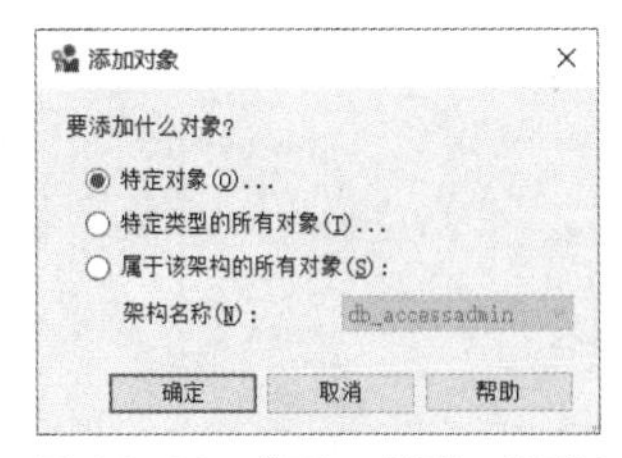

图 11-39　“添加对象”对话框

④ 单击“确定”按钮，弹出“选择对象”对话框，如图 11-40 所示。

⑤ 单击“对象类型”按钮，弹出“选择对象类型”对话框，依次选择需要添加权限的对象类型（如表和视图），如图 11-41 所示。

⑥ 单击“确定”按钮，返回“选择对象”对话框，单击“浏览”按钮，弹出“查找对象”对话框，依次选择需要添加权限的对象（如 View、学生），如图 11-42 所示。

⑦ 单击“确定”按钮，返回“选择对象”对话框，如图 11-43 所示。

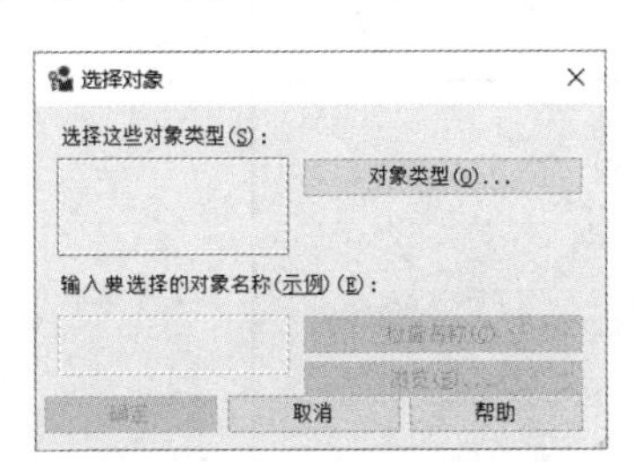

图 11-40　“选择对象”对话框

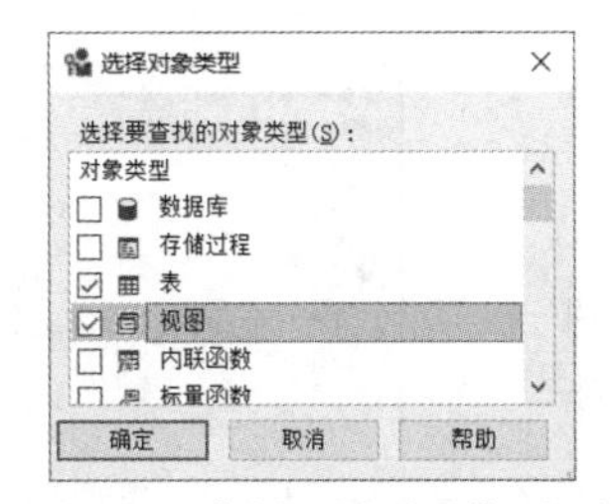

图 11-41　“选择对象类型”对话框

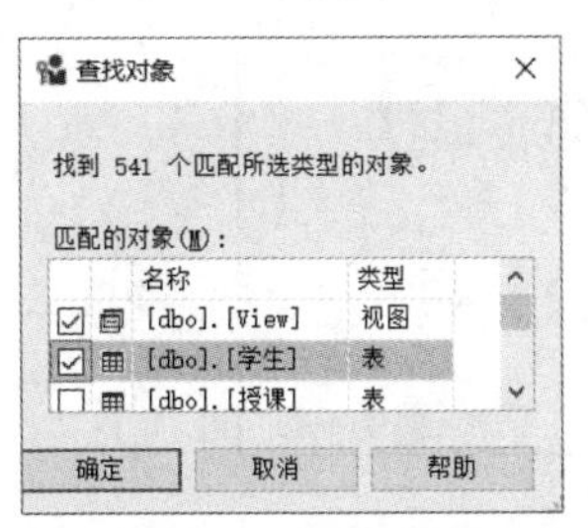

图 11-42　“查找对象”对话框

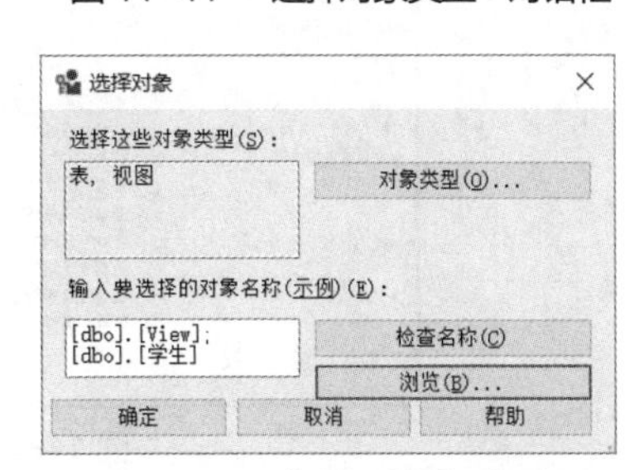

图 11-43　“选择对象”对话框

⑧ 单击“确定”按钮，返回“数据库用户”窗口，在“安全对象”列表框中选择对象，并在“显式”列表框中设置用户的对象权限（授予/拒绝），如图 11-44 所示。设置完该用户所有的对象权限后，单击“确定”按钮，返回 SSMS，完成给该用户添加对象权限的操作。

（2）面向数据库对象的对象权限管理。

在“对象资源管理器”窗格中，展开“数据库”→JXGL→“表”节点，右击“表”（学生）节点，在弹出的快捷菜单中执行“属性”命令，打开“表属性-学生”窗口，在“选择页”列表框中单击“权限”选项卡，单击“用户或角色”右侧的“搜索”按钮可以继续添加用户或角色，如添加数据库用户 win_regB_U，如图 11-45 所示。在“显式”列表框中可以分别设置各用户的权限。其他步骤与方法（1）基本相似，这里不再赘述。

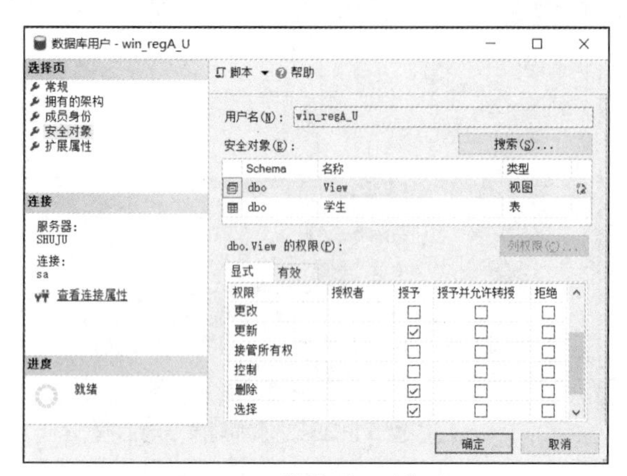

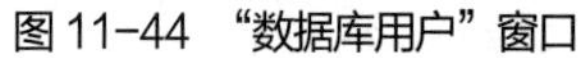
图 11-44　“数据库用户”窗口

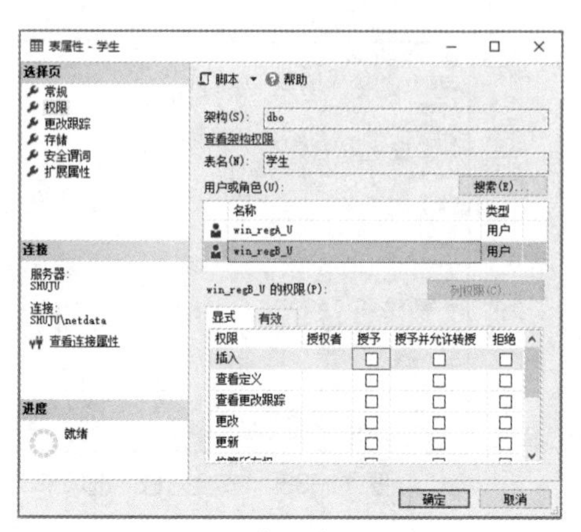

图 11-45　“权限”选项卡 1

2. 使用 SSMS 管理语句权限

打开“数据库属性-JXGL”窗口，在“选择页”列表框中单击“权限”选项卡，如图 11-46 所示，在“用户或角色”列表框中选择用户或角色，并在“显式”列表框中根据需要设置该用户或角色的语句权限（授予/拒绝）。设置完所有用户或角色的语句权限后，单击“确定”按钮，返回 SSMS，完成所有用户或角色的语句权限操作。

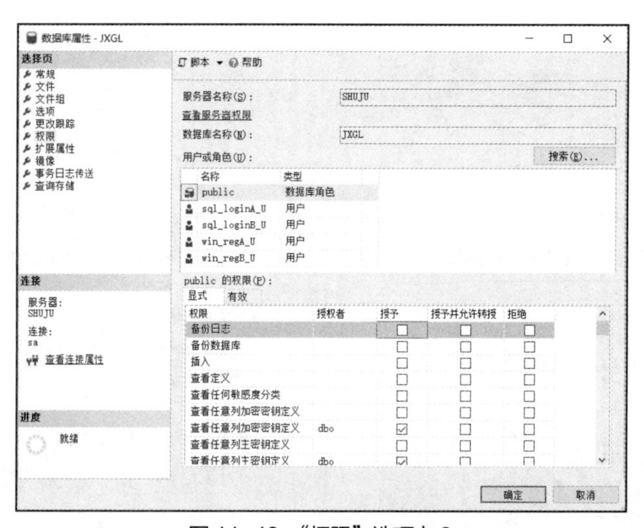

图 11-46　“权限”选项卡 2

3. 使用 grant 语句授予数据库用户（角色）语句权限和对象权限

（1）授予语句权限。

语法格式如下。

```
grant {语句权限[,...n]} to 数据库主体[,...n]
```

功能：授予数据库主体拥有创建数据库对象的行为。

说明：

① 语句权限用于指定授予数据库主体的语句权限；

② 数据库主体用于指定接受权限的数据库主体，当数据库主体为数据库角色或 Windows 组名时，角色或组中成员同样受影响。

【例 11-21】 授予数据库用户 sql_loginA_U 拥有创建视图的语句权限（与【例 11-13】比较）。

操作步骤如下。

① 以 sa 或等价于 sa 的登录账户登录数据库服务器，输入并执行以下代码。

```
use jxgl
go                --创建一个架构 loginA_schema
create schema loginA_schema authorization sql_loginA_U
```

② 以 sql_loginA 登录数据库服务器，输入并执行以下代码。

```
use jxgl
go
create view loginA_schema.enroll as select count(*) as 招生总数 from 学生
```

运行结果如图 11-47 所示，验证了数据库用户 sql_loginA_U 无权限创建视图。

③ 以 sa 或者等价 sa 的登录账户登录服务器，输入并执行以下代码。

```
use jxgl
go        --授予数据库用户创建视图权限
grant create view to sql_loginA_U
```

运行结果如图 11-48 所示。

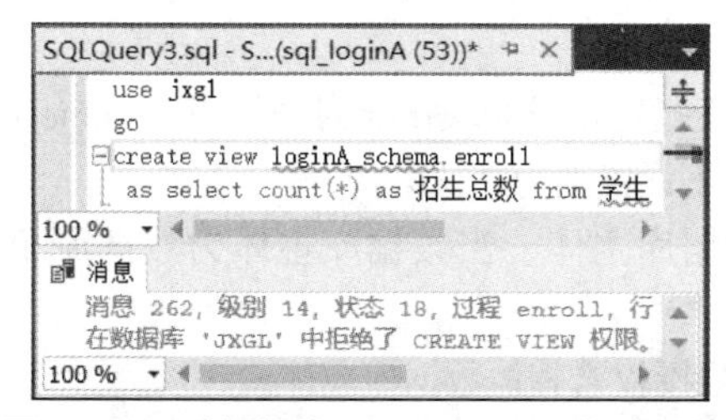

图 11-47 未授权前 sql_loginA_U 的运行结果

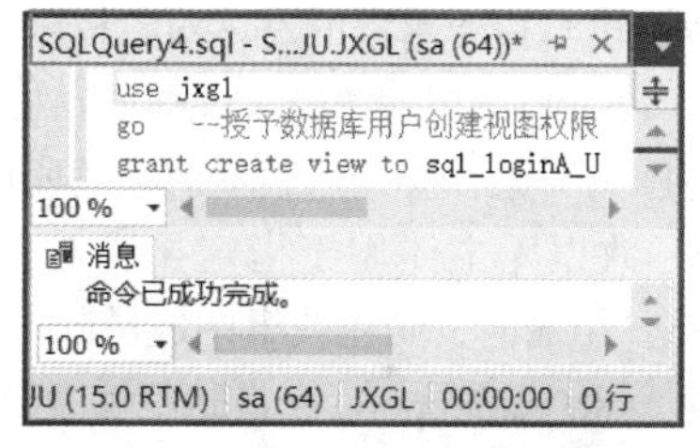

图 11-48 sa 授权运行结果

注意：在“数据库属性-JXGL”窗口中，可以看到 sql_loginA_U 权限，如图 11-49 所示。

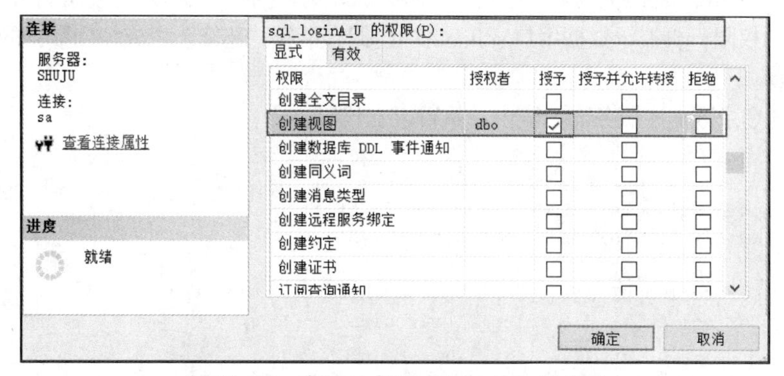

图 11-49 查看 sa 授予 sql_loginA_U 权限

④ 以 sql_loginA 登录数据库服务器，执行步骤②代码。

```
use jxgl
go
create view loginA_schema.enroll as select count(*) as 招生总数 from 学生
```

运行结果如图 11-50 所示。

注意： 在“视图”节点下可以看到 loginA_schema.enroll 视图，如图 11-51 所示。

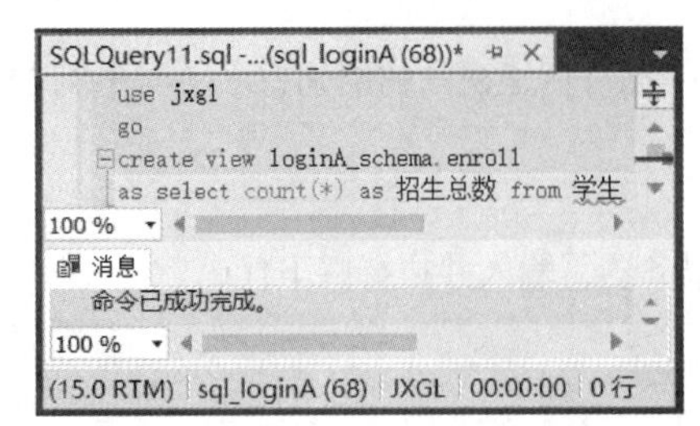

图 11-50 授权后 sql_loginA_U 的运行结果

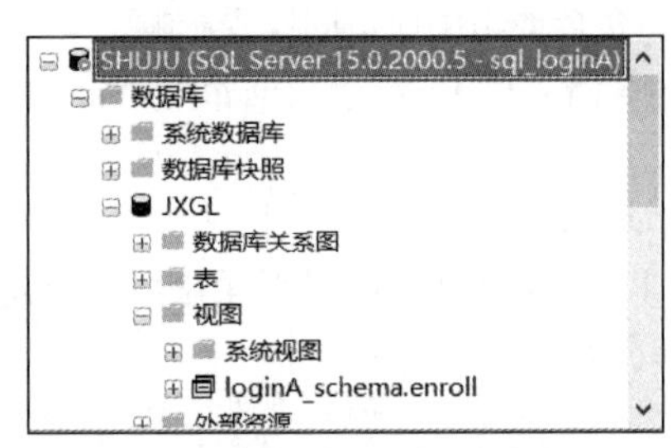

图 11-51 sa 授权运行结果

（2）授予对象权限。

语法格式如下。

```
grant {all [privileges]|对象权限[(列名[,...n ])] }[,...n ] on
 [object::][架构名].对象名[ (列名[ ,...n ] ) ]
 to 数据库主体[,...n]
 [ with grant option] [as{组|角色} ]
```

功能：授予数据库主体拥有操作数据库对象的特定行为。

说明：

① {all [privileges]|对象权限[(列名[,...n])]}[,...n]中，all 表示授予适用于对象的所有对象权限，对象权限表示授予对象的具体对象权限；

② on [object::][架构名].对象名[(列名[,...n])]用于指定授予对象权限的对象，其中 object 表示作用范围为对象，架构名表示对象的所属架构，如不设置则为默认架构；

③ 数据库主体用于指定接受对象权限的数据库主体，当数据库主体为数据库角色或 Windows 组名时，角色或组中成员同样受影响；

④ with grant option 允许数据库主体将对象权限授权给其他数据库主体；

⑤ as{组|角色}用于指定数据库主体继承权限的来源组或角色。

【例 11-22】 为数据库 JXGL 添加两个数据库用户（sqlloginT_U，sqlloginS_U），对应登录账户（sqlloginT，sqlloginS），首先授予两数据库用户拥有（在 JXGL 数据库中）查看“选修”表信息的权限，再授予数据用户 sqlloginT_U 拥有更新“选修”表成绩列数据的权限。

操作步骤如下。

① 以 sa 登录数据库服务器，输入并执行以下代码。

```
use jxgl
go
create login sqlloginT with password='123456'
create login sqlloginS with password='123456'
go
create user sqlloginT_U for login sqlloginT
create user sqlloginS_U for login sqlloginS
go
grant select on 选修 to sqlloginT_U,sqlloginS_U
grant update on 选修(成绩) to sqlloginT_U
```

② 分别以 sqlloginT 和 sqlloginS 登录数据库服务器，浏览 JXGL 中的数据库对象，从中只能查看到“dbo.选修”表，查看不到其他数据表，如图 11-52 所示。

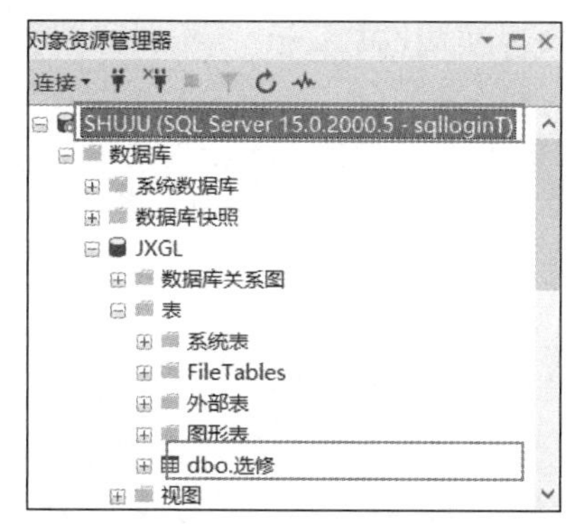

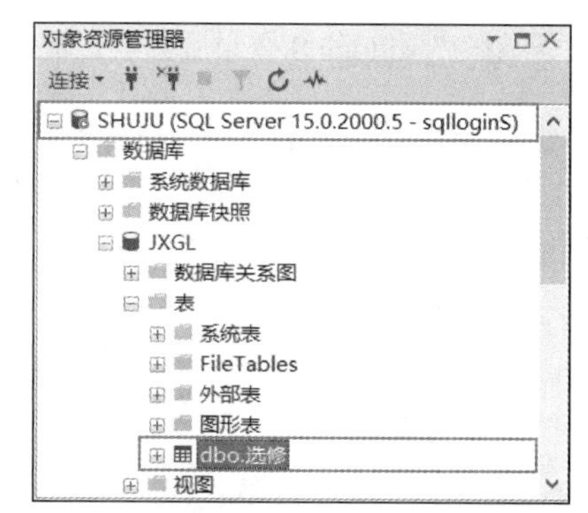

图 11-52　两个数据库用户的查看权限

③ 分别以 sqlloginT 和 sqlloginS 登录数据库服务器，输入以下代码。

```
use jxgl
select * from 选修 where 学号='19010101'
update 选修 set 成绩=98 where 学号='19010101'
select * from 选修 where 学号='19010101'
```

运行结果如图 11-53 所示。验证 sqlloginS_U 只能查看信息，无权修改成绩列数据。

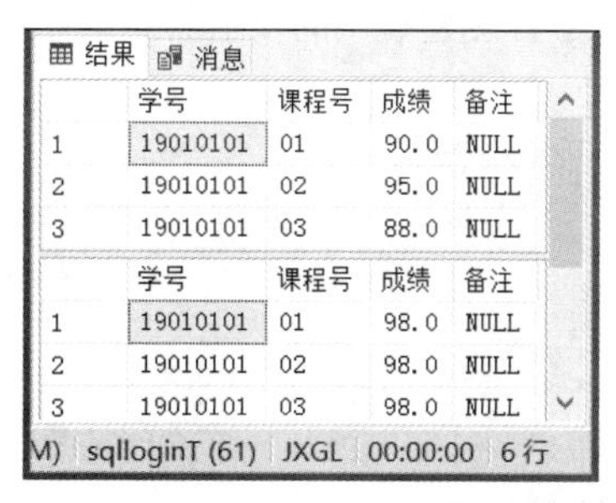

	学号	课程号	成绩	备注
1	19010101	01	90.0	NULL
2	19010101	02	95.0	NULL
3	19010101	03	88.0	NULL

	学号	课程号	成绩	备注
1	19010101	01	98.0	NULL
2	19010101	02	98.0	NULL
3	19010101	03	98.0	NULL

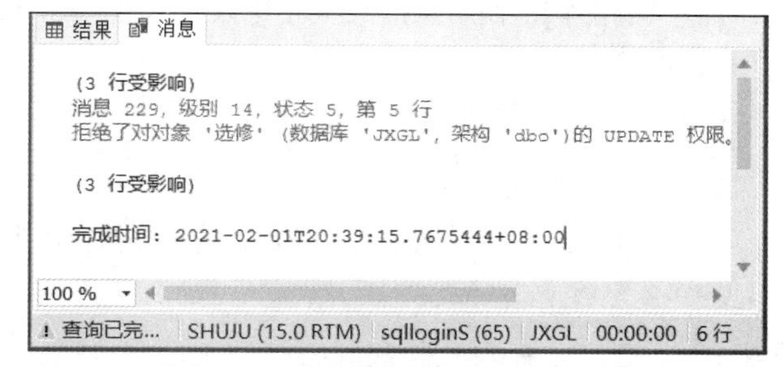

图 11-53　两个数据库用户的修改权限的运行结果比较

【例 11-23】 在数据库 JXGL 中创建数据库角色 TS_role，数据库用户 sqlloginT_U 是其成员，数据库角色 TS_role 拥有查询“学生”表中学号、姓名、籍贯列的信息的权限，数据库用户 sqlloginT_U 拥有授予第三方（with grant option）数据库用户具有数据库角色 TS_role 的权限。

操作步骤如下。

① 以 sa 或者等价 sa 的登录账户登录服务器，输入并执行以下代码。

```
use jxgl
go
create role TS_role                                    --创建数据库角色'TS_role'
alter role TS_role add member sqlloginT_U              --添加数据库用户成员
go
grant select on 学生(学号,姓名,籍贯) to TS_role      --授予数据库角色 select 权限
 with grant option                                     --允许授予第三方权限
```

② 以登录账户 sqlloginT 登录服务器，输入并执行以下代码。

```
use jxgl
--验证数据库用户 sqlloginT_U 的 select 权限
select 学号,姓名 from 学生 where 籍贯='安徽'
--授予 sqlloginS_U 第三方权限
grant select on 学生(学号,姓名,籍贯) to sqlloginS_U as TS_role
```

运行结果如图 11-54 所示。

③ 以登录账户 sqlloginS 登录服务器，输入并执行以下代码。

```
use jxgl
--验证数据库用户 sqlloginS_U 的 select 权限
select 学号,姓名 from 学生 where 籍贯='安徽'
```

运行结果如图 11-55 所示。

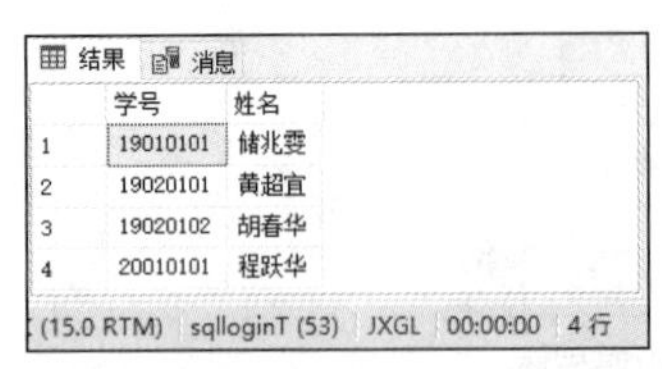

	学号	姓名
1	19010101	储兆雯
2	19020101	黄超宜
3	19020102	胡春华
4	20010101	程跃华

图 11-54　数据库用户 sqlloginT_U 的查询结果

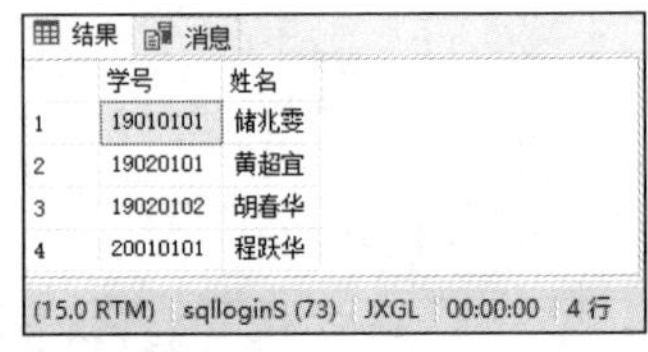

	学号	姓名
1	19010101	储兆雯
2	19020101	黄超宜
3	19020102	胡春华
4	20010101	程跃华

图 11-55　数据库用户 sqlloginS_U 的查询结果

4. 使用 deny 语句拒绝数据库用户（角色）的语句权限和对象权限（将来都不许给）

（1）拒绝语句权限。

语法格式如下。

```
deny {all|语句权限[,...n]} to 数据库主体 [,...n]
```

功能：拒绝数据库主体的语句权限。

【例 11-24】 使用 deny 语句拒绝数据库用户 sql_loginA_U 创建视图的权限。

操作步骤如下。

① 以 sa 或者等价 sa 的登录账户登录服务器，输入并执行以下代码。

```
use jxgl
deny create view to sql_loginA_U
```

② 以 sql_loginA 登录数据库服务器，输入并执行以下代码。

```
create view loginA_schema.student
 as select * from 学生
```

运行结果如下：

在数据库'JXGL'中拒绝了 CREATE VIEW 权限。

（2）拒绝对象权限。

语法格式如下。

```
deny {all [privileges]|对象权限[(列名[,...n ])]}[,...n ] on
 [object::][架构名].对象名[(列名[,...n])]
 to 数据库主体[,...n][cascade] [as<角色|组> ]
```

功能：拒绝数据库主体的对象权限。

说明：cascade 表示连带拒绝来源于此数据库主体授权的数据库主体权限。

【例 11-25】 使用 deny 语句拒绝数据库角色 TS_role 对“学生”表的 select 权限。

操作步骤如下。

① 以 sa 或者等价 sa 的登录账户登录服务器，输入并执行以下代码。

```
use jxgl
deny select on 学生 to TS_role cascade
```

② 以登录账户 sqlloginT 登录服务器，输入并执行以下代码。

```
use jxgl
--验证数据库用户 sqlloginT_U 的 select 权限
select 学号,姓名 from 学生 where 籍贯='安徽'
```

运行结果如下：

拒绝了对对象 '学生' (数据库 jxgl，架构 'dbo')的 select 权限。

5. 使用 revoke 语句废除数据库用户（角色）的语句权限和对象权限（收回已经给予的）

（1）废除语句权限。

语法格式如下。

```
revoke {all|语句权限[,...n]} from 数据库主体 [,...n]
```

功能：收回数据库主体的语句权限。

【例 11-26】 使用 revoke 语句收回数据库用户 sql_loginA_U 创建视图的权限。

操作步骤如下。

① 以 sa 或者等价 sa 的登录账户登录服务器，输入并执行以下代码。

```
use jxgl
revoke create view from sql_loginA_U
```

② 以 sql_loginA 登录数据库服务器，输入并执行以下代码。

```
use jxgl
go
create view loginA_schema.student
 as select * from 学生
```

运行结果如下：

在数据库'JXGL'中拒绝了 CREATE VIEW 权限。

（2）废除对象权限。

语法格式如下。

```
revoke [grant option for] {all [privileges]|对象权限[(列名[,...n ])]}[,...n ]on
[object::][架构名].对象名[(列名[,...n])]
 {from | to}数据库主体[,...n][cascade][as {组|角色}]
```

功能：收回数据库主体的对象权限。

说明：

① grant option for 用于收回 with grant option 权限，不能拥有授予其他数据库主体的权限；

② cascade 用于连带收回来源于此数据库主体授权的数据库主体权限；

③ 收回 with grant option 设置的权限，需指定 cascade 和 grant option for 子句，否则会出错；

④ as {组|角色}用于说明数据库主体继承权限的来源组或角色。

【例 11-27】 废除数据库用户 sqlloginT_U 对选修表的成绩列的修改权限。

操作步骤如下。

① 以 sa 或者等价 sa 的登录账户登录服务器，输入并执行以下代码。

```
use jxgl
revoke update(成绩) on 选修 from sqlloginT_U
```

② 以 sqlloginT 登录服务器，输入并执行以下代码。

```
use jxgl
update 选修 set 成绩= NULL where 学号='19010101'
```

运行结果为拒绝了对对象'选修'(数据库'jxgl'，架构'dbo')的 update 权限。

本章小结

数据库安全性管理是 DBMS 中非常重要的内容，安全性管控措施的好坏直接影响信息安全。本章主要探讨了数据库系统的安全性问题，包括登录名、数据库用户、角色、架构与权限许可。其中登录名和数据库用户分属服务器和数据库级主体。角色是为了简化权限管理而引入的技术，而架构的引入使权限管理更加精细。架构是数据库对象的集合，用户操作数据库对象时，不仅需要获得操作对象的权限，还要获得架构的所有权。权限具有父/子层次结构，且具有传递性和嵌套性，登录名对数据库的访问一定是通过数据库用户实现的，而多个数据库用户可以通过所属角色或所属 Windows 组来拥有同一个架构。

习题十一

一、选择题

1. 下面不是用户对数据进行操作的基本条件的选项是（　　）。
   A. 登录 SQL Server 服务器必须通过身份验证
   B. 必须是数据库的用户或者是某一数据库角色的成员
   C. 必须将 Windows 系统账户加入 SQL Server 中
   D. 必须具有执行操作的权限
2. 在 SQL Server 系统中，数据库用户访问数据库必须拥有基本的（　　）权限。
   A. connect　B. execute　C. alter　D. control
3. 授予权限的命令是（　　）。
   A. revoke　B. addprivilege　C. grant　D. deny
4. 当 SQL Server 出现异常时，可以通知操作员，下列选项中不能通知操作员的是（　　）。
   A. 通过电子邮件　B. 呼叫程序　C. 网络程序　D. 写入日志
5. 下列哪个角色或者用户拥有 SQL Server 服务器范围内的最高权限？（　　）
   A. DBO　B. Sysadmin　C. Public　D. guest
6. 在通常情况下，下列哪个角色的用户不能够删除视图？（　　）
   A. db_owner　B. db_ddladmin　C. sysadmin　D. guest
7. 下列关于 SQL Server 账户的说明中，错误的是（　　）。
   A. SQL Server 有两类：登录账户和数据库用户
   B. 如果使用 Windows NT，sa 就是其中的一个登录账户
   C. 数据库用户的权限可以通过数据库角色继承而来，也可以通过授权获取
   D. 对数据库用户撤销了某权限，即使通过角色获得了该权限，也无法使用
8. 下面关于数据库技术的说法中，不正确的是（　　）。
   A. 数据库的完整性是指数据的正确性和一致性
   B. 防止非法用户对数据库的存取，称为数据库的安全性保护
   C. 采用数据库技术处理数据，数据冗余应完全消失
   D. 不同用户可以使用同一数据库，称为数据共享
9. 在固定服务器角色中，（　　）角色的权限最大。
   A. sysadmin　B. serveradmin　C. setupadmin　D. securityadmin
10. 在 SQL Server 系统中，系统默认登录账户有 3 个，下列不是系统默认账户的是（　　）。
    A. BULTIN\Administrator　B. db_owner
    C. 域名\Administrator　D. sa
11. SQL Server 系统采用的身份验证模式有（　　）。
    A. 仅 Windows 身份验证模式　B. 仅 SQL Server 身份验证模式
    C. 仅混合模式　D. Windows 身份验证模式和混合模式

12. 在 SQL Server 系统中，若希望用户 user1 具有数据库服务器上的全部权限，则应将其加入（　　）角色。

A. db_owner　　B. public　　C. db_datawriter　　D. sysadmin

13. SQL Server 系统数据库用户的来源（　　）。

A. 可以是所有 SQL Server 的登录用户

B. 只能是 Windows 身份验证的登录用户

C. 可以是其他数据库中的用户

D. 只能是 SQL Server 身份验证的登录用户

14. SQL Server 提供了内置的角色，关于 public 角色说法不正确的是（　　）。

A. 每个 SQL Server 登录名都属于 public 服务器角色

B. 每个数据库用户都属于 public 数据库角色

C. 无法更改授予固定服务器角色（public 角色除外）的权限

D. 可以将数据库用户从 public 角色中删除

15. 授予数据库用户 u1 可以查询数据库 db1 中表 t1 的权限，使用的 SQL 语句是（　　）。

A. grant select on db1(t1) to u1　　B. grant select to u1 on db1(t1)

C. grant select to u1 on t1　　D. grant select on t1 to u1

16. 关于服务器角色与数据库角色，下列说法中正确的是（　　）。

A. 只能将登录名添加为固定服务器角色的成员

B. 只能将登录名添加为固定数据库角色的成员

C. sysadmin 是固定数据库角色

D. db_owner 是固定服务器角色

17. 关于权限，说法错误的是（　　）。

A. 被授权者将获得的权限授予其他用户，需要在执行授权语句时加 with grant option

B. 授予数据库级权限时，只能在 master 数据库中授权

C. 授予权限时，ALL 表示授予所有可用的对象权限

D. 对 public 角色授权，相当于对数据库中所有用户授权

18. 在 SQL Server 的 grant 语句中，如果希望被授权的用户可以将其所获得的权限转授给其他用户，应使用（　　）。

A. with grant option　　B. with grant cascade　　C. set grant option　　D. set grant cascade

19. 在数据库的安全性控制中，授权的数据对象的（　　），授权子系统就越灵活。

A. 范围越小　　B. 约束越细致　　C. 范围越大　　D. 约束范围大

20. 在数据库系统中，定义用户可以对哪些数据对象进行何种操作被称为（　　）。

A. 审计　　B. 授权　　C. 视图　　D. 身份识别

二、填空题

1. 完整性检查和控制的防范对象是合法用户，而安全性控制的防范对象是（　　）用户。

2. 登录账户是系统信息，存储在系统数据库（　　）的系统表 sysxlogins 中。

3. 用户数据库中存在四个特殊数据库用户且不能被删除，分别为 information_schema、sys、（　　）和 guest。

4. SQL Server 系统使用两层安全机制确认用户的有效性，即（　　）验证和权限许可验证。

5. SQL Server 系统提供以下两种身份验证模式：（　　）和混合模式。

6. 在 SQL Server 安全模型中，（　　）权限隐含着对所有安全对象的控制权限。

7. 在访问和控制数据库时，与登录账户 sa 相映射的数据库用户是（　　）。

8. 无论是使用 Windows 身份验证模式还是混合验证模式，用户连接到 SQL Server 服务器的账户均被称为（　　）。

9. 新建数据库用户默认属于（　　）数据库角色的成员。

10. 查看指定用户拥有的权限可用系统存储过程（　　）来实现。

三、实践题

1. 使用 SSMS 语句创建并验证一个 SQL Server 身份验证的登录名 stu_login1，并指定密码 123 和默认数据库 master，然后以登录名 stu_login1 连接到 SQL Server 服务器。

2. 使用 T-SQL 语句创建一个 SQL Server 身份验证的登录名 stu_login2，并指定密码 123 和默认数据库 library，然后以登录名 stu_login2 连接到 SQL Server 服务器。

3. 以登录账户 sa 登录服务器，在 library 数据库中，使用 T-SQL 语句为登录名 stu_login1 创建数据库用户名 stu_login1_u，为登录名 stu_login2 创建数据库用户名 stu_login2_u。

4. 使用 T-SQL 语句在 library 数据库中创建一个数据库角色 myrole，并将数据库用户名 stu_login1_u 添加到角色中。

5. 对已创建的数据库用户进行如下操作。

（1）授予数据库用户 stu_login1_u（拥有架构：login1_schema）在 library 数据库上拥有创建表的权限并验证其创建表的权限。

（2）授予数据库用户 stu_login1_u（拥有架构：login2_schema）在 library 数据库上拥有对表“图书”的查询和更新表的权限并验证其查询和更新表的权限。

（3）授予角色 myrole 在 library 数据库上对表“图书”的图书编号、定价、出版日期列的查询权限，并指定 with grant option。授予 stu_login1_u 和 stu_login2_u 用户同样的权限。

（4）在 library 中，查看语句“select * from 图书 和 select 图书编号，定价，出版日期 from 图书”的执行结果并分析原因。

第 12 章*

并发控制

本章导读

事务是数据处理的基本单位和逻辑单元，数据库是一个多用户共享的信息资源，难免存在事务处理的并发访问行为。为了避免多用户的并发行为破坏数据的完整性和一致性，SQL Server 提供了并发控制机制。并发控制主要通过事务隔离级别和封锁机制来调度并发事务的执行，使一个事务的执行不受其他事务的干扰。

12.1 事务处理

在事务处理过程中，所有操作序列都作为一个独立的逻辑单元被执行。只有所有操作序列都正确地执行完毕，事务处理才算成功提交，否则就必须立即回滚（撤销）到事务处理前的数据状态。

12.1.1 事务概述

事务是一组不可分割的、可执行的动作序列，是数据处理的逻辑单元，其动作序列具有明显的偏序，关键动作序列的顺序很重要，能直接影响事务处理的运行结果。

1. 事务特性

事务具有 4 个特性：原子性（Atomicity）、一致性（Consistency）、隔离性（Isolation）和持续性（Durability）。它们统称为事务的 ACID 特性。

（1）原子性：事务中的操作序列从逻辑上应作为一个工作单元整体考虑，要么全都执行，要么全都不执行。

（2）一致性：事务在完成时，所有数据必须从一个一致性状态转变到另一个一致性状态。在相关数据库中，所有规则都必须应用于事务的修改，以保持所有数据的完整性，事务结束时，所有的内部数据结构都必须是正确的。

（3）隔离性：一个事务的执行不能被其他事务干扰，即一个事务内部的操作及使用的数据对并发执行的其他事务是隔离的。一个事务能查看到另一个事务的数据状态，要么是修改它之前的状态，要么是修改它之后的状态，不会是中间状态。

（4）持续性：持续性也称永久性（Permanence），事务完成之后，它对于系统的影响是永久性的，无论发生何种操作，即使出现系统故障也将一直保存在磁盘上。

2. 事务控制语句

ACID 特性是依赖事务控制语句实现的，其中最主要的事务控制语句有如下 4 个。

（1）begin transaction [事务名]：启动事务（设置起点）。

（2）commit transaction [事务名]：提交事务，提交的数据变成数据库的永久部分。

（3）rollback transaction [事务名]：回滚事务，撤销全部操作，回滚到事务开始时的状态。

（4）save transaction <事务名>：可选语句，在事务内设置保存点，可以使事务回滚到保存点，而不是回滚到事务的起点。

3. 事务和批处理的区别

一个事务可以拥有多个批处理，一个批处理也可以包含多个事务，事务内部的批处理不影响事务的提交或回滚。两者主要区别如下。

（1）批处理是一组整体编译的 SQL 语句，事务是一组作为逻辑工作单元执行的 SQL 语句。

（2）批处理语句的组合发生在编译时刻，事务中语句的组合发生在执行时刻。

（3）编译时，批处理中某条语句存在语法错误，系统将终止批处理中所有语句；运行时，事务中某个数据修改违反约束、规则等，系统默认只退回到产生该错误时刻的语句。

12.1.2 事务模式

SQL Server 中的事务模式包括 3 种，分别为自动提交事务模式、显式事务模式和隐式事务模式。其中，自动提交事务模式是系统默认的事务处理模式，而显式事务模式和隐式事务模式

则通过事务模式设置语句 set implicit_transactions off|on 实现。

1. 自动提交事务模式

自动提交事务是由 T-SQL 语句特点确认的自动提交事务。默认情况下，每条 T-SQL 语句都是一个事务，执行完毕自动提交或回滚（成功与否），无须指定任何事务控制语句。

【例 12-1】 使用自动提交事务模式验证语法错误情况下批处理中语句的执行结果。

```
use jxgl
go
  insert into 课程（课程号,课程名称）values（'oa','劳动教育'）
  insert into 课程（课程号,课程名称）values（'ob','廉洁教育'）
  insert into 课程（课程号,课程名称）values（'oc','学科前沿'）--语法错误
go
  select*from 课程 where 课程号 in（'oa','ob','oc'）
```

【例 12-2】 使用自动提交事务验证 rollback 语句的回滚作用。

```
use jxgl
Go
set implicit_transactions off    --使用显式事务模式
  insert into 学生(学号,姓名,性别)values('22010101','司武长','男')
rollback
```

注意：由于没有使用 begin transaciton 语句开始事务，因此 insert 语句操作自动提交，rollback 语句没有任何作用。

2. 显式事务模式

显式事务是由 set implicit transactions off 语句引导的事务处理语句。在显式事务模式下，每个事务均以 begin transaction 语句定义事务开始，用 commit 或 rollback 语句定义事务结束。若事务不以 begin transaction 语句定义事务开始，则进入自动提交事务模式。

【例 12-3】 使用显式事务验证事务保存点和 rollback 语句的回滚作用。

```
use jxgl
go
set implicit_transactions off          --使用显式事务模式
select 次数=0,* from 学生               --检查当前表的内容
begin transaction
  insert into 学生(学号,姓名,性别)values('22010101','司武长','男')
save transaction label
  insert into 学生(学号,姓名,性别)values('22010102','那佳佳','女')
  select 次数=1,* from 学生             --显示插入两条记录
rollback transaction label             --回滚到事务保存点
  select 次数=2,* from 学生             --显示第 1 次插入的记录被撤销了
rollback transaction
  select 次数=3,* from 学生             --显示第 2 次插入的记录被撤销了
```

3. 隐式事务模式

隐式事务是由 set implicit transactions on 语句引导的事务处理语句。在隐式事务模式下，不需要用 begin transaction 语句显式开始事务，但仍然需要用 commit 或 rollback 语句明显地定义事务结束的事务。在隐式事务模式下，在当前事务提交或回滚后，SQL Server 自动开始下一个事务。隐式事务模式回滚模式设置语句如下。

（1）set xact_abort on：当事务中任意一条语句运行错误时，整个事务将终止并整体回滚。

（2）set xact_abort off：当事务中语句运行错误时，将终止本条语句且只回滚本条语句。

【例 12-4】在隐式事务模式下向“学生”表中插入一条包含学号、姓名和性别的记录。

```
use jxgl
go
set implicit_transactions on    --使用隐式事务模式
  insert into 学生(学号,姓名,性别)values('22010102','那佳佳','女')
rollback
  insert into 学生(学号,姓名,性别)values('22010101','司武长','男')
commit
  select * from 学生
```

注意：在隐式事务模式下，上一个事务的结束就标志了下一个事务的开始，所以第一条 insert 语句被回滚，第二条语句 insert 被成功提交。

12.2 并发访问

数据库是允许多用户同时使用的共享资源，在多个事务并发访问（同时访问同一资源）时，若不加以控制就可能会彼此冲突，破坏数据的完整性和一致性，从而产生负面影响。并发控制就是要用正确的方式调度并发操作（同一时刻多个用户对同一数据的读写操作），避免数据不一致，使一个用户事务的执行不受其他事务的干扰。

12.2.1 并发概述

如果事务是顺序执行的，即一个事务完成之后，再开始另一个事务，则称为串行执行，如图 12-1（a）所示；如果系统可以同时接收多个事务，并且这些事务在时间上可以重叠执行，则称为并行执行。并行执行又分为交叉并发和同时并发两种，其中，在单 CPU 系统中，同一时间只能有一个事务占据 CPU，各事务交叉地使用 CPU，这种并发方式被称为交叉并发，这种执行方式被称为交叉并行执行，如图 12-1（b）所示。在多 CPU 系统中，多个事务可以同时占据 CPU，这种并发方式称为同时并发。在没有特殊说明的情况下，只考虑单 CPU 系统中的交叉并发的情况。

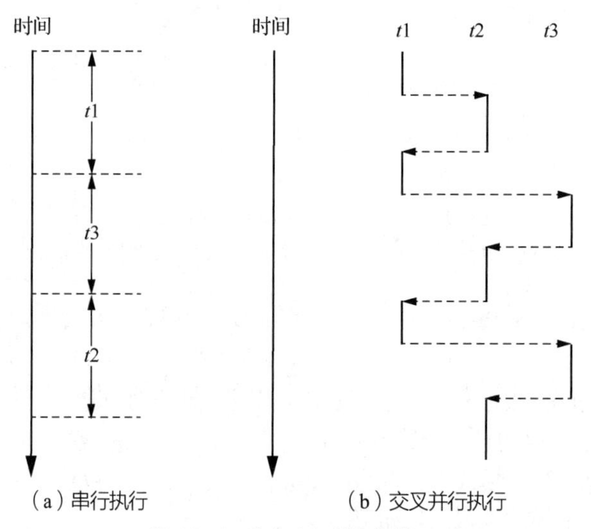

图 12-1 多个事务的执行情况

12.2.2 并发异常

在多用户系统中，可能同时运行着多个事务，存在并发访问数据资源，如果多个事务同时使用一段数据，彼此之间就有可能出现相互干扰的情况。并发访问带来的数据不一致主要包括4类：丢失更新、脏读（不正确的临时数据）、不可重复读和幻读。

1. 丢失更新（Lost Update）

丢失更新是指当两个或两个以上的事务同时读取同一数据并进行修改，其中一个事务提交的修改结果破坏了另一个事务的提交的修改结果。丢失更新又分为两类：第一类丢失更新和第二类丢失更新。

（1）第一类丢失更新：一个事务在撤销时，覆盖了其他事务提交的更新数据，如表 12-1 所示。

表 12-1 第一类丢失更新

时间	取款事务 a	转账事务 b
*t*1	开始事务	
*t*2		开始事务
*t*3	查询账户余额为 1000 元	
*t*4		查询账户余额为 1000 元
*t*5		汇入 100 元把余额改为 1100 元
*t*6		提交事务
*t*7	取出 100 元把余额改为 900 元	
*t*8	撤销事务	
*t*9	余额恢复为 1000 元（丢失更新）	

（2）第二类丢失更新：一个事务在提交时，覆盖了其他事务提交的更新数据，如表 12-2 所示。

表 12-2 第二类丢失更新

时间	转账事务 a	取款事务 b
*t*1		开始事务
*t*2	开始事务	
*t*3		查询账户余额为 1000 元
*t*4	查询账户余额为 1000 元	
*t*5		取出 100 元把余额改为 900 元
*t*6		提交事务
*t*7	汇入 100 元	
*t*8	提交事务	
*t*9	把余额改为 1100 元（丢失更新）	

2. 脏读（Dirty Read）

脏读是指一个事务读到另一个事务尚未提交的更新数据，如表 12-3 所示。

表 12-3 脏读

时间	转账事务 a	取款事务 b
*t*1		开始事务
*t*2	开始事务	

续表

时间	转账事务 a	取款事务 b
$t3$		查询账户余额为 1000 元
$t4$		取出 500 元把余额改为 500 元
$t5$	查询账户余额为 500 元	
$t6$		**撤销事务余额恢复为 1000 元**
$t7$	汇入 100 元把余额改为 600 元	
$t8$	**提交事务**	

3. 不可重复读（NonRepeatable Read）

不可重复读是指一个事务在两次读取同一数据行的过程中，由于另一个事务的修改，导致第一个事务两次查询的结果不一样，如表 12-4 所示。

表 12-4　不可重复读

时间	取款事务 a	转账事务 b
$t1$	**开始事务**	
$t2$	查询账户余额为 1000 元	**开始事务**
$t3$		查询账户余额为 1000 元
$t4$		取出 100 元把余额改为 900 元
$t5$		**提交事务**
$t6$	查询账户余额为 900 元（和 $t2$ 读取的不一致）	
$t7$	**提交事务**	

4. 幻读（Phantom Reads）

幻读是指一个事务在执行两次查询的过程中，由于另外一个事务插入或删除了数据行，导致第一个事务在第二次查询中发现新增或丢失数据行的现象，如表 12-5 所示。

表 12-5　幻读

时间	统计金额事务 a	转账事务 b
$t1$		**开始事务**
$t2$	**开始事务**	
$t3$	统计总存款数为 1000 元	
$t4$		新增一个存款账户，存款为 100 元
$t5$		**提交事务**
$t6$	再次统计总存款数为 1100 元（幻象读）	

幻读和不可重复读的区别在于，幻读是指读到了其他事务已经提交的新增数据，而不可重复读是指读到了已经提交事务的更改数据。添加行级锁，锁定所操作的数据，可防止读取到更改的数据；而添加表级锁，锁定整个表，则可以防止新增数据。

12.2.3 并发调度

事务是并发控制的基本单位，保证事务的 ACID 特性是事务处理的重要任务，而事务的 ACID 特性会因多个事务对数据的并发操作而遭到破坏。并发事务中各事务的执行顺序和执行时机一方面取决于事务自身内部逻辑，另一方面也受到 DBMS 中事务调度机制的控制。并发访问时，为了保证事务之间的隔离性和一致性，数据库管理系统应该对并发操作采取合适的调度机制，正确调度和合理安排各个事务动作流的执行顺序，以保证事务的 ACID 特性。

根据事务调度的方式，并发调度分为两种：串行调度和并行调度。

1. 串行调度

若多个事务按完成顺序依次执行，则称为事务的串行调度。

【例 12-5】 有甲、乙两个售票窗，各卖出某一车次的硬座车票 2 张，卧铺车票 1 张。设该车次的初始硬座车票数为 A=50，卧铺车票数为 B=30，read()函数表示读出数据，write()函数表示写入数据。现将事务甲和事务乙串行执行，表 12-6 和表 12-7 中列出了两种调度方法。

表 12-6 串行调度 1

时刻	事务甲	事务乙	时刻	事务甲	事务乙
*t*0	read(A)=50		*t*6		read(A)=48
*t*1	A=A−2		*t*7		A=A−2
*t*2	write(A)=48		*t*8		write(A)=46
*t*3	Read(B)=30		*t*9		read(B)=29
*t*4	B=B−1		*t*10		B=B−1
*t*5	write(B)=29		*t*11		write(B)=28

表 12-7 串行调度 2

时刻	事务甲	事务乙	时刻	事务甲	事务乙
*t*0		read(A)=50	*t*6	read(A)=48	
*t*1		A=A−2	*t*7	A=A−2	
*t*2		write(A)=48	*t*8	write(A)=46	
*t*3		Read(B)=30	*t*9	read(B)=29	
*t*4		B=B−1	*t*10	B=B−1	
*t*5		write(B)=29	*t*11	write(B)=28	

注意：串行调度的结果总是正确的，但执行效率低。

2. 并行调度

若多个事务同时交叉（分时的方法）地并行进行，则称为事务的并行调度。

【例 12-6】 有甲乙两个售票窗，各卖出某一车次的硬座车票 2 张，卧铺车票 1 张。设该车次的初始硬座车票数为 A=50，卧铺车票数为 B=30，read()函数表示读出数据，write()函数表示写入数据。现将事务甲和事务乙并行执行，表 12-8 和表 12-9 中列出了两种调度方法。

表 12-8 并行调度 1

时刻	事务甲	事务乙	时刻	事务甲	事务乙
*t*0	read(A)=50		*t*6	read(B)=30	
*t*1	A=A−2		*t*7	B=B−1	
*t*2	write(A)=48		*t*8	write(B)=29	
*t*3		read(A)=48	*t*9		read(B)=29
*t*4		A=A−2	*t*10		B=B−1
*t*5		write(A)=46	*t*11		write(B)=28

表 12-9 并行调度 2

时刻	事务甲	事务乙	时刻	事务甲	事务乙
*t*0	read(A)=50		*t*2	write(A)=48	
*t*1	A=A−2		*t*3	read(B)=30	

续表

时刻	事务甲	事务乙	时刻	事务甲	事务乙
*t*4		read(A)=48	*t*8	B=B-1	
*t*5		A=A-2	*t*9	write(B)=29	
*t*6		write(A)=46	*t*10		B=B-1
*t*7		read(B)=30	*t*11		write(B)=29

注意：并行调度中，一个事务的执行可能会受到其他事务的干扰，调度的结果不一定正确，并行调度事务可以有效提高数据库的性能，增加系统的吞吐量。

3. 可串行化调度

如果一个多事务的并行调度是正确的，且其结果与按某一次序串行调度时的结果等价相同，则称这种调度策略为事务可串行化（Serializable）调度。可串行化是并发事务正确性的判别准则，一个给定的并发调度，当且仅当它是可串行化时，才认为是正确的调度。

12.3 锁

在数据库系统环境下，并发控制的主要方法是采用封锁机制。封锁就是事务 T 在对某个数据对象（如表、记录等）操作之前，先向系统发出请求，对其加锁（lock）。加锁后事务 T 就对该数据对象有了一定的控制，在事务 T 释放它的锁之前，其他的事务不能更新此数据对象，从而保证事务的完整性和一致性。

12.3.1 锁的模式

一个事务对资源对象加什么样的锁是由事务所执行的任务来灵活决定的。SQL Server 系统支持的锁模式有 22 种，常见的锁模式如表 12-10 所示。

表 12-10　SQL Server 2019 常见的锁模式

缩写	描述
s	允许其他用户读取但不能修改被锁定的资源
x	防止别的进程修改或者读取被锁定资源的数据（除非该进程设定为未提交读隔离级别）
u	防止其他进程获取更新锁或者排他锁；在搜索数据并修改时使用
is	表示该资源的一个组件被一个共享锁锁定了。这类锁只能在表级或者分页级才能被获取
iu	表示该资源的一个组件被一个更新锁锁定了。这类锁只能在表级或者分页级才能被获取
ix	表示该资源的一个组件被一个排他锁锁定了。这类锁只能在表级或者分页级才能被获取
six	表示一个正持有共享锁的资源还有一个组件（一个分页或者一行记录）被一个排他锁锁定
siu	表示一个正持有共享锁的资源还有一个组件（一个分页或者一行记录）被一个更新锁锁定
uix	表示一个正持有更新锁的资源还有一个组件（一个分页或者一行记录）被一个排他锁锁定
sch-s	表示一个使用该表的查询正在被编译
sch-m	表示表的结构正在被修改
bu	表示向表进行批量数据复制并指定了 tablock 锁定在提示时使用（手动或自动皆可）

根据锁定资源方式，SQL Server 数据库引擎将锁分为两种类型：基本锁和专用锁。

1. 基本锁

基本锁有两种：共享锁（Share Locks）和排他锁（Exclusive Locks）。

（1）共享锁又称为 S 锁或读锁，发生在查询数据时。如果事务 T 对数据对象 R 加上了 S 锁，则 T 只可以读取 R，不可以修改 R，同时允许其他事务继续加 S 锁，与 T 并行读取 R，但不能修改 R，直到 T 释放 R 上的 S 锁。换句话说，共享锁是非独占的，允许其他事务共享锁定，防止其他事务排他锁定。用户读取数据之后，立即释放共享锁。

注意：一般来说，共享锁的锁定时间与事务的隔离级别有关。如果隔离级别为 Read Committed 级别，则只在读取（select）的期间保持锁定，查询出数据后立即释放锁；如果隔离级别为 Repeatable read 或 Serializable 级别，直到事务结束才释放锁。另外，如果 select 语句中指定了 HoldLock 提示，则也要等到事务结束才释放锁。

（2）排他锁又称为 X 锁或写锁，发生在增加、删除和更新数据时。如果事务 T 对数据对象 R 加上了 X 锁，则只允许 T 读写 R，其他事务都不能再对 R 加任何锁，直到 T 释放 R 上的 X 锁。换句话说，排他锁是独占的，与其他事务的共享锁或排他锁都不兼容。用户更改数据总是通过排他锁来锁定并持续到事务结束。

2. 专用锁

专用锁主要有更新锁、意向锁、结构锁和批量更新锁。

（1）更新锁又称为 U 锁，是一种介于共享锁和排他锁之间的中继锁。如果两个以上事务同时将共享锁升级为排他锁，必然出现彼此等待对方释放共享锁，从而造成死锁。在修改数据事务开始时，如果直接申请更新锁，锁定可能要被修改的资源，就可以避免潜在的死锁。一次只有一个事务可以获得更新锁，若修改数据，则转换为排他锁，否则转换为共享锁。

（2）意向锁表示 SQL Server 有在资源的低层获得共享锁或排他锁的意向。例如放置在表上的共享意向锁，表示事务打算在表中的页或行上加共享锁。意向锁可以提高性能，因为系统仅在表级上检查意向锁而无须检查下层。意向锁又分为意向共享（IS）锁、意向排他（IX）锁和意向排他共享（SIX）锁。

① 意向共享锁：说明事务意图在它的低层资源上放置共享锁来读取数据。

② 意向排他锁：说明事务意图在它的低层资源上放置独占锁来修改数据。

③ 意向排他共享锁：说明事务意图在它的顶层资源放置共享锁来读取数据，并意图在它的低层资源上放置排他锁，也称共享式独占锁。

（3）结构锁用于保证有些进程在需要结构保持一致时不会发生结构修改。结构锁分为架构修改锁（Sch-M）和架构稳定锁（Sch-S）。执行表（结构）描述语言操作时，SQL Server 采用 Sch-M 锁；编译查询时，SQL Server 采用 Sch-S 锁，Sch-S 锁不阻塞任何事务锁。

（4）批量更新锁：批量复制数据并指定了 tablock 锁定提示时使用批量更新锁。

12.3.2 封锁协议

运用 X 锁和 S 锁对数据对象加锁时遵循的规则（何时申请 X 锁或 S 锁，持锁时间和何时释放），称为封锁协议（Locking Protocol）。封锁协议共分为三级，三级封锁协议分别在不同程度上解决了数据的不一致性问题，为并发操作的正确调度提供了一定保证，其中第三级封锁协议是最高级别。

1. 一级封锁协议

事务 T 在更新数据对象之前，必须对其获准加 X 锁，并且直到事务 T 结束时才释放该锁。如果未获准加 X 锁，则该事务 T 进入等待状态，直到获准加 X 锁后该事务才继续执行。

一级协议可以防止丢失修改，并保证事务 T 是可恢复的。在一级封锁协议中，如果是读数据，则不需要加锁，所以它不能保证可重复读和不读“脏”数据，如表 12-11 所示。

表 12-11 一级协议与防止丢失修改

时刻	事务甲	事务乙	时刻	事务甲	事务乙
t0	获准 Xlock(A)		t5	Unlock(A)	wait
t1	Read(A)=50		t6		获准 Xlock(A)
t2		申请 Xlock(A)	t7		Read(A)=47
t3	A=A-3	wait	t8		A=A-2
t4	Write(A)=47	wait	t9		Write(A)=45

2. 二级封锁协议

二级封锁协议在一级封锁协议的基础上，加上事务 T 在读取数据对象 R 以前必须先对其加 S 锁，读完数据对象 R 后即可释放 S 锁。如果未获准加 S 锁，则该事务 T 进入等待状态，直到获准加 X 锁后该事务才继续执行。

二级封锁协议除了能防止丢失修改的问题之外，还能解决读“脏”数据的问题，如表 12-12 所示。在二级封锁协议中，由于读完数据后即可释放 S 锁，所以它不能保证可重复读。

表 12-12 二级封锁协议与解决读“脏”数据

时刻	事务甲	事务乙	时刻	事务甲	事务乙
t0	获准 Xock(A)		t4	Rollback	wait
t1	Read(A)=50		t5	Unlock(A)	wait
t2	A=A-3		t6		获准 Slock(A)
t3	Write(A)=47	申请 Slock(A)	t7		Read(A)=50

3. 三级封锁协议

三级封锁协议在二级封锁协议的基础上，再规定 S 锁必须在事务 T 结束后才能释放。如果未获准加 S 锁，则该事务 T 进入等待状态，直到获准加 X 锁后该事务才继续执行。

三级封锁协议除了能防止丢失修改和读“脏”数据的问题之外，还能解决不可重复读的问题，如表 12-13 所示。

表 12-13 三级封锁协议与解决不可重复读

时刻	事务甲	事务乙	时刻	事务甲	事务乙
t0	获准 Xlock(A)		t4	Rollback	wait
t1	Read(A)=50		t5	Unlock(A)	wait
t2	A=A-3		t6		获准 Slock(A)
t3	Write(A)=47	申请 Slock(A)	t7		Read(A)=50

12.3.3 两段锁协议

为了保证并发调度的正确性，DBMS 普遍采用两段锁协议来实现并发调度的可串行化。所谓两段锁协议是指将每个事务的执行严格分为两个阶段：加锁阶段（扩展阶段）和解锁阶段（收缩阶段）。遵守第三级封锁协议必然遵守两段锁协议。

（1）加锁阶段：在对任何数据进行读操作之前要申请并获得 S 锁，在进行写操作之前要申请并获得 X 锁，在这个阶段，事务可以申请加锁，但不能释放锁。

（2）解锁阶段：当事务释放了一个锁以后，事务会进入解锁阶段，在这个阶段，事务只能解锁，不能再进行加锁。

两段锁协议是从加锁、解锁顺序（会影响事务的并发调度）的角度来描述。若并发执行的事务均遵守两段锁协议，则对这些事务的任何并发调度策略都是可串行化的。两段锁协议是并发调度可串行化的充分条件，但不是必要条件。在实际应用中也有一些事务并不遵守两段锁协议，但它们却可能是可串行化调度。例如，表 12-14 所示为遵守两段协议的可串行化调度，而表 12-15 所示为不遵守两段协议的可串行化调度。

表 12-14 遵守两段协议的可串行化调度

时刻	事务 T1	事务 T2	时刻	事务 T1	事务 T2
*t*0	Slock A		*t*12		Read B=29
*t*1	Read A=50		*t*13		Xlock B
*t*2	Xlock A		*t*14		B=B-1
*t*3	A=A-2		*t*15		Write B=28
*t*4	Write A=48		*t*16		Slock A
*t*5	Slock B		*t*17	Unlock A	Wait
*t*6	Read B=30		*t*18		Read A=48
*t*7	Xlock B		*t*19		Xlock A
*t*8		Slock B	*t*20		A=A-2
*t*9	B=B-1	Wait	*t*21		Write A=46
*t*10	Write B=29	Wait	*t*22		Unlock A
*t*11	Unlock B	Wait	*t*23		Unlock B

表 12-15 不遵守两段协议的可串行化调度

时刻	事务 T1	事务 T2	时刻	事务 T1	事务 T2
*t*0	Slock A		*t*12	Unlock B	Wait
*t*1	Read A=50		*t*13		Read B=29
*t*2	Xlock A		*t*14		Xlock B
*t*3	A=A-2		*t*15		B=B-1
*t*4	Write A=48		*t*16		Write B=28
*t*5	Unlock A		*t*17		Unlock B
*t*6	Slock B		*t*18		Slock A
*t*7	Read B=30		*t*19		Read A=48
*t*8	Xlock B		*t*20		Xlock A
*t*9		Slock B	*t*21		A=A-2
*t*10	B=B-1	Wait	*t*22		Write A=46
*t*11	Write B=29	Wait	*t*23		Unlock A

注意：两段锁协议并不要求事务必须一次加锁全部使用数据，因此遵守两段锁协议的事务可能发生死锁。

12.3.4 锁的粒度

加锁对并发访问的影响体现在锁的粒度上，锁的粒度是指锁的生效范围（封锁对象）。

SQL Server 系统具有多粒度锁定，允许锁定不同层次的资源。为了使锁定成本减至最低，系统会自动分析 SQL 语句请求，将资源锁定在适合任务的级别上，在锁的数目太多时，也会自动进行锁升级。如更新某一行，用行级锁，或更新所有行，升级为表级锁。

根据封锁（数据粒度的大小）的资源不同，锁分为行、页、范围、表或数据库级锁，如表 12-16 所示。

表 12-16 锁的粒度

资源	描述
数据行（RID）	用于锁定堆中的单个行的行标识符

续表

资源	描述
索引行（Key）	索引中用于保护可序列化事务中的键范围的行锁
页（Page）	一个数据页或索引页，其大小为 8KB
范围（Extent）	一组连续的 8 个页组成，如数据页或索引页
HOBT	堆或 B 树。保护索引或没有聚集索引的表中数据页堆的锁
表（Table）	包括所有数据和索引的整个表
文件（File）	数据库
应用程序（Application）	应用程序专用的资源
元数据（Metadata）	元数据锁
分配单元（Allocation_Unit）	分配单元
数据库（Database）	整个数据库

封锁粒度与系统的并发度和并发控制的开销密切相关。直观地看，封锁的粒度越大，数据库所能够封锁的数据单元就越少，并发度就越小，系统开销也越小；反之，封锁的粒度越小，并发度越高，但系统开销也就越大。

注意：

（1）行级锁是一种最优锁，因为行级锁不可能出现占用数据而不使用数据的现象；

（2）锁升级是指调整锁的粒度，将多个低粒度的锁替换成少数的更高粒度的锁。

12.3.5 查看锁的信息

在 SQL Server 2019 中，查看锁的信息有多种方式，既可以通过 SSMS 查看锁的信息，也可以通过存储过程查看锁的信息。另外，通过 SQL Profiler 工具，还可以用图形化的方式显示与分析死锁（Deadlock）事件，有关操作请参阅相关资料。

1. 锁的兼容性

在一个事务已经锁定某个对象的情况下，另一个事务也请求锁定该对象，则会出现锁定兼容与冲突。当两种锁定方式兼容时，允许第二个事务的锁定请求。反之，不允许第二个事务的锁定请求，直至等待第一个事务释放其现有的不兼容锁定为止。

资源锁模式有一个兼容性矩阵，列出同一资源上可获取的兼容性的锁，如表 12-17 所示。

表 12-17　常见的锁模式兼容性矩阵

锁 A	锁 B					
	IS	S	IX	SIX	U	X
IS	是	是	是	是	是	否
S	是	是	否	否	是	否
IX	是	否	是	否	否	否
SIX	是	否	否	否	否	否
U	是	是	否	否	否	否
X	否	否	否	否	否	否

注意：

（1）意向排他（IX）锁与意向排他（IX）锁模式兼容，因为 IX 锁只打算更新一些行而不是所有行，还允许其他事务读取或更新部分行，只要这些行不是当前事务所更新的行即可；

（2）架构稳定性（Sch-S）锁与除了架构修改（Sch-M）锁模式之外的所有锁模式相兼容；

（3）架构修改（Sch-M）锁与所有锁模式都不兼容；

（4）批量更新（BU）锁只与架构稳定（Sch-S）锁及其他 BU 锁相兼容。

【例 12-7】 共享锁和更新锁兼容示例（A、B 代码分别存储于两个窗格中，下同）。

A 事务。

```
begin tran
select 时间1=getdate(),* from 学生 with(updlock) where 学号='19010101'
go
waitfor delay '00:00:06'                                          --暂停 6 秒
update 学生 set 总分=总分-10 where 学号='19010101'             --updlock 升级为排他锁
waitfor delay '00:00:06'
rollback tran
go
select 时间2=getdate(),* from 学生 where 学号='19010101'
```

B 事务。

```
begin tran
select 时间1=getdate(),* from 学生 with(updlock) where 学号='19010101'
go
waitfor delay '00:00:06'
update 学生 set 总分=总分+10 where 学号='19010101'
select 时间2=getdate(), * from 学生 where 学号='19010101'
commit tran
```

先执行 A 事务，然后立即执行 B 事务，A、B 事务的最终运行结果分别如图 12-2 和图 12-3 所示。

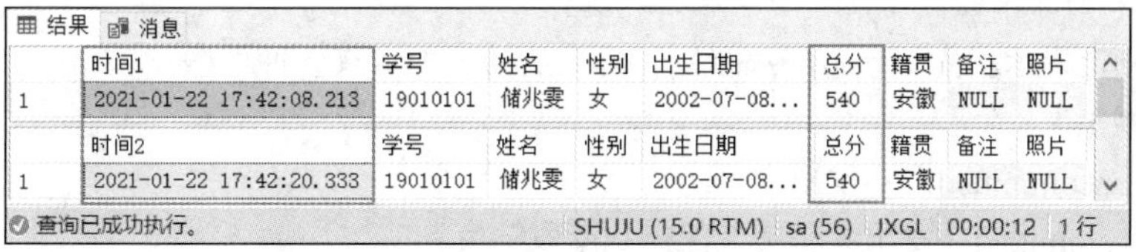

结果 消息

	时间1	学号	姓名	性别	出生日期	总分	籍贯	备注	照片
1	2021-01-22 17:42:08.213	19010101	储兆雯	女	2002-07-08...	540	安徽	NULL	NULL

	时间2	学号	姓名	性别	出生日期	总分	籍贯	备注	照片
1	2021-01-22 17:42:20.333	19010101	储兆雯	女	2002-07-08...	540	安徽	NULL	NULL

查询已成功执行。 SHUJU (15.0 RTM) sa (56) JXGL 00:00:12 1 行

图 12-2 A 事务运行结果

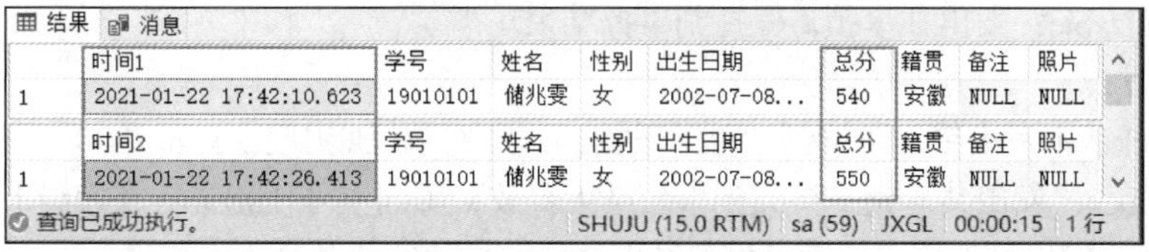

结果 消息

	时间1	学号	姓名	性别	出生日期	总分	籍贯	备注	照片
1	2021-01-22 17:42:10.623	19010101	储兆雯	女	2002-07-08...	540	安徽	NULL	NULL

	时间2	学号	姓名	性别	出生日期	总分	籍贯	备注	照片
1	2021-01-22 17:42:26.413	19010101	储兆雯	女	2002-07-08...	550	安徽	NULL	NULL

查询已成功执行。 SHUJU (15.0 RTM) sa (59) JXGL 00:00:15 1 行

图 12-3 B 事务运行结果

注意：共享锁和更新锁可以同时在同一个资源上，同一时间不能在同一资源上有两个更新锁，一个事务只能有一个更新锁获此资格。

2. 通过 SSMS 查看锁的信息

启动 SSMS，在“对象资源管理器”窗格中右击“SHUJU”（服务器实例）节点，在弹出的快捷菜单中执行“活动和监视器”命令，打开“SHUJU-活动监视器”窗格，如图 12-4 所示。

使用 object_name()函数可以查看被锁表信息。

```
select request_session_id spid,
 object_name(resource_associated_entity_id) tableName
 from sys.dm_tran_locks where resource_type='object'
```

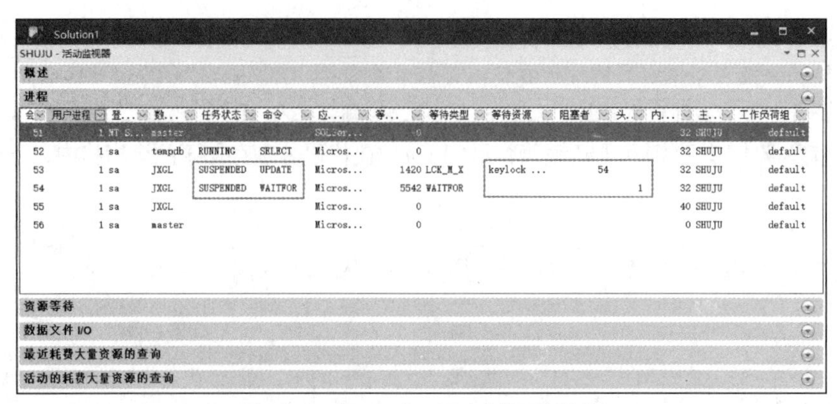

图 12-4 “SHUJU-活动监视器”窗格

3. 使用存储过程查看锁的信息

使用系统存储过程 sp_lock 也可以列出当前的锁，其语法格式如下。

```
sp_lock [spid]
```

说明：spid 是 int 类型的进程 ID 号，如果不指定 spid，则显示所有进程的锁。

【例 12-8】 显示编号为 53 的锁的信息。

```
use jxgl
exec sp_lock 53
```

12.3.6 锁定提示

封锁及其升级是由系统动态管理的，然而有时为了应用程序正确运行和保持数据的一致性，必须人为地对 SQL 语句进行特别指定（锁定提示、手工加锁），其语法格式如下。

```
select * from <表名> whith(锁) where <条件>
```

说明：锁定提示优先于事务隔离级别，常见的锁定提示有 3 种类型。

（1）类型 1。

① read uncommitted：不发出锁。

② read committed：发出共享锁，保持到读取结束。

③ repeatableread：发出共享锁，保持到事务结束。

④ serializable：发出共享锁，保持到事务结束。

（2）类型 2。

① nolock：不发出锁，可读到“脏”数据，这个选项仅应用于 select 语句。

② holdlock：发出共享锁，持续到事务结束释放，等同于 serializable 在表级上的应用。

③ xlock：发出排他锁，持续到事务结束释放（排他锁与共享锁不兼容）。

④ updlock：发出更新锁，持续到这个语句或整个事务结束释放，允许别的事务读数据（更新锁与共享锁兼容），不允许更新和删除。

⑤ readpast：发出共享锁，但跳过锁定行，它不会被阻塞，适用条件为提交读的隔离级别、行级锁、select 语句中。

（3）类型 3。

① rowlock：使用行级锁，而不使用粒度更粗的页级锁和表级锁。

② paglock：在使用一个表锁的地方使用多个页锁。

③ tablock：在表级上发出共享锁，持续到语句结束释放。xlock tablock 等价于 tablockx。

④ tablockx：在表级上发出排他锁，持续到语句或事务结束，阻止其他事务读或更新数据。

【例 12-9】系统自动加排他锁的情况。

A 事务。

```
use jxgl
go
begin tran
  update 学生 set 姓名='席同锁' where 学号='19010101'
  waitfor delay '00:00:10'                      --等待 10 秒
commit tran
```

B 事务。

```
use jxgl
go
begin tran
  select * from 学生 where 学号='19010101'        --等待 A 事务结束才能执行
commit tran
```

执行 A 事务后，立即执行 B 事务，则 B 事务（select 语句）必须等待 A 事务（执行 update 语句时，系统自动加上排他锁）执行完毕才能执行，即 B 事务要等待 10 秒才能显示查询结果。

【例 12-10】人为加 holdlock 锁的情况（比较 tablock 锁）。

A 事务。

```
use jxgl
go
begin tran
  select 时间 0=getdate(),* from 学生 with (holdlock)       --人为加 holdlock 锁
  where 学号='19010101'
  waitfor delay '00:00:10'                                  --延迟 10 秒后结束事务
commit tran
```

B 事务。

```
use jxgl
go
begin tran
  select 时间 1=getdate(),* from 学生 where 学号='19010101'--不等待，立即执行
  go
  update 学生 set 姓名='任伟锁' where 学号='19010101'         --伴随 A 事务延迟
  select 时间 2=getdate(), * from 学生 where 学号='19010101'
commit tran
```

执行 A 事务后，立即执行 B 事务，A、B 事务的最终运行结果分别如图 12-5 和图 12-6 所示。

结果 消息

	时间0	学号	姓名	性别	出生日期	总分	籍贯	备注	照片
1	2021-01-22 18:12:33.200	19010101	席同锁	女	2002-07-08 0...	550	安徽	NULL	NULL

查询已成功执行。 SHUJU (15.0 RTM) sa (56) JXGL 00:00:10 1 行

图 12-5 A 事务运行结果

结果 消息

	时间1	学号	姓名	性别	出生日期	总分	籍贯	备注	照片
1	2021-01-22 18:12:34.770	19010101	席同锁	女	2002-07-08...	550	安徽	NULL	NULL

	时间2	学号	姓名	性别	出生日期	总分	籍贯	备注	照片
1	2021-01-22 18:12:43.347	19010101	任伟锁	女	2002-07-08...	550	安徽	NULL	NULL

查询已成功执行。 SHUJU (15.0 RTM) sa (59) JXGL 00:00:08 1 行

图 12-6 B 事务运行结果

注意：B 事务连接中的 select 语句可以立即执行，而 update 语句必须等待 A 事务连接中的共享锁结束后才能执行，即 B 事务连接中的 update 语句要等待 10 秒才能执行。

【例 12-11】 人为加 tablock 锁的情况（比较 holdlock 锁）。

A 事务。

```
use jxgl
go
begin tran
  select 时间0=getdate(),* from 学生 with (tablock)       --人为加tablock锁
  where 学号='19010101'
  waitfor delay '00:00:10'                                  --延迟10秒后结束事务
commit tran
```

B 事务。

```
use jxgl
go
begin tran
  select 时间1=getdate(),* from 学生 where 学号='19010101'--不等待，立即执行
  go
  update 学生 set 姓名='龚巷锁' where 学号='19010101'       --不等待，立即执行
  select 时间2=getdate(), * from 学生 where 学号='19010101'
commit tran
```

执行 A 事务后，立即执行 B 事务，A、B 事务的最终运行结果分别如图 12-7 和图 12-8 所示。

结果 消息

	时间0	学号	姓名	性别	出生日期	总分	籍贯	备注	照片
1	2021-01-22 18:28:21.973	19010101	任伟锁	女	2002-07-08 ...	550	安徽	NULL	NULL

查询已成功执行。 SHUJU (15.0 RTM) sa (56) JXGL 00:00:10 1 行

图 12-7 A 事务运行结果

结果 消息

	时间1	学号	姓名	性别	出生日期	总分	籍贯	备注	照片
1	2021-01-22 18:28:23.593	19010101	任伟锁	女	2002-07-08...	550	安徽	NULL	NULL

	时间2	学号	姓名	性别	出生日期	总分	籍贯	备注	照片
1	2021-01-22 18:28:23.683	19010101	龚巷锁	女	2002-07-08...	550	安徽	NULL	NULL

查询已成功执行。 SHUJU (15.0 RTM) sa (59) JXGL 00:00:00 1 行

图 12-8 B 事务运行结果

注意：A 事务执行完 select 语句后，立即释放共享锁，B 事务得以立即执行 update 语句。

12.3.7 活锁与死锁

封锁可有效解决并行操作的不一致性问题，但也因此而产生新的问题：活锁和死锁。

1. 活锁（Livelock）

当某个事务请求对某一数据的排他性封锁时，由于其他事务对该数据的操作而使这个事务处于永久等待状态，这种状态称为活锁。

【例 12-12】 如果事务 T1 封锁了数据 R，事务 T2 又请求封锁 R，于是 T2 等待。T3 也请求封锁 R，当 T1 释放了 R 上的封锁之后系统先批准了 T3 的请求，T2 仍然等待。然后 T4 又请求封锁 R，当 T3 释放了 R 上的封锁之后系统又批准了 T4 的请求……T2 有可能永远等待，从而发生了活锁，如表 12-18 所示。

表 12-18　活锁

时刻	事务 T1	事务 T2	事务 T3	事务 T4
*t*0	lock(R)			
*t*1	…	申请 lock(A)		
*t*2	…	wait	申请 lock(R)	
*t*3	unlock(R)	wait	wait	申请 lock(R)
*t*4		wait	获准 lock(R)	wait
*t*5		wait	…	wait
*t*6		wait	unlock(R)	wait
*t*7		wait		获准 lock(R)

预防活锁的简单办法是采用“先来先服务”的策略。当多个事务请求封锁同一数据对象时，封锁子系统按请求封锁的先后次序对事务排队，数据对象上的锁一旦释放，就按顺序批准申请队列中的第一个事务获得锁。

2. 死锁（Deadlock）

死锁是指多个用户（进程）分别锁定了一个资源，并又试图请求锁定对方已经锁定的资源，这就产生了一个锁定请求环，导致多个用户（进程）都处于等待对方释放所锁定资源的状态。死锁是所有事务都被无限延迟的极端阻塞情况，导致死锁出现的情况主要有两种。

（1）两个事务同时锁定两个单独的对象，又彼此要求封锁对方的锁定对象。

（2）长时间执行不能控制处理顺序的并发事务，如复杂查询中的连接查询。

【例 12-13】 如果事务 T1 封锁了数据 R1，T2 封锁了数据 R2，然后 T1 又请求封锁 R2，因 T2 已封锁了 R2，于是 T1 等待 T2 释放 R2 上的锁。接着 T2 又申请封锁 R1，因 T1 已封锁了 R1，T2 也只能等待 T1 释放 R1 上的锁。这样就出现了相互等待状态而不能结束，就形成了死锁的局面，如表 12-19 所示。

表 12-19　死锁

时刻	事务 T1	事务 T2	时刻	事务 T1	事务 T2
*t*0	lock(R1)		*t*4	wait	wait
*t*1	…	lock(R2)	*t*5	wait	wait
*t*2	申请 lock(R2)	…	*t*6	wait	wait
*t*3	wait	申请 lock(R1)	*t*7	wait	wait

防止死锁的发生其实就是要破坏产生死锁的条件。预防死锁通常有两种方法。

（1）一次加锁法

要求每个事务一次就将要使用的数据全部加锁，否则就不能继续执行下去。这种方法存在以下缺点。

① 事务耗时锁定过多的数据，延迟其他事务及时访问，降低了系统的并发程度。

② 无法预知事务需要加锁的数据，被迫扩大加锁范围，降低了系统的并发程度。

（2）顺序加锁法。

预先规定一个访问数据的加锁顺序，要求所有事务都遵照执行这个加锁顺序。这种方法存在以下缺点。

① 需要加锁的数据过多，并且不断变化，维护加锁顺序很困难，代价非常大。

② 事务封锁请求是随着事务执行而动态决定，无法预知事务访问的数据，难以统一要求事

务遵照固定的加锁顺序。

在操作系统中广为使用的预防死锁发生的策略并不适用于数据库系统。在 DBMS 中普遍采用的是诊断并解除死锁的办法，即允许发生死锁，采用一定手段定期诊断系统中有无死锁，如果有就设法解除。

诊断死锁并解除死锁的方法有超时法和事务等待图法。

（1）超时法。如果一个事务的等待时间超过规定时间，就认为发生了死锁。这个实现简单，但不足也很明显。一是误判死锁，事务因为其他原因使等待时间超过时限被误判为死锁；二是时限设置太长，死锁发生后不可能及时发现。

（2）事务等待图法。事务等待图是一个有向图 $G=(T,U)$，T 为节点的集合，每个节点表示正在运行的事务；U 为边的集合，每条边表示事务等待的情况。若事务 T1 等待事务 T2，则在 T1 和 T2 之间划一条有向边，表示从 T1 指向 T2。

事务等待图动态地反映了所有事务的等待情况。并发控制子系统周期性地生成事务等待图，并进行检测。如果发现图中存在回路，则表示系统中出现了死锁。当搜索检测到锁定请求环时，SQL Server 系统通常选择一个处理死锁代价最小的事务，将其撤销，释放此事务持有的所有锁，使其他事务得以继续下去。当然，系统会回滚该事务以保持数据一致性，并向该进程发出 1205 号错误信息。

【例 12-14】 死锁示例（初始化总分为 540 分，姓名为储兆雯）。

A 事务。

```
use jxgl
go
begin tran
select 时间1=getdate(),* from 学生 with(holdlock) where 学号='19010101'
go
waitfor delay '00:00:06'
update 学生 set 总分=总分-10 where 学号='19010101'
waitfor delay '00:00:06'
rollback tran
go
select 时间2=getdate(),* from 学生 where 学号='19010101'
```

B 事务。

```
use jxgl
go
begin tran
select 时间1=getdate(),* from 学生 with(holdlock) where 学号='19010101'
waitfor delay '00:00:06'
update 学生 set 总分=总分-10 where 学号='19010101'
select 时间2=getdate(), * from 学生 where 学号='19010101'
commit tran
```

C 事务。

```
select spid,blocked,loginame,last_batch,status,cmd,hostname,program_name
  from sysprocesses
   where spid in
   (select blocked from sysprocesses where blocked<>0) or (blocked<>0)
```

执行 A 事务后，立即执行 B 事务，适时执行 C 事务，A、B 事务的最终运行结果分别如图 12-9 和图 12-10 所示，C 事务运行结果如图 12-11 所示。

图 12-9 A 事务运行结果

	时间1	学号	姓名	性别	出生日期	总分	籍贯	备注	照片
1	2021-02-04 16:35:11.910	19010101	储兆雯	女	2002-07...	540	安徽	NULL	NULL

	时间2	学号	姓名	性别	出生日期	总分	籍贯	备注	照片
1	2021-02-04 16:35:20.947	19010101	储兆雯	女	2002-07...	530	安徽	NULL	NULL

查询已成功执行。 SHUJU (15.0 RTM) sa (64) JXGL 00:00:09 1 行

图 12-10 B 事务运行结果

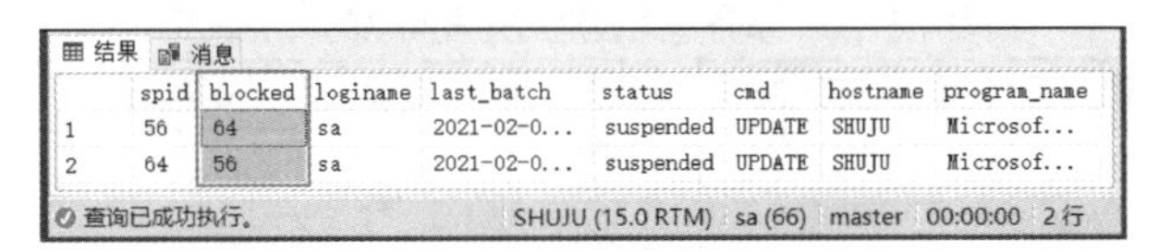

	spid	blocked	loginame	last_batch	status	cmd	hostname	program_name
1	56	64	sa	2021-02-0...	suspended	UPDATE	SHUJU	Microsof...
2	64	56	sa	2021-02-0...	suspended	UPDATE	SHUJU	Microsof...

查询已成功执行。 SHUJU (15.0 RTM) sa (66) master 00:00:00 2 行

图 12-11 C 事务运行结果

注意：当 T1 执行 select 语句后，其共享锁需升级为排他锁才能继续执行 update 语句，升级之前，需要 T2 释放其共享锁，但共享锁 holdlock 只有在事务结束后才释放，所以 T2 不释放共享锁而导致 T1 等待；同理，T1 不释放共享锁而导致 T2 等待，这样就产生了死锁。

12.4 事务隔离级别

很多情况下，定义正确的隔离级别并不是简单的决定。作为一种通用的规则，使用较低的隔离级别（已提交读）比使用较高的隔离级别（可序列化）持有共享锁的时间更短，更有利于减少锁竞争，避免死锁，同时依然可以为事务提供它所需的并发性能。

12.4.1 隔离级别概述

事务隔离级别是指控制一个事务与其他事务的隔离程度，它是系统内置的一组加锁策略。对于编程人员来说，不是通过手工设置来控制锁的使用，而是通过设置事务的隔离级别来控制锁的使用，从而实现并发控制访问。

1. 并发控制模式

SQL Server 2019 提供了两种并发控制机制：悲观并发控制模式和乐观并发控制模式。

（1）悲观并发控制模式。

在悲观并发控制中，通过锁定系统锁定资源来阻止其他用户修改数据，以免影响自己。如果用户操作时应用了某个锁，只有锁的所有者释放该锁后，其他用户才能执行与该锁冲突的操作。悲观并发控制主要适用于数据争用激烈（数据修改操作足够多）的环境中，以及发生并发冲突时用锁保护数据的成本低于回滚事务的成本的环境中。在悲观并发控制中，读（read）和写（write）之间是冲突的、互相阻塞的。

（2）乐观并发控制模式。

在乐观并发控制中，用户读取数据时不锁定数据。当一个用户更新数据时，系统将进行（行版本）检查，查看该用户读取数据后是否有其他用户又更改了数据。如果其他用户更新了数据，将产生一个错误信息，收到错误信息的用户将回滚事务并重新读取。乐观并发控制适用于数据争用不大（数据修改操作非常少）且偶尔回滚事务的成本低于读取数据时锁定数据的成本的环境。在乐观并发控制中，读和写之间不会相互阻塞，但是写和写之间会发生阻塞。

2. 事务隔离级别

设置事务隔离级别的命令是 set transaction isolation level，其语法格式如下。

```
set transaction isolation level
 { read committed | read uncommitted | repeatable read | serializable | snapshot }
```

说明：系统按照设置的隔离级别自动控制并发事务处理。

12.4.2 ISO 标准事务隔离级别

SQL Server 2019 支持 ANSI/ISO SQL 92 标准定义的 4 个等级的事务隔离级别，如表 12-20 所示，不同事务隔离级别能够解决的数据并发问题的能力是不同的。

表 12-20 事务隔离级别对并发问题的解决情况

隔离级别	脏读	不可重复读	幻读	第一类丢失更新	第二类丢失更新
未提交读	允许	允许	允许	不允许	允许
已提交读	不允许	允许	允许	不允许	允许
可重复读	不允许	不允许	允许	不允许	不允许
可串行化读	不允许	不允许	不允许	不允许	不允许

隔离级别越高，越能保证数据的完整性和一致性，但也意味着并发性能的降低。通常情况下，隔离级别设为 Read Committed，既能避免脏读取，又保持较好的并发性能。

1. 未提交读

未提交读（Read Uncommitted）是最低的事务隔离级别，只保证读取过程中不会读取非法数据，读事务不会阻塞读事务和写事务，因此（一个）读事务可以读取（其他）写事务尚未提交的数据，写事务也不会阻塞读事务，只会阻塞写事务而已。

【例 12-15】 使用未提交隔离级别的脏读示例。

A 事务。

```
use jxgl
go
set transaction isolation level read uncommitted
begin tran
 update 学生 set 总分=总分+5 where 籍贯='山东'
 select 次数=1,* from 学生 where 籍贯='山东'
 waitfor delay '00:00:10'          --暂停 10 秒
 rollback transaction              --回滚事务
 select 次数=2,* from 学生 where 籍贯='山东'
```

B 事务。

```
set transaction isolation level read uncommitted
begin transaction
select * from 学生 where 籍贯='山东'
commit transaction
```

执行 A 事务后，立即运行 B 事务，A、B 事务的最终运行结果分别如图 12-12 和图 12-13 所示。

结果 消息

	次数	学号	姓名	性别	出生日期	总分	籍贯	备注	照片
1	1	19020103	张韵韵	女	2000-0...	531	山东	NULL	NULL
2	1	19030101	张文硕	男	2000-0...	530	山东	NULL	NULL

	次数	学号	姓名	性别	出生日期	总分	籍贯	备注	照片
1	2	19020103	张韵韵	女	2000-0...	526	山东	NULL	NULL
2	2	19030101	张文硕	男	2000-0...	525	山东	NULL	NULL

查询已成功执行。 SHUJU (15.0 RTM) sa (56) JXGL 00:00:10 2 行

图 12-12 A 事务运行结果

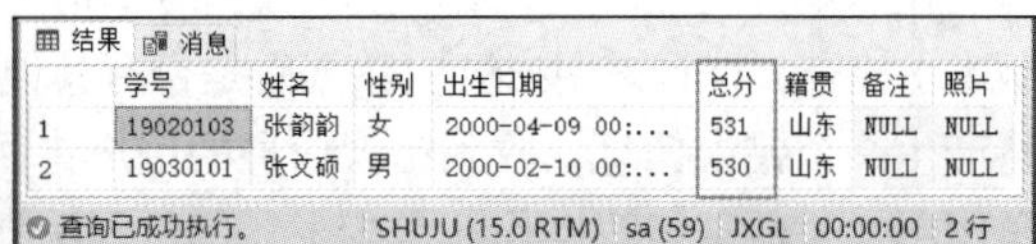
结果 消息

	学号	姓名	性别	出生日期	总分	籍贯	备注	照片
1	19020103	张韵韵	女	2000-04-09 00:...	531	山东	NULL	NULL
2	19030101	张文硕	男	2000-02-10 00:...	530	山东	NULL	NULL

查询已成功执行。 SHUJU (15.0 RTM) sa (59) JXGL 00:00:00 2 行

图 12-13 B 事务运行结果

2. 已提交读

采用已提交读（Read Committed）隔离级别的时候，读事务不会阻塞读事务和写事务，不过写事务会阻塞读事务和写事务，因此只解决了脏读问题，没有解决不可重复读和幻读问题。此级别是 SQL Server 数据库引擎默认的隔离级别。

【例 12-16】 使用已提交隔离级别的不可重复读示例。

A 事务。

```
use jxgl
go
set tran isolation level read committed
begin transaction
select 次数=1,* from 学生 where 籍贯='山东'
waitfor delay '00:00:10'
select 次数=2,* from 学生 where 籍贯='山东'
waitfor delay '00:00:10'
select 次数=3,* from 学生 where 籍贯='山东'
commit transaction
```

B 事务。

```
use jxgl
go
set tran isolation level read committed
begin transaction
update 学生 set 总分=总分-5 where 籍贯='山东'
select * from 学生 where 籍贯='山东'
waitfor delay '00:00:10'
commit transaction
```

执行 A 事务后，立即运行 B 事务，A、B 事务的最终运行结果分别如图 12-14 和图 12-15 所示。

结果 消息

	次数	学号	姓名	性别	出生日期	总分	籍贯	备注	照片
1	1	19020103	张韵韵	女	2000-04-...	526	山东	NULL	NULL
2	1	19030101	张文硕	男	2000-02-...	525	山东	NULL	NULL

	次数	学号	姓名	性别	出生日期	总分	籍贯	备注	照片
1	2	19020103	张韵韵	女	2000-04...	521	山东	NULL	NULL
2	2	19030101	张文硕	男	2000-02...	520	山东	NULL	NULL

	次数	学号	姓名	性别	出生日期	总分	籍贯	备注	照片
1	3	19020103	张韵韵	女	2000-04...	521	山东	NULL	NULL
2	3	19030101	张文硕	男	2000-02...	520	山东	NULL	NULL

查询已成功执行。 SHUJU (15.0 RTM) sa (56) JXGL 00:00:22 2 行

图 12-14 A 事务运行结果

结果 消息

	学号	姓名	性别	出生日期	总分	籍贯	备注	照片
1	19020103	张韵韵	女	2000-04-09...	521	山东	NULL	NULL
2	19030101	张文硕	男	2000-02-10...	520	山东	NULL	NULL

查询已成功执行。 SHUJU (15.0 RTM) sa (59) JXGL 00:00:10 2 行

图 12-15 B 事务运行结果

3. 可重复读

采用可重复读（Repeatable Read）隔离级别，读事务只阻塞写事务中的 update 和 delete 操作，不阻塞读事务和写事务中的 insert 操作，因此只解决了脏读和不可重复读的问题，还是没有解决幻读问题。此级别会影响系统的性能，非必要情况最好不用此隔离级别。

【例 12-17】 使用可重复读隔离级别的幻读示例。

A 事务。

```
use jxgl
go
set tran isolation level repeatable read
begin transaction
select * from 学生 where 籍贯='山东'
waitfor delay '00:00:10'
select * from 学生 where 籍贯='山东'
commit transaction
waitfor delay '00:00:10'
set tran isolation level read committed
```

B 事务。

```
use jxgl
go
set tran isolation level repeatable read
begin transaction
insert into 学生(学号,姓名,性别,总分,籍贯)
 values('22010101','柯崇福','男',550,'山东')
commit transaction
```

执行 A 事务后，立即运行 B 事务，A 事务的最终运行结果如图 12-16 所示。

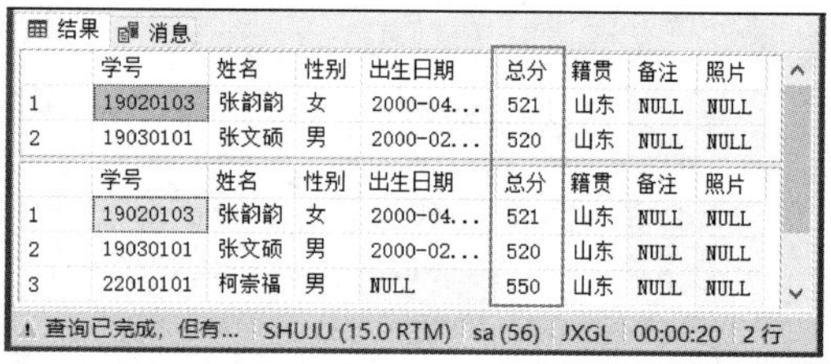

结果 消息

	学号	姓名	性别	出生日期	总分	籍贯	备注	照片
1	19020103	张韵韵	女	2000-04...	521	山东	NULL	NULL
2	19030101	张文硕	男	2000-02...	520	山东	NULL	NULL

	学号	姓名	性别	出生日期	总分	籍贯	备注	照片
1	19020103	张韵韵	女	2000-04...	521	山东	NULL	NULL
2	19030101	张文硕	男	2000-02...	520	山东	NULL	NULL
3	22010101	柯崇福	男	NULL	550	山东	NULL	NULL

查询已完成，但有... SHUJU (15.0 RTM) sa (56) JXGL 00:00:20 2 行

图 12-16 A 事务运行结果

4. 可串行化读

可串行化读（Serializable）是最严格的隔离级别，和 X 锁类似，要求事务序列化执行，读事务阻塞了写事务的任何操作，解决了并发异常问题（脏读、不可重复读、幻读）。此级别极大影响系统的性能，如非必要，应该避免设置此隔离级别。

【例 12-18】 使用可串行化读隔离级别。

A 事务。

```
use jxgl
go
set tran isolation level serializable
begin transaction
select * from 学生 where 籍贯='山西'
waitfor delay '00:00:10'
select * from 学生 where 籍贯='山西'
commit transaction
set tran isolation level read committed
```

B 事务。

```
use jxgl
go
begin transaction
insert into 学生(学号,姓名,性别,总分,籍贯)
 values('22010104','徐列华','男',550,'山西')
select * from 学生 where 籍贯='山西'
update 学生 set 性别='女' where 学号='22010104'
select * from 学生 where 籍贯='山西'
commit transaction
```

执行 A 事务后，立即运行 B 事务，A、B 事务的最终运行结果分别如图 12-17 和图 12-18 所示。

结果 消息

	学号	姓名	性别	出生日期	总分	籍贯	备注	照片
1	20040201	黄美娟	女	2004-09...	535	山西	NULL	NULL

	学号	姓名	性别	出生日期	总分	籍贯	备注	照片
1	20040201	黄美娟	女	2004-09...	535	山西	NULL	NULL

查询已成功执行。 SHUJU (15.0 RTM) sa (56) JXGL 00:00:30 1 行

图 12-17 A 事务运行结果

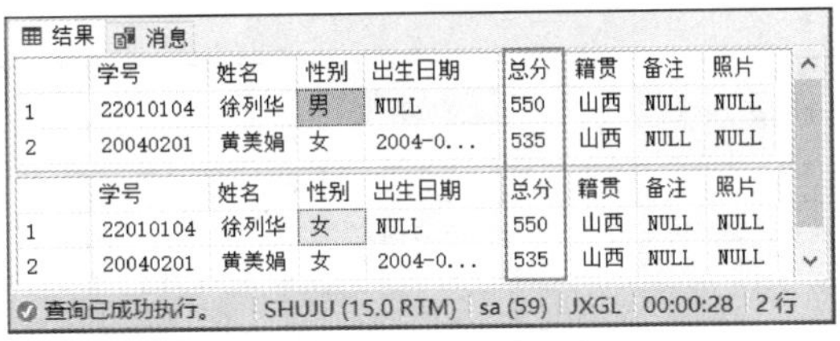

结果 消息

	学号	姓名	性别	出生日期	总分	籍贯	备注	照片
1	22010104	徐列华	男	NULL	550	山西	NULL	NULL
2	20040201	黄美娟	女	2004-0...	535	山西	NULL	NULL

	学号	姓名	性别	出生日期	总分	籍贯	备注	照片
1	22010104	徐列华	女	NULL	550	山西	NULL	NULL
2	20040201	黄美娟	女	2004-0...	535	山西	NULL	NULL

查询已成功执行。 SHUJU (15.0 RTM) sa (59) JXGL 00:00:28 2 行

图 12-18 B 事务运行结果

12.4.3 T-SQL 行版本隔离级别

行版本控制允许一个事务在排他锁定数据后读取数据的最后提交版本，读取数据时不再请求共享锁，而且永远不会与修改进程的数据发生冲突，如果请求的行被锁定（如正被更新），系统会从行版本存储区返回最早的关于该行的记录。由于不必等待到锁释放就可进行读操作，可以降低读写操作之间发生的死锁几率，因此查询性能得以大大增强。

SQL Server 支持两种行版本事务隔离级别：已提交读（快照）和快照，如表 12-21 所示。

表 12-21 SQL Server 2019 的事务隔离级别

隔离级别	脏读	不可重复读	幻影读	并发控制模型
已提交读（快照）	不允许	允许	允许	乐观
快照	不允许	不允许	不允许	乐观

快照和已提交读快照的区别在于已提交读快照只是在更新的时候对快照和原始数据进行版本比较；而快照则不仅在更新时比较，而且在多次读事务的时候也比较读取数据的版本。

1. 已提交读（快照）

已提交读（快照）（Read_Committed_Snapshot）是已提交读隔离级别的一种实现方法。和已提交读级别相比较：相同的是两者只能避免脏读，也无更新冲突检测，不同的是，已提交读（快照）读数据时无须共享锁，因而读写之间不会阻塞。

【例 12-19】 使用已提交读（快照）隔离级别。

A 事务。

```
alter database jxgl set allow_snapshot_isolation on
use jxgl
go
alter database jxgl set read_committed_snapshot on
set transaction isolation level read committed
begin transaction
select * from 学生 where 籍贯='山东'
waitfor delay '00:00:10'
select * from 学生 where 籍贯='山东'
commit transaction
```

B 事务。

```
use jxgl
go
begin transaction
update 学生 set 总分=总分-5 where 籍贯='山东'
select * from 学生 where 籍贯='山东'
commit transaction
```

执行 A 事务后，立即运行 B 事务，A、B 事务的最终运行结果分别如图 12-19 和图 12-20 所示。

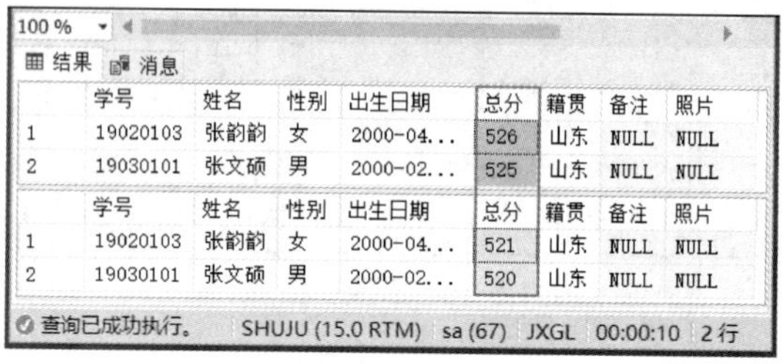

100 %

结果 消息

	学号	姓名	性别	出生日期	总分	籍贯	备注	照片
1	19020103	张韵韵	女	2000-04...	526	山东	NULL	NULL
2	19030101	张文硕	男	2000-02...	525	山东	NULL	NULL

	学号	姓名	性别	出生日期	总分	籍贯	备注	照片
1	19020103	张韵韵	女	2000-04...	521	山东	NULL	NULL
2	19030101	张文硕	男	2000-02...	520	山东	NULL	NULL

查询已成功执行。 SHUJU (15.0 RTM) sa (67) JXGL 00:00:10 2 行

图 12-19　A 事务运行结果

100 %

结果 消息

	学号	姓名	性别	出生日期	总分	籍贯	备注	照片
1	19020103	张韵韵	女	2000-04-...	521	山东	NULL	NULL
2	19030101	张文硕	男	2000-02-...	520	山东	NULL	NULL

查询已成功执行... SHUJU (15.0 RTM) sa (68) JXGL 00:00:00 2 行

图 12-20　B 事务运行结果

2. 快照

使用快照（Snapshot）隔离级别时，所有读取操作不再受其他锁定影响，读取的数据是读取事务开始前逻辑确定并符合一致性的数据行版本。快照可以避免脏读、丢失更新、不可重复读、幻读，而且有更新冲突检测的特点。

【例 12-20】 使用快照隔离级别。

A 事务。

```
use jxgl
go
alter database jxgl set allow_snapshot_isolation on
set tran isolation level snapshot
begin transaction
select * from 学生 where 籍贯='山东'
waitfor delay '00:00:10'
select * from 学生 where 籍贯='山东'
commit transaction
alter database jxgl set allow_snapshot_isolation off
```

B 事务。

```
use jxgl
go
begin transaction
update 学生 set 总分=总分+5 where 籍贯='山东'
select * from 学生 where 籍贯='山东'
commit transaction
```

执行 A 事务后，立即运行 B 事务，A、B 事务的最终运行结果分别如图 12-21 和图 12-22 所示。

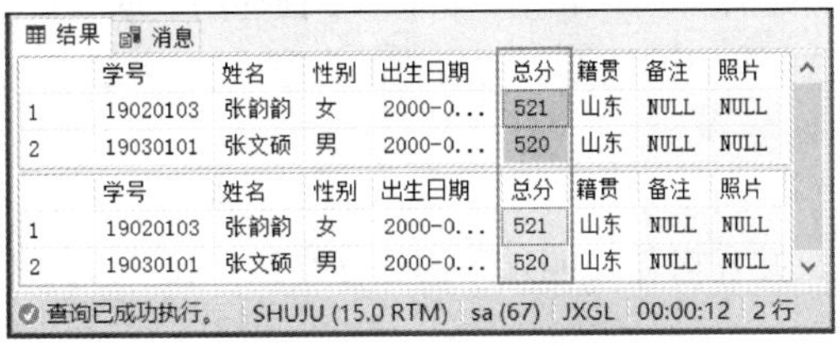

结果 消息

	学号	姓名	性别	出生日期	总分	籍贯	备注	照片
1	19020103	张韵韵	女	2000-0...	521	山东	NULL	NULL
2	19030101	张文硕	男	2000-0...	520	山东	NULL	NULL

	学号	姓名	性别	出生日期	总分	籍贯	备注	照片
1	19020103	张韵韵	女	2000-0...	521	山东	NULL	NULL
2	19030101	张文硕	男	2000-0...	520	山东	NULL	NULL

查询已成功执行。 SHUJU (15.0 RTM) sa (67) JXGL 00:00:12 2 行

图 12-21 A 事务运行结果

100 %

结果 消息

	学号	姓名	性别	出生日期	总分	籍贯	备注	照片
1	19020103	张韵韵	女	2000...	526	山东	NULL	NULL
2	19030101	张文硕	男	2000...	525	山东	NULL	NULL

查询已成... SHUJU (15.0 RTM) sa (68) JXGL 00:00:00 2 行

图 12-22 B 事务运行结果

本章小结

事务和锁是两个紧密联系的概念。对于多用户系统来说，事务使用锁来防止其他用户修改另外一个还没有完成的事务中的数据，解决了数据库的并发性问题。SQL Server 2019 具有多粒度锁定，允许一个事务锁定不同类型的资源。为了使锁定的成本最小化，SQL Server 自动将资源对象锁定在适合任务的级别上。

习题十二

一、选择题

1. 如果事务 T 获得了数据项 Q 上的排他锁，则 T 对 Q（　　）。

A. 只能写不能读　B. 只能读不能写　C. 不能读不能写　D. 既可读又可写

2. 一级封锁协议解决了事务了的并发操作带来的（　　）不一致性的问题。

A. 读脏数据　B. 数据重复修改　C. 数据丢失修改　D. 不可重复读

3. 事务 T 对数据对象 A 加上（　　），其他事务就只能再对 A 加上 S 锁，不能加 X 锁，直到事务 T 释放 A 上的 S 锁为止。

A. 共享锁　B. 排他锁　C. 独占锁　D. 写锁

4. 不但能防止丢失修改，还可防止读脏数据，但不防止不可重复读的封锁协议是（　　）。

A. 一级封锁协议　B. 二级封锁协议　C. 三级封锁协议　D. 四级封锁协议

5. 不但能防止丢失修改和不读脏数据，而且能防止不可重复读的封锁协议是（　　）。

A. 一级封锁协议　B. 二级封锁协议　C. 三级封锁协议　D. 四级封锁协议

6. 在多个事务请求对同一数据加锁时，总是使某一用户等待的情况称为（　　）。

A. 活锁　B. 死锁　C. 排他锁　D. 共享锁

7. 只允许事务 T 读取和修改数据对象 A，其他任何事务既不能读取也不能修改 A，也不能再对 A 加任何类型的锁，直到 T 释放 A 上的锁，需要事务 T 对 A 加上（　　）。

A. 共享锁　B. 排他锁　C. 读锁　D. S 锁

8. 以下关于顺序加锁法及其缺点叙述错误的是（　　）。

A. 该方法对数据库中事务访问的所有数据项规定一个加锁顺序

B. 每个事务在执行过程中必须按顺序对所需的数据项加锁

C. 维护对这些数据项的加锁顺序很困难，代价非常大

D. 事务按照固定的顺序对这些数据项进行加锁比较方便

9. 数据库系统中部分或全部事务由于无法获得对需要访问的数据项的控制权而处于等待状态，并且将一直等待下去的一种系统状态称为（　　）。

A. 活锁　　B. 死锁　　C. 排他锁　　D. 共享锁

10. 若系统中存在 4 个等待事务 T0、T1、T2、T3，其中 T0 正等待被 T1 锁住的数据项 Al，T1 正等待被 T2 锁住的数据项 A2，T2 正等待被 T3 锁住的数据项 A3，T3 正等待被 T0 锁住的数据项 A0。根据上述描述，系统所处的状态是（　　）。

A. 活锁　　B. 死锁　　C. 封锁　　D. 正常

11. 数据库管理系统采用三级加锁协议来防止并发操作可能导致的数据错误。在三级加锁协议中，一级加锁协议能够解决的问题是（　　）。

A. 丢失修改　　B. 不可重复读　　C. 读脏数据　　D. 死锁

12. 某系统中事务 T1 从账户 A 转出资金到账户 B 中，在此事务执行过程中，另一事务 T2 要进行所有账户的余额统计。在 T1 和 T2 事务成功提交后，数据库服务器突然掉电重启。为了保证 T2 事务统计结果及重启后 A、B 两账户余额正确，需利用到的事务性质分别是（　　）。

A. 丢失修改一致性和隔离性　　B. 隔离性和持久性

C. 原子性和一致性　　D. 原子性和持久性

13. DBMS 通过加锁机制允许多用户并发访问数据库，这属于 DBMS 提供的（　　）。

A. 数据定义功能　　B. 数据操纵功能

C. 数据库运行管理与控制功能　　D. 数据库建立与维护功能

14. 事务 T0、T1 和 T2 并发访问数据项 A、B 和 C，下列属于冲突操作的是（　　）。

A. T0 中的 read(A)和 T0 中的 write(A)　　B. T0 中的 read(B)和 T2 中的 read (C)

C. T0 中的 write (A)和 T2 中的 write(C)　　D. T1 中的 read(C)和 T2 中的 write(C)

15. 锁是保证并发事务正确执行的一种并发控制技术，下列有关锁的说法中错误的是（　　）。

A. 锁是一种特殊的二元信号量，用来控制多个并发事务对共享资源的使用

B. 锁主要有排他锁和共享锁，当某数据项上已有多个共享锁时，只能再加一个排他锁

C. 数据库管理系统可以采用先来先服务的方式防止出现活锁现象

D. 当数据库管理系统检测到死锁后，可以采用撤销死锁事务的方式解除死锁

16. 为了避免数据库出现事务活锁，可以采用的措施是（　　）。

A. 使用先来服务策略处理事务请求　　B. 使用两阶段锁协议

C. 对事务进行并发调度　　D. 使用小粒度锁

17. 以下关于一次性加锁及其缺点的叙述错误的是（　　）。

A. 该方法要求每个事务在开始执行时不必将需要访问的数据项全部加锁

B. 要求事务必须一次性地获得对需要访问的全部数据项的访问权

C. 多个数据项会被一个事务长期锁定独占，降低了系统的并发程度

D. 将事务执行时可能访问的所有数据项全部加锁，进一步降低了系统的并发程度

18. 关于意向锁，以下陈述中正确的是（　　）。

A. 要获得某个资源的共享锁或互斥锁　　B. 要获得某个资源的共享锁

C. 要获得某个资源的互斥锁　　D. 要对某个资源实施意向锁

二、填空题

1. （　　）是 DBMS 的基本单位，它是用户定义的一组逻辑一致的程序序列。

2. 事务的（　　）是指事务中包括的所有操作要么都做，要么都不做。

3. 事务的（　　）是指事务必须是使数据库从一个一致性状态变到另一个一致性状态。

4. 事务的（　　）是指一个事务内部的操作及使用的数据对并发的其他事务是隔离的。

5. 事务的（　　）是指事务一旦提交，对数据库的改变是永久的。
6. 解决并发操作带来的数据不一致性问题普遍采用（　　）。
7. 数据库中的封锁机制是（　　）的主要方法。
8. 数据库满足全部完整性约束，并始终处于正确的状态，这是指事务的（　　）特性。
9. 若数据库中只包含成功事务提交的结果，则此数据库就称为处于（　　）状态。
10. 不允许任何其他事务对这个锁定目标再加任何类型锁的键是（　　）。
11. 预防死锁通常有（　　）和顺序封锁法。
12. （　　）是默认的事务管理模式，每个 T-SQL 语句完成时都被提交或回滚。
13. 锁主要分为共享锁、排他锁和更新锁，其中（　　）被用在只读操作中。
14. 锁主要分为共享锁、排他锁和更新锁，当在表上执行插入语句时，使用（　　）锁。
15. （　　）的锁定时间与事务的隔离级别有关，默认级别下，查询出数据后立即释放。
16. 批量复制数据并指定了（　　）锁定提示时使用批量修改锁。
17. SQL Server 2019 提供了两种行版本控制的乐观并发控制模型：（　　）和快照。
18. 一般情况下，封锁由系统动态管理，当然也可以通过（　　）来实现。
19. 查看锁的信息系统存储过程的命令是（　　）。

三、简答题

如表 12-22、表 12-23 所示，考虑定义在事务集{T1,T2,T3}上的调度 S1 和 S2，S1 与 S2 是否冲突等价？为什么？

表 12-22　S1 调度

T1	T2	T3
	read(P)	
read(Q)		
	write(Q)	
write(Q)		
		write(Q)
	write(P)	
write(P)		
		read(P)

表 12-23　S2 调度

T1	T2	T3
read(Q)		
	read(P)	
write(Q)		
	write(Q)	
	write(P)	
		write(Q)
write(P)		
		read(P)

四、实践题

在银行数据库 bank 中，包含“银行账户”表 count，表结构及其基本数据如表 12-24 所示，试编写一程序完成张三转 800 元到李四账户上的事务处理过程。

表 12-24　count 表中数据

账号	姓名	借方	贷方	余额
001	张三	0	1000	1000
002	李四	0	100	100

参考文献

[1] 王成，杨铭，王世波. 数据库系统应用教程. 北京：清华大学出版社，2008.

[2] 王珊，萨师煊. 数据库系统概论（第四版）. 北京：高等教育出版社，2006.

[3] 王霓虹，宋淑芝，李禾. 新编数据库实用教程. 北京：中国水利水电出版社，2006.

[4] 蒙祖强，许嘉. 数据库原理与应用——基于 SQL Server 2014. 北京：清华大学出版社，2019.

[5] 刘芳. 数据库原理与应用. 北京：北京理工大学出版社，2006.

[6] 邱李华，李晓黎，张玉花. 数据库应用教程. 北京：人民邮电出版社，2007.

[7] 龚小勇. 关系数据库与 SQL Server 系统. 北京：机械工业出版社，2004.

[8] 唐学忠. SQL Server 系统数据库教程. 北京：电子工业出版社，2005.

[9] 王俊伟，史创明. SQL Server 系统数据库管理与应用标准教程. 北京：清华大学出版社，2006.

[10] 赵杰，李涛，余江，等. 数据库原理与应用. 北京：人民邮电出版社，2006.

[11] 赵致格. 数据库系统与应用（SQL Server 系统）. 北京：清华大学出版社，2005.

[12] 王恩波，张露，刘炳兴. 网络数据库实用教程——SQL Server 系统. 北京：高等教育出版社，2004.

[13] 孟彩霞，张荣，乔平安. 数据库系统原理与应用. 北京：人民邮电出版社，2008.

[14] 黄维通. SQL Server 系统简明教程. 北京：清华大学出版社，2002.

[15] 付立平，青巴图，郎彦. 数据库原理与应用（第二版）. 北京：高等教育出版社，2004.

[16] 马晓梅. SQL Server 系统实验指导（第 2 版）. 北京：清华大学出版社，2008.

[17] 郑阿奇，刘启芬，顾韵华. SQL Server 应用教程. 北京：人民邮电出版社，2008.

[18] 吴春胤，曹咏，张建桃. SQL Server 应用教程（第 2 版）. 北京：机械工业出版社，2009.

[19] 邱李华，曹青，郭志强. Visual Basic 程序设计教程. 北京：机械工业出版社，2009.

[20] 邹晓. Visual Basic 程序设计教程. 北京：机械工业出版社，2009.

[21] 叶潮流. 数据库原理与应用. 北京：清华大学出版社，2013.

[22] 李萍，黄可望，黄能秋. SQL Server 2012. 北京：机械工业出版社，2019.